"十二五"职业教育国家规划教材
经全国职业教育教材审定委员会审定
全国高等职业教育规划教材

模具设计基础

第3版

主 编 陈剑鹤 叶 锋 徐 波
主 审 陈志刚

机械工业出版社

本书系统介绍了冷冲压模具成形和塑料模具成型的工艺与模具设计。内容包括冲裁、弯曲、拉深等冷冲压成形工艺与模具设计，塑料成型工艺和塑料注射、压缩、压注、挤出等塑料成型模具的设计。

　　本书通过大量具体案例讲解基础理论的实际应用。全书附以丰富的图表说明，言简意明，便于教学与自学。

　　本书可作为高职高专院校和中职技工学校机械类专业的教材，也可作为制造业从业人员的参考用书。

　　教材配备课件与相关教学资料，方便实用，需要的教师可以登录机械工业出版社教材服务网 www.cmpedu.com 免费注册后进行下载，或联系编辑索取（QQ：1239258369，电话（010）88379739）。

图书在版编目（CIP）数据

模具设计基础/陈剑鹤，叶锋，徐波主编. —3 版. —北京：机械工业出版社，2015.7
（2024.6 重印）
"十二五"职业教育国家规划教材. 全国高等职业教育规划教材
ISBN 978 – 7 – 111 – 50476 – 4

Ⅰ. ①模…　Ⅱ. ①陈…②叶…③徐…　Ⅲ. ①模具 – 设计 – 高等职业教育 – 教材
Ⅳ. ①TG76

中国版本图书馆 CIP 数据核字（2015）第 126321 号

机械工业出版社（北京市百万庄大街 22 号　邮政编码 100037）
责任编辑：刘闻雨　曹帅鹏　责任校对：刘志文
责任印制：单爱军
北京虎彩文化传播有限公司印刷
2024 年 6 月第 3 版第 12 次印刷
184mm × 260mm · 19.25 印张 · 476 千字
标准书号：ISBN 978 – 7 – 111 – 50476 – 4
定价：46.00 元

全国高等职业教育规划教材机电类专业

委员会成员名单

出 版 说 明

《国务院关于加快发展现代职业教育的决定》指出：到 2020 年，形成适应发展需求、产教深度融合、中职高职衔接、职业教育与普通教育相互沟通，体现终身教育理念，具有中国特色、世界水平的现代职业教育体系，推进人才培养模式创新，坚持校企合作、工学结合，强化教学、学习、实训相融合的教育教学活动，推行项目教学、案例教学、工作过程导向教学等教学模式，引导社会力量参与教学过程，共同开发课程和教材等教育资源。机械工业出版社组织全国 60 余所职业院校（其中大部分是示范性院校和骨干院校）的骨干教师共同策划、编写并出版的"全国高等职业教育规划教材"系列丛书，已历经十余年的积淀和发展，今后将更加紧密地结合国家职业教育文件精神，致力于建设符合现代职业教育教学需求的教材体系，打造充分适应现代职业教育教学模式的、体现工学结合特点的新型精品化教材。

"全国高等职业教育规划教材"涵盖计算机、电子和机电三个专业，目前在销教材 300 余种，其中"十五""十一五""十二五"累计获奖教材 60 余种，更有 4 种获得国家级精品教材。该系列教材依托于高职高专计算机、电子、机电三个专业编委会，充分体现职业院校教学改革和课程改革的需要，其内容和质量颇受授课教师的认可。

在系列教材策划和编写的过程中，主编院校通过编委会平台充分调研相关院校的专业课程体系，认真讨论课程教学大纲，积极听取相关专家意见，并融合教学中的实践经验，吸收职业教育改革成果，寻求企业合作，针对不同的课程性质采取差异化的编写策略。其中，核心基础课程的教材在保持扎实的理论基础的同时，增加实训和习题以及相关的多媒体配套资源；实践性较强的课程则强调理论与实训紧密结合，采用理实一体的编写模式；涉及实用技术的课程则在教材中引入了最新的知识、技术、工艺和方法，同时重视企业参与，吸纳来自企业的真实案例。此外，根据实际教学的需要对部分课程进行了整合和优化。

归纳起来，本系列教材具有以下特点：

1）围绕培养学生的职业技能这条主线来设计教材的结构、内容和形式。

2）合理安排基础知识和实践知识的比例。基础知识以"必需、够用"为度，强调专业技术应用能力的训练，适当增加实训环节。

3）符合高职学生的学习特点和认知规律。对基本理论和方法的论述容易理解、清晰简洁，多用图表来表达信息；增加相关技术在生产中的应用实例，引导学生主动学习。

4）教材内容紧随技术和经济的发展而更新，及时将新知识、新技术、新工艺和新案例等引入教材。同时注重吸收最新的教学理念，并积极支持新专业的教材建设。

5）注重立体化教材建设。通过主教材、电子教案、配套素材光盘、实训指导和习题及解答等教学资源的有机结合，提高教学服务水平，为高素质技能型人才的培养创造良好的条件。

由于我国高等职业教育改革和发展的速度很快，加之我们的水平和经验有限，因此在教材的编写和出版过程中难免出现问题和疏漏。我们恳请使用这套教材的师生及时向我们反馈质量信息，以利于我们今后不断提高教材的出版质量，为广大师生提供更多、更适用的教材。

机械工业出版社

前　言

本书根据全国高等职业教育规划教材机电类专业编委会的要求编写，该书第 2 版自 2009 年出版以来，得到了众多高职院校师生的认可，并获评"'十二五'职业教育国家规划教材"。

根据高职教育的特点与基本要求，本书把模具成形中主要的成形方法分成冷冲模具和型腔模具两部分。本书从内容上兼顾理论基础和设计实践。用生产中典型的实例，以冷冲压工艺、注射模工艺与模具设计程序为主线引出基本理论，并通过实际案例设计讲解与基础理论密切相关的实际应用问题。此外，本书也详细地介绍了其他常用典型模具的相关知识。在编写中，力求做到理论联系实际，并能反映典型模具的设计知识。

全书共分 8 章。第 1 章介绍冷冲压成形工艺、材料及成形设备；第 2 章介绍冲裁工艺与冲裁模具设计；第 3 章介绍弯曲工艺与弯曲模具设计；第 4 章介绍拉深工艺与拉深模具设计；第 5 章介绍其他冷冲压成形工艺与模具设计；第 6 章介绍塑料成型工艺的基本方法；第 7 章介绍塑料注射成型工艺与塑料模具设计；第 8 章介绍其他塑料成型模具。

本书由常州信息职业技术学院陈剑鹤、叶锋、徐波主编。天津电子信息职业技术学院陈志刚主审。感谢江苏昆山鸿永盛模具有限公司技术总监鲁加丁，江苏常州华威模具有限公司设计部主任赵苏义，江苏苏州荣威模具有限公司总经理许波勇对本书编写所做的贡献。

在编写过程中得到多所院校的教师及模具企业的工程技术人员的大力支持与帮助，在此深表感谢。由于编者水平有限，书中难免有不足之处，敬请广大读者批评指正。

编　者

目　录

绪　　论

　　模具是以其自身的特殊形状通过一定的方式使原材料成形，是零件成形过程的重要工艺装备，是汽车、摩托车、电机、电器、IT产品、办公自动化设备、轻工制品、医疗器械等制造业的重要基础装备。由于用模具生产制品所表现出来的高效率、低能耗、高一致性、高精度和高复杂程度，是其他任何加工制造方法所不及的，因此越来越多地用于飞机、船舶和高速列车等设备的结构和内饰件制造中。加之生产过程可实现高效、大批量并能够节材、节能，所以模具也常被人们誉为现代工业生产之母。

　　正是由于模具在制造业中的重要作用，模具制造业一直受到世界各工业发达国家的关注和重视，美国工业界认为"模具工业是美国工业的基石"，日本把模具誉为"进入富裕社会的原动力"。模具技术能促进工业产品的发展和质量的提高，并能获得极大的经济效益。模具是"效益放大器"，用模具生产的产品价值往往是模具价值的几十倍、上百倍。由于模具自身的特点，现代模具企业大多体现出技术密集、资金密集、高素质劳动力密集以及高社会效益的特点，模具制造业已成为高新技术制造产业的一部分。因而，模具技术水平已经成为衡量一个国家制造业水平的重要标志，也是保持这些国家的产品在国际市场上优势的核心竞争力。

　　按照产品的材料和成形方法的不同，模具大致可分为10大类，主要的有冲压模、注塑模、铸造模、压铸模、锻模、轮胎模、玻璃模等。我国模具目前的结构比例：冲压模所占比例约37%，塑料模约占43%，铸造模（包含压铸模）约占10%，锻模、轮胎模、玻璃模等其他类模具占10%。

　　模具工业在我国已经成为国民经济发展的重要基础工业之一。国民经济的支柱产业如机械、电子、汽车、石油化工和建筑业等都要求模具工业的发展与之相适应。特别是汽车、电机、电器、家电和通信等产品中，60%~80%的零部件都要依靠模具成形。我国石化工业一年生产2000多万吨聚乙烯、聚丙烯和其他合成树脂，很大一部分需要塑料模具成形，做成制品，用于生产和生活的消费。生产建筑业用的地砖、墙砖和卫生洁具需要大量的陶瓷模具，生产塑料件和塑钢门窗也需要大量的塑料模具成形。

　　我国政府对模具工业和模具技术发展非常重视，特别是在改革开放以来，充分肯定了模具工业和技术在制造业和国民经济中的重要基础地位。1984年成立了中国模具工业协会（由原机械工业部主管），并在"六五""七五"计划中专项支持，"八五"科技开发计划中，先进制造技术列在第一位，而模具设计制造技术又列在先进制造技术的第一位。在此期间，国家投入数千万元的研发费用（加上地方和企业自筹，研发经费超过1亿元），形成近百项技术成果，大大缩短了我国与世界发达国家的技术差距。自1997年以来，我国相继把模具及其加工技术和设备列入了《当前国家重点鼓励发展的产业、产品和技术目录》和《鼓励外商投资产业目录》；1999年，国家又把有关模具技术和产品列入国家发改委和科技部发布的《当前国家优先发展的高新技术产业化重点领域指南（目录）》。以上措施均有力地推动了我国模具产业的飞速发展，充分发挥了模具工业在整个国家工业发展中的"效益放大器"作用。

近十几年来，中国模具工业一直以每年 15% 左右的增长速度快速发展。据不完全统计，中国目前约有模具生产厂 3 万余家，从业人员有 100 多万人，2010 年我国全年模具产值达 1000 亿元人民币。其中产值过亿元的模具企业有 20 多家，产值 5000 万至 1 亿元的中型企业有几十家，产值 2000 万左右的企业占很大比例。近年来，模具行业结构调整步伐加快，主要表现为大型、精密、复杂和长寿命模具标准件发展速度高于行业的总体发展速度；塑料模和压铸模比例增大；面向市场的专业模具厂家数量增加较快；随着经济体制改革的不断深入，"三资"及民营企业的发展很快。

在各地方政府的支持与鼓励下，我国已经形成多个模具工业园区，在完善产业链、吸引外资及加强社会投资方面均起到积极作用。中国模具工业的发展在地域分布上存在不平衡。从地区分布来看，以珠三角、长三角为中心的东南沿海地区发展快于中西部地区，南方的发展快于北方。模具生产最集中的地区在珠三角和长三角地区，其模具产值约占全国产值的三分之二以上。

现代模具制造业已成为技术密集型和资金密集型的产业，它与高新技术已形成相互依托的关系。一方面，模具直接为高新技术产业化服务提供不可缺少的装备；另一方面，模具生产本身又大量采用高新技术及装备，因此，模具制造已成为高新技术产业的重要组成部分。模具成形零件时实现快速、优质、低耗是国家可持续发展的要求。

中国模具工业从起步到现在，历经半个多世纪，有了很大发展，模具水平有了较大提高。经过多年的努力，在模具 CAD/CAE/CAM 技术、模具的电加工和数控加工技术、快速成形与快速制模技术、新型模具材料等方面取得了显著进步；在提高模具质量和缩短模具设计制造周期等方面做出了贡献。

随着国际交往的日益增多和外资在中国模具行业投入的日渐增加，中国模具产业已经与世界模具产业密不可分，中国模具在世界模具中的地位和影响越来越重要。我国模具工业和技术的主要发展方向主要集中在以下几个方面。

1. 模具 CAD/CAE/CAM 正向集成化、三维化、智能化和网络化方向发展

模具 CAD/CAE/CAM 技术是模具设计、制造技术的发展方向，模具和工件的检测数字和模具软件功能集成化、模具设计分析及制造的三维化、模具产业的逆向工程以及模具软件应用的网络化是主要趋势。

新一代模具软件以立体的、直观的感觉来设计模具，所采用的三维数字化模型能方便地用于产品结构的分析、模具可制造性评价和数控加工、成形过程模拟（CAE）及信息的管理与共享。值得强调的是，模具数字化不是孤立的计算机辅助功能或数控技术的集合，其关键是它们与人工智能的有机集成，不仅可以整理知识、保存知识，还可以挖掘知识、扩展知识。新一代的模具数字化将是一个集工程师的智慧和经验、计算机的硬件和软件、数值模拟和数控技术、工艺及工程管理为一体的模具优化的开发、设计和认证的系统工程。

2. 模具制造向精密、高效、复合和多功能方向发展

精密数控电火花加工机床（电火花成形机床、快走丝线切割和慢走丝线切割机床）不断在加工效率、精度和复合加工方面取得突破，国外已经将电火花铣削用于模具加工。加工精度误差小于 $1\mu m$ 的超精密加工技术和集电、化学、超声波、激光等技术综合在一起的复合加工将得到发展。

国外近年来发展的高速铣削技术和机床（HSM）开始在国内应用，这将大幅提高加工效率。

模具抛光的自动化、智能化也是发展趋势之一。日本已研制了数控研磨机，可实现三维曲面模具的自动化研磨抛光。此外，特种研磨方法如挤压研磨、电化学抛光、超声抛光也应是发展趋势。

其他方面，如采用氮气弹簧压边及卸料技术、快速换模技术、冲压单元组合技术、刃口堆焊技术及实型铸造冲模刃口镶块技术等。

3. 快速经济制模技术得到应用

快速制模主要从以下四个方面加快制模速度：一是提高加工速度（如高速铣削）；二是基于快速原型的快速制模技术；三是选择易切削模具材料（如铝合金）来加快制模速度；四是采用复合加工、多轴加工提高加工效率。

快速原型制造技术（RPM）被公认为继数控（NC）技术之后的一次技术革命，基于快速原型的快速制模技术是现在和未来的一个热点。此外表面成形制模技术、浇铸成形制模技术、冷挤压及超塑性成形制模技术、无模多点成形技术和 KEVRON 钢带冲裁落料制模术也在蓬勃发展。

4. 特种加工技术有了进一步的发展

电火花加工向着精密化、微细化方向发展。在简化电极准备、简化编程和操作、提高加工速度以及不断降低设备制造成本上也做了大量研究和实践。

其他机械特种加工（如磨料流动加工、喷水加工、低应力磨削、超声波加工、电子束加工、激光加工、等离子束加工等）已经进入实用阶段，在各自的特殊加工领域发挥着重要作用。

5. 模具自动加工系统的研制和发展

随着各种新技术的迅速发展，国外已出现了模具自动加工系统。这也应是我国的长远发展目标。模具自动加工系统应有如下特征：多台机床合理组合；配有随行定位夹具或定位盘；有完整的机床、刀具数控库；有完整的数控系统、同步系统；有质量监测控制系统。

6. 模具材料及表面处理技术发展迅速

在模具材料方面，一大批专用于不同成形工艺的模具材料相继问世并投入使用。在模具表面处理方面，其主要趋势是：由渗入单一元素向多元素共渗、复合渗（如 TD 法）发展；由一般扩散向物理气相沉积（CVD）、化学气相沉积（PVD）、等离子体化学气相沉积（PCVD）、离子渗入、离子注入等方向发展；同时热处理手段由大气热处理向真空热处理发展。另外，目前激光强化、辉光离子氮化技术及电镀（刷镀）防腐强化等技术也日益受到重视。

7. 模具工业新工艺、新理念和新模式逐步得到了认同

由于车辆和电机等产品向轻量化发展，许多轻型材料和轻型结构用于模具行业，如以铝代钢，非全密度成形，高分子材料、复合材料、工程陶瓷、超硬材料。新型材料的采用使得生产成形和加工工艺发生了根本性变革，相应地出现了液态（半固态）挤压模具及粉末锻模、冲压模具功能复合化、超塑性成形、塑性精密成形技术、塑料模气体辅助注射技术及热流道技术、高压注射成型技术等。

随着先进制造技术的不断发展和模具行业整体水平的提高，在模具行业还出现了一些新的设计、生产、管理理念与模式。主要有：适应模具单件生产特点的柔性制造技术；创造最佳管理和效益的精益生产；提高快速应变能力的并行工程、虚拟制造及全球敏捷制造、网络制造等新的生产模式；模具标准件的日渐广泛应用（模具标准化及模具标准件的应用将极大地影响模具制造周期，且还能提高模具的质量和降低模具制造成本）；广泛采用标准件、通用件的分工协作生产模式；适应可持续发展和环保要求的绿色设计与制造等。

第1章　冷冲压成形工艺概论

1.1　冷冲压工艺概述

冷冲压是金属压力加工方法之一，它是建立在金属塑性变形的基础上，在常温下利用冲模和冲压设备对材料施加压力，使其产生塑性变形或分离，从而获得一定形状、尺寸和性能的工件。冷冲模是冲压加工中将材料（金属或非金属）加工成工件或半成品的一种工艺装备。

1.1.1　冷冲压工艺基本概念

冷冲压工艺是靠模具与冲压设备完成加工的过程，一般的冲压加工，一台冲压设备每分钟可生产零件的数目是几件到几十件；有时甚至可达每分钟数百件或千件以上。所以它的生产率高，操作简便，便于实现机械化与自动化。冲压产品的尺寸精度是由模具保证的，质量稳定，一般不需再经机械加工即可使用。

冷冲压加工不需要加热，也不像切削加工那样在切除金属余量时要消耗大量的能量，所以它是一种节能的加工方法；在冲压过程中材料表面不受破坏。它是集表面质量好、重量轻、成本低于一身的加工方法。因此，在现代工业生产中得到广泛应用。

1.1.2　冲压工序分类

一个冲压件往往需要经过多道冲压工序才能完成。由于冲压件的形状、尺寸精度、生产批量、原材料等的不同，其冲压工序也是多样的，但大致可分为分离工序和塑性成形工序两大类。

分离工序是使冲压件与板料沿一定的轮廓线相互分离的工序。例如切断、落料、冲孔等。

塑性成形工序是指材料在不破裂的条件下产生塑性变形的工序，从而获得一定形状、尺寸和精度要求的零件。例如弯曲、拉深、成形、冷挤压等。

在冲压的一次行程过程中，只能完成一个冲压工序的模具，称为单工序模。在冲压的一次行程过程中，在不同的工位上同时完成两道或两道以上冲压工序的模具，称为级进模（连续模）。在冲压的一次行程过程中，在同一工位上完成两道或两道以上冲压工序的模具，称为复合模。

表1-1为常用冲压工序分类及所用模具。

表1-1　常用冲压工序分类及所用模具

类别	工序名称	工序简图	工序特征	模具简图
材料的分离工序	落料		用落料模沿封闭轮廓冲裁板料或条料，冲掉部分是制件	

（续）

类别	工序名称	工序简图	工序特征	模具简图
材料的分离工序	冲孔		用冲孔模沿封闭轮廓冲裁工件或毛坯，冲掉部分是废料	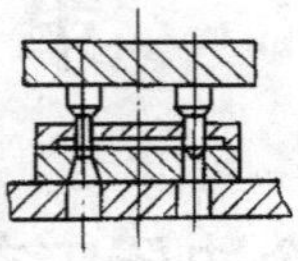
	切口	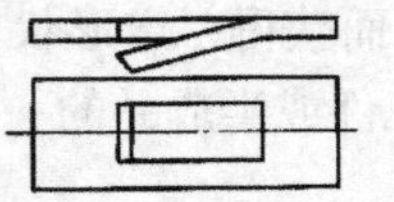	用切口模将部分材料切开，但并不使它完全分离，切开部分材料发生弯曲	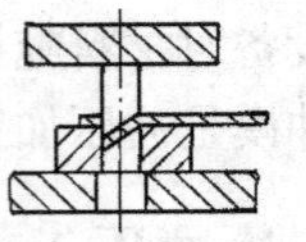
	切边	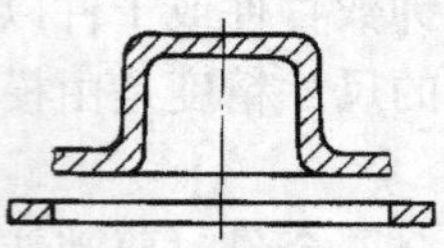	用切边模将坯件边缘的多余材料冲切下来	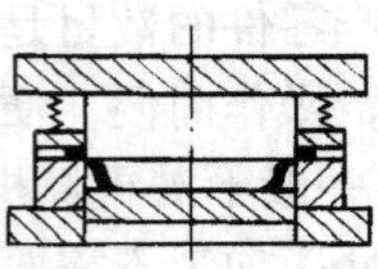
	剖切	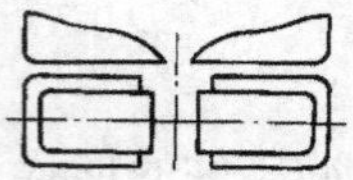	用剖切模将坯件、弯曲件或拉深件剖成两部分或几部分	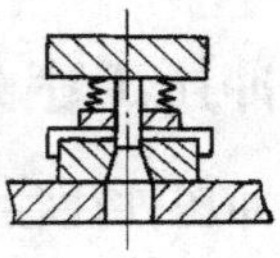
	整修	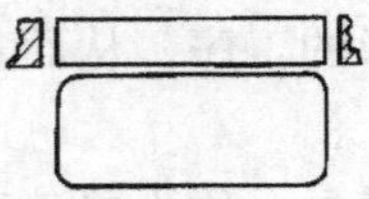	用整修模去掉坯件外缘或内孔的余量，以得到光滑的断面和精确的尺寸	
材料的塑性变形工序	弯曲	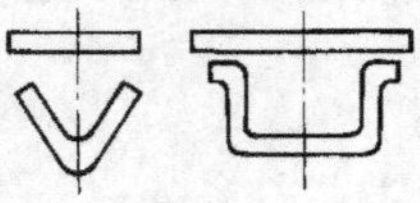	用弯曲模将平板毛坯（或丝料、杆件毛坯）压弯成一定尺寸和角度，或将已弯件作进一步弯曲	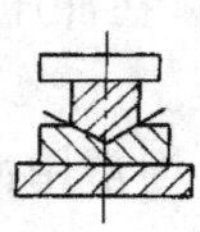
	卷边		用卷边模将条料端部按一定半径卷成圆形	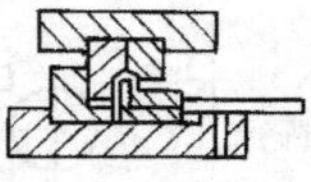

6

类别	工序名称	工序简图	工序特征	模具简图
材料的塑性变形工序	拉深		用拉深模将平板毛坯拉深成空心件，或使空心毛坯作进一步变形	
	变薄拉深		用变薄拉深模减小空心毛坯的直径与壁厚，以得到底厚大于壁厚的空心制件	
	起伏成形		用成形模使平板毛坯或制件产生局部拉深变形，以得到起伏不平的制件	
	翻边		用翻边模在有孔或无孔的板件或空心件上，翻出直径更大而成一定角度的直壁	
	胀形		从空心件内部施加径向压力使局部直径胀大	
	缩口		在空心件外部施加压力，使局部直径缩小	
	整形（立体）		用整形模将弯件或拉深件不准确的地方压成准确形状	
	整形（校平）	表面有平面度要求	将零件不平的表面压平	

类别	工序名称	工序简图	工序特征	模具简图
立体成形工序	压印	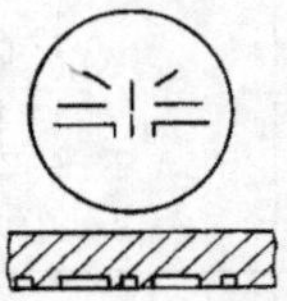	用压印模使材料局部转移，以得到凸凹不平的浮雕花纹或标记	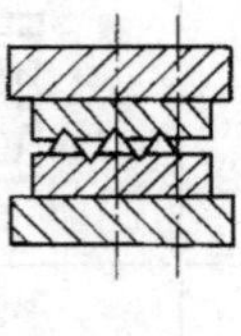
	冷挤压	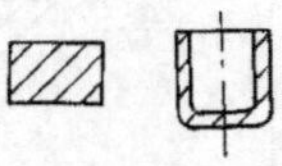	用冷挤模使金属沿凸、凹模间隙流动，从而使厚毛坯转变为薄壁空心件或横截面小的制品	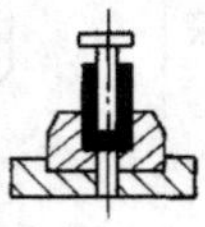
	顶镦	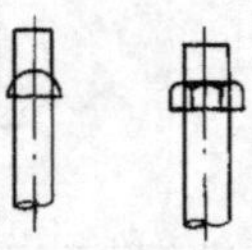	用顶镦模使金属体积重新分布及转移，以得到头部比（坯件）杆部粗大的制件	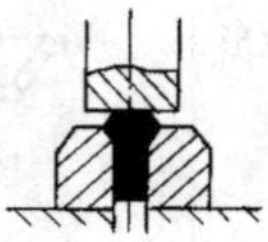

1.2 模具分类及结构

1.2.1 模具分类

根据模具完成的冲压工序内容不同，结构和类型不同，模具的分类方法也不同。

① 按完成工序特征分类，可分为冲裁模、弯曲模、拉深模、成形模等。

② 按模具的导向形式分类，可分为无导向模具和导向模具。其中，导向模具又包括导板、导柱、导套导向模具。

③ 按模具完成的冲压工序内容分类，可分为单工序模具和组合工序模具。其中，组合工序模具又可分为复合模和级进模。

1.2.2 模具结构

1. 按成形工艺不同分

按照成形工艺不同，可以把模具结构分为冲裁模、弯曲模、拉伸模和成形模等。

（1）冲裁模

1）模具结构介绍。

不同的冲压零件、不同的冲压工序所使用的模具也不一样，但模具的基本结构组成，按其功能用途大致包括六部分。以典型的导柱导套冲裁模为例，其基本结构如图 1-1 所示。

图 1-1 是导柱导套式冲裁模。该模具利用导柱 4 和导套 3 实现上、下模精确导向定位。凸、凹模在进行冲裁之前，导柱已经进入导套，从而保证在冲裁过程中凸模和凹模之间的间

8

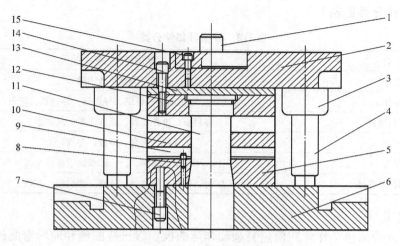

图 1-1 导柱导套式冲裁模
1—模柄 2—上模座 3—导套 4—导柱 5—凹模 6—下模座 7、14、15—螺钉
8—挡料销 9—导料板 10—固定卸料板 11—凸模 12—凸模固定板 13—垫板

隙均匀一致。上、下模座和导柱、导套装配组成的部件称为模架。

这种模具的结构特点是：导柱与模座孔为 H7/r6（或 R7/h6）的过盈配合；导套与上模座孔也为 H7/r6 过盈配合。其主要目的是防止工作时导柱从下模座孔中被拔出和导套从上模座中脱落下来。为了使导向准确和运动灵活，导柱与导套的配合采用 H7/h6 的间隙配合。冲模工作时，条料靠导料板 9 和挡料销 8（也称为固定挡料销）实现正确定位，以保证冲裁时条料上的搭边值均匀一致。这副冲模采用了固定卸料板 10 卸料，冲出的工件在凹模空洞中，由凸模逐个顶出凹模直壁处，实现自然漏料。

由于导柱式冲裁模导向准确可靠，并能保证冲裁间隙均匀稳定，因此，冲裁件的精度比用导板模冲制的工件精度高，冲模使用寿命长，而且在冲床上安装使用方便。与导板冲模相比，其敞开性好，视野广，便于操作。卸料板不再起导向作用，单纯用来卸料。导柱式冲模目前使用较为普遍，适合大批量生产。

导柱式冲模的缺点是：冲模外形轮廓尺寸较大，结构较为复杂，制造成本高。目前各工厂逐渐采用标准模架，这样可以大大减少设计时间和制造周期。

2）部件分类与功能。

① 工作零件。直接对坯料、板料进行冲压加工的冲模零件。如凸模 11、凹模 5。

② 定位零件。确定条料或坯料在冲模中正确位置的零件。如挡料销 8、导料板 9。

③ 卸料及压料零件。将冲切后的零件或废料从模具中卸下来的零件。如固定卸料板 10。

④ 导向零件。用以确定上下模的相对位置，保证运动导向精度的零件。如导套 3、导柱 4 及导板模中的导板等。

⑤ 支撑零件。将凸模、凹模固定于上、下模上，以及将上、下模固定在压力机上的零件。如上模座 2、下模座 6、凸模固定板 12 和模柄 1 等。

⑥ 连接零件。把模具上所有零件连接成一个整体的零件，如螺钉 7、14 和 15 等。

另外，模具分上模部分和下模部分，上模部分由模柄与压力机滑块连接，下模部分用压板与工作台连接。

冲模零部件分类见表1-2。

表1-2　冲模零部件分类

零件种类	具体零件名称
工作零件	凸模，凹模，凸凹模
定位零件	定位板，定位销，挡料销，导正销，导料板，侧刃
卸料及压料零件	卸料板，推件装置，顶件装置，压边圈
导向零件	导柱，导套，导板，导筒
支撑零件	上、下模座，模柄，凸、凹模固定板，垫板
连接紧固零件及其他	螺钉，销钉，限位器，弹簧，橡胶垫，其他

（2）弯曲模

弯曲模可分为简单动作弯曲模、复杂动作弯曲模、级进弯曲模和通用弯曲模。弯曲模的主要零件是凸模和凹模。结构完善的弯曲模还具有压料装置、定位装置和导向装置等。有时还采用辊轴、摆块和斜楔等机构来实现比较复杂的动作。

图1-2为V形件弯曲模结构，该模具由凸模4、凹模1、定位板3以及下模座、模柄、顶件器2等零件组成。工作时，将毛坯放在定位板之间，在凸模的作用下，毛坯沿凹模圆角滑动，与此同时，顶件器2向下运动，并压缩弹簧，直至毛坯弯曲成形。

（3）拉深模

拉深模按使用的压力机类型不同，可分为单动压力机上用的拉深模和双动压力机上用的拉深模；按拉深顺序可分为首次拉深模和以后各次拉深模；按工序组合情况不同，可分为简单拉深模、复合拉深模、连续拉深模；按有无压料装置，可分为有压料装置拉深模和无压料装置拉深模。

图1-3所示为有压料装置的首次拉深模。该类模具适用于拉深板料较薄及拉深高度大、容易起皱的制件。工作时，凸模下降，压料圈也一同下降，当压料圈与坯料接触后，上模部分继续下降，压料圈压住坯料进行拉深。

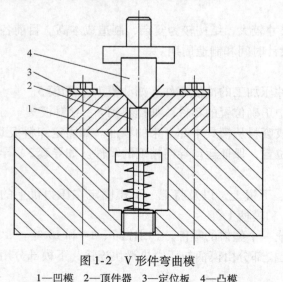

图1-2　V形件弯曲模
1—凹模　2—顶件器　3—定位板　4—凸模

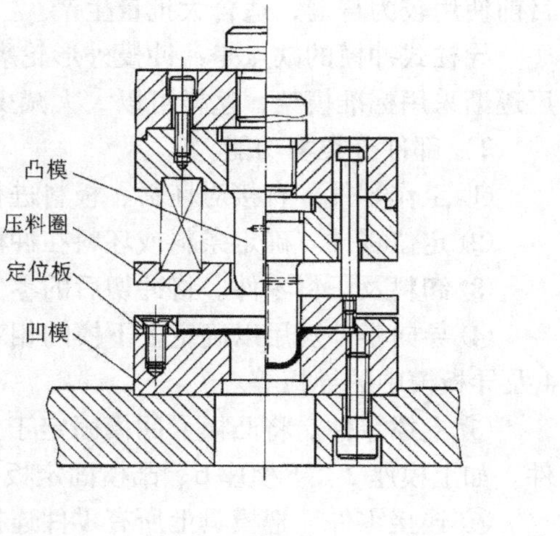

图1-3　首次拉深模

2. 按模具的工序组合不同分

按照模具的工序组合不同又可以把模具分为单工序模、级进模和复合模。

在已确定冲裁方案的基础上考虑模具结构类型。冲裁模常见类型分为单工序模（如落料模、冲孔模、切断模、切边模等）、复合模（如落料冲孔复合模、落料拉深复合模等）和级进模（如落料冲孔级进模、落料弯曲级进模等）。确定模具类型时，要根据冲裁精度要求、生产批量、模具加工能力等条件来选择。参照表1-3及表1-4确定。

表1-3　模具类型选择

项目　＼　类型		级进模	正装复合模	倒装复合模	单工序模
制件精度要求	IT8 ~ IT10		☆	☆	
	IT11 ~ IT14	☆			☆
合并工序数目	2 ~ 3	☆	☆	☆	
	3 以上	☆			
工件要求平直		需加校平工序	☆		
孔边距较小件			☆		
制件形状复杂		☆			
制件尺寸	小型件	☆	☆	☆	☆
	中型件	☆		☆	☆
	大型件		☆	☆	☆
自动化送料		☆			
多排排样		☆			

注：带☆为优先选用模具类型。

表1-4　单工序模、级进模和复合模的比较

比较项目	单工序模	级进模	复合模
工件尺寸精度	较低	一般 IT11 级以下	较高，IT9 级以下
工件形位公差	工件不平整，同轴度、对称度及位置误差大	不太平整，有时要校平，同轴度、对称度及位置度误差较大	工件平整，同轴度、对称度及位置度误差较小
冲压生产率	低，冲床一次行程只能完成一个工序	高，冲床一次行程可完成多个工序	较高，冲床一次行程可完成两个以上工序
机械化、自动化的可行性	较易，适合于多工位冲床及自动化冲压	容易，适用于单机自动化	难，工件与废料排除较复杂，只能在单机上实现部分机械化操作
对材料的要求	对条料宽度要求不严，可用边角料	对条料宽度或带料要求严格	对条料宽度要求不严，可用边角料
生产安全性	安全性较差	比较安全	安全性较差
模具制造的难度	较易，结构简单，制造周期短，价格低	对简单工件比采用复合模制造难度低	对复杂件比采用级进模制造难度低

比较项目	单工序模	级进模	复合模
应用	通用性好，适用于中小批量和大型件的大量生产	通用性较差，适用于形状简单、尺寸不大、精度要求不高工件的大批量生产	通用性较差，适用于形状复杂、尺寸不大、精度要求较高工件的大批量生产

（1）单工序冲裁模

单工序冲裁模又称为简单冲裁模。这种冲裁模工作时，冲床一次行程只完成单一的冲压工序。

1）无导向单工序冲裁模。图1-4所示是无导向简单落料模。该冲裁模的结构主要由以下零件组成：工作零件为凸模2和凹模5；定位零件为两个导料板4和定位板7，导料板对条料送进起导向作用，定位板限制条料的送进距离；卸料零件为两个固定卸料板3；支承零件由带模柄上模座1和下模座6组成。此外还有起连接紧固作用的螺钉和销钉等。

该模具的冲裁过程如下：条料沿导料板送至定位板后，上模在压力机滑块带动下，使凸模进入凹模孔实现冲裁，分离后的制件积存在凹模洞口中被凸模依次推出。箍在凸模上的废料由固定卸料板刮下。照此循环，完成冲裁工作。

该模具具有一定的通用性，通过更换凸模和凹模，调整导料板、定位板、卸料板位置，可以冲裁不同制件。另外，改变定位零件和卸料零件的结构，还可用于冲孔，即成为冲孔模。无导向冲裁模的特点是结构简单（有的比图1-4还要简单）、质量轻、尺寸小、制造简单、成本低，但使用时安装调整间隙麻烦，冲裁件质量差，模具寿命低，操作不够安全。因而无导向简单冲裁适用于冲裁精度要求不高、生产批量小的冲裁件。

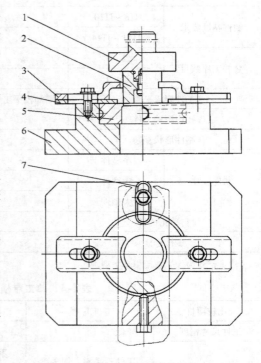

图1-4 无导向简单落料模
1—带模柄上模座 2—凸模 3—固定卸料板
4—导料板 5—凹模 6—下模座 7—定位板

2）导柱导套式冲裁模。图1-5是导柱式简单冲裁模。该冲裁模是利用导柱14和导套13实现上、下模精确导向定位。凸、凹模在进行冲裁之前，导柱已经进入导套，从而保证在冲裁过程中凸模和凹模之间的间隙均匀一致。上、下模座和导柱、导套装配组成的部件称为模架。

这种模具的结构特点是：导柱与模座孔为H7/r6（或R7/h6）的过盈配合；导套与上模座孔也为H7/r6过盈配合。其主要目的是防止工作时导柱从下模座孔中被拔出和导套从上模座中脱落下来。为了使导向准确和运动灵活，导柱与导套的配合采用H7/h6的间隙配合。冲模工作时，条料靠导料板15和固定定位销5实现正确定位，以保证冲裁时条料上的搭边值均匀一致。这副冲模采用了刚性卸料板 6 卸料，冲出的工件在凹模空洞中，由凸模逐个顶出凹模直壁处，实现自然漏料。

由于导柱式冲裁模导向准确可靠，并能保证冲裁间隙均匀稳定，因此，冲裁件的精度比用导板模冲制的工件精度高，冲模使用寿命长，而且在冲床上安装使用方便。与导板冲模相比，敞开性好、视野广，便于操作。卸料板不再起导向作用，单纯用来卸料。

导柱式冲模目前使用较为普遍，适合大批量生产。导柱式冲模的缺点是：冲模外形轮廓尺寸较大，结构较为复杂，制造成本高，目前各厂逐渐采用标准模架，这样可以大大减少设计时间和制造周期。模架标准可查国标 GB/T 2851—2008、GB/T 2852—2008。

（2）级进冲裁模

级进冲裁模又称为级连续模或跳步模。这种冲裁模是按照一定的冲裁程序，在冲床滑块一次行程中，可在冲模的不同工位上完成两种以上的冲裁工序。由于级进模工位数较多，因而级进模冲制零件，必须解决条料

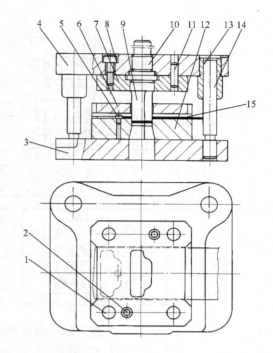

图 1-5　导柱导套式简单冲裁模
1、9—螺钉　2、11—圆柱销　3—下模座　4—上模座
5—定位销　6—卸料板　7—凸模固定板　8—凸模
10—模柄　12—凹模　13—导套　14—导柱　15—导料板

或带料的准确定位问题，才有可能保证冲压的质量。按照级进模定位的特征，级进模可分为以下几种典型结构。

1）固定挡料销和导正销定位的级进模。图 1-6 是冲制垫圈的冲孔、落料级进模。其工作零件包括冲孔凸模 3、落料凸模 4、凹模 7。定位零件包括导料板 5（与导板为一整体）、始用挡料销 10、固定挡料销、导正销 6。工作时，始用挡料销限定条料的初始位置，进行冲孔。始用挡料销在弹簧作用下复位后，条料再送进一个步距，以固定挡料销粗定位，落料时以装在落料凸模端面上的导正销进行精定位，保证零件上的孔与外圆的相对位置精度。落料的同时，在冲孔工位冲出孔，这样连续进行冲裁直至条料或带料冲完为止。采用这种级进模，当冲压件的形状不适合用导正销定位时，可在条料上的废料部分冲出工艺孔，利用装在凸模固定板上的导正销进行导正。

级进模一般都有导向装置，该模具是用导料板 5 给凸模导向，并以导板进行卸料。为了便于操作和提高生产率，可采用自动挡料定位或自动送料装置加定位零件定位。

2）侧刃定距的级进模。图 1-7 是双侧刃定距的冲孔落料级进模。它以侧刃 16 代替了始用挡料销、固定挡料销和导正销控制条料送进距离（进距或称为步距）。侧刃是特殊功用的凸模，其作用是在压力机每次冲压行程中，沿条料边缘切下一块长度等于步距的边料。由于沿送料方向上，在侧刃前后，两导料板间距不同，前宽后窄形成一个凸肩，所以条料上只有切去料边的部分方能通过，通过的距离即等于步距。为了减少料尾损耗，尤其工位较多的级进模，可采用两个侧刃前后对角排列，该模具即是这样的结构。此外，由于该模具冲裁的板

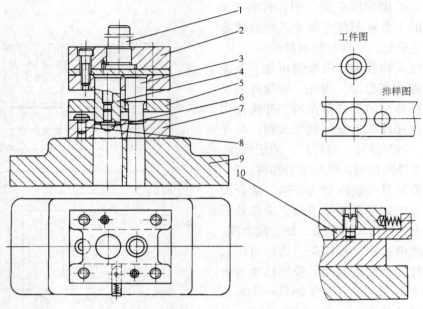

图 1-6 冲制垫圈的冲孔、落料级进模
1—模柄 2—上模座 3—冲孔凸模 4—落料凸模 5—导料板
6—导正销 7—凹模 8—挡料销 9—下模座 10—始用挡料销

料较薄（0.3mm），又是侧刃定距，所以需要采用弹压卸料代替刚性卸料。

（3）复合冲裁模

复合模和级进模一样也是多工序模，但与级进模不同的是，复合模是在冲床滑块一次行程中，在冲模的同一工位上能完成两种以上的冲压工序。在完成这些工序过程中不需要移动冲压材料。在复合模中，有一个一身双职的重要零件就是凸凹模。

1）正装复合模。图 1-8 为正装式落料冲孔复合模。它的落料凹模 1 安装在冲模的下模部分（凹模安装在冲模的下模部分的，称为正装式），凸凹模 2 安装在上模部分。当压力机滑块带动上模下移时，几乎同时完成冲孔和落料。冲裁后，条料箍在凸凹模 2 上，由卸料螺钉 3、橡皮 7、卸料板 8 组成的弹性卸料装置卸料；冲孔废料卡在凸凹模 2 的模孔内，由刚性推料装置（又称为打料装置，由 4、5、6 组成）将废料推出凸凹模，工件卡在落料凹模 1 洞口中，由弹性顶件装置（由螺钉 13，顶板 10、12，橡胶 11，顶杆 14，顶件块 9 组成）将工件顶出落料凹模洞口。对于有气垫的冲床可省去下面的弹性装置。

正装式复合模冲裁的工件和废料最终都落在下模的上表面上，因此必须清除后才能进行下一次的冲裁。正装式复合模这一特点给操作带来不便，也不安全。特别是对冲多孔工件不宜采用这种结构。但是由于冲裁时条料被凸凹模和弹性顶件装置压紧，使冲出的工件比较平整，适于冲裁工件平直度要求较高或冲裁时易穿弯的大而薄的工件。

2）倒装式复合模。图 1-9 为倒装式复合模的典型结构，它的落料凹模装在上模部分，凸凹模装在下模部分。冲裁后条料箍在凸凹模上，工件卡在上模中的落料凹模内，冲孔废料由凸凹模洞口中自然落下。箍在凸凹模上的条料由弹压卸料装置卸下。弹性卸料装置由卸料螺钉 19、弹簧 3 和卸料板 17 组成。卡在落料凹模内的工件由刚性推件装置推出。刚性推件装置由打杆 9、推板 8、连接推杆 7 和推件块 6 组成，当上模随压力机滑块一起上升到某一

14

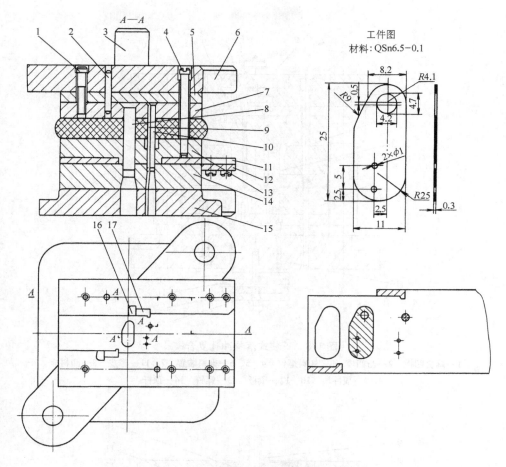

图 1-7　双侧刃定距的冲孔落料级进模
1—螺钉　2—销钉　3—模柄　4—卸料螺钉　5—垫板
6—上模座　7—凸模固定板　8、9、10—凸模　11—导料板　12—承料板
13—卸料板　14—凹模　15—下模座　16—侧刃　17—侧刃挡块

工件图
材料：QSn6.5-0.1

位置时，打杆 9 上端与压力机横梁相碰，而不能随上模继续上升，上模继续上升时，打杆 9 将力传递给推件块 6，将工件从凹模孔内卸下。然后，可利用导料机构或吹料机构将工件移出冲模的下表面，而不影响下一次冲裁的进行。条料的送进定位是靠导料销 16 和活动挡料销 4 来完成的。该活动挡料销下面设有弹簧 3，安装在凸凹模固定板 1 上。冲裁时，活动挡料销被落料凹模 5 压进卸料板 17 内，当上模离开后，活动挡料销在弹簧 3 的作用下，又被顶出卸料板表面，可实现重新定位。

复合模生产率较高，冲裁件的内孔与外缘的相对位置精度高，板料的定位精度要求比级进模低，冲模的轮廓尺寸小。但复合模的结构复杂，制造精度要求高。复合模主要用于生产批量大、精度要求高的冲裁件。

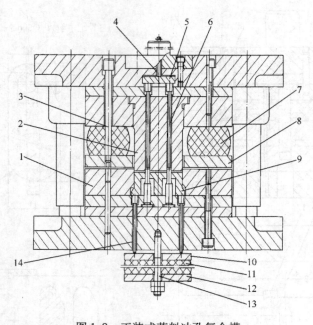

图 1-8　正装式落料冲孔复合模

1—落料凹模　2—凸凹模　3—卸料螺钉　4、5、6—推料装置　7、11—橡皮　8—卸料板
9—顶件块　10、12—顶板　13—螺钉　14—顶杆

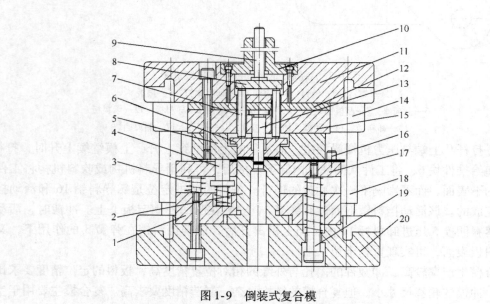

图 1-9　倒装式复合模

1、15—固定板　2—凸凹模　3—弹簧　4—活动挡料销　5—凹模　6—推件块
7—连接推杆　8—推板　9—打杆　10—模柄　11—上模座　12—垫板
13—凸模　14—导套　16—导料销　17—卸料板　18—导柱　19—卸料螺钉　20—下模座

1.3 工艺中常用材料

1.3.1 冲压常用材料

冲压工艺适用于多种金属材料及非金属材料。在金属材料中，有钢、铜、铝、镁、镍、钛、各种贵重金属及各种合金。非金属材料包括各种纸板、纤维板、塑料板、皮革、胶合板等。附录B列出部分常用冲压材料。

由于两类工序（分离工序和塑性成形工序）的成形原理不同，其适用的材料也有所不同；不同的材料各有其不同的特性，材料特性在不同工序中的作用也不相同。一般说来，金属材料既适用于成形工序也适用于分离工序，而非金属材料一般仅适用于分离工序。

1.3.2 常用金属冲压材料的规格

1. 常用金属材料的规格

常用金属冲压材料以板料和带料为主，棒材一般仅适用于挤压、切断、成形等工序。带钢的优点是有足够的长度，可以提高材料利用率；其不足是开卷后需要整平；带钢一般适用于大批量生产的自动送料。钢材的生产工艺有很多种，例如冷轧、热轧、连轧及往复轧等。一般厚度在4mm以下的钢板用热轧或冷轧，厚度在4mm以上的采用热轧工艺。相比之下，冷轧板的尺寸精确，偏差小，表面缺陷少，表面光亮且内部组织细密。因此冷轧板制品一般不应用热轧板制品代替。同一种钢板，由于轧制方法不同，其冲压性能会有很大差异。连轧钢板一般具有较大的纵横方向纤维差异，有明显的各向异性。单张往复轧制的钢板，各向均有相应程度的变形，纵横异向差别较小，冲压性能更好。板料供货状态分软硬两种，板料/带料的力学性能会因供货状态不同而表现出很大差异。

无论黑色金属还是有色金属，板料/带料的尺寸及尺寸公差一般都遵循相应的国家或行业标准。附录C~附录F是部分钢板及带钢的尺寸标准。

2. 金属材料轧制精度、表面质量等的规定

在金属材料的生产过程中，由于工艺、设备的不同，材料的精度不同，国家标准GB/T 708—2006、GB/T 710—2008对4mm以下的黑色金属板料轧制精度、表面质量及拉深性能作了规定，参见表1-5及表1-6。

表1-5 金属薄板表面质量分级表

级　　别	表　面　质　量
I	高级的精整表面
II	较高级的精整表面
III	普通的精整表面

表1-6 金属薄板拉延级别分级表（GB/T 710—2008）

表达符号	拉　延　级　别
Z	最深拉延级
S	深拉延级
P	普通拉延级

3. 中外常用金属材料牌号对照

在工作中，会经常遇到不同国家的技术图样，因此有必要了解中外常用金属材料的牌号对照。附录 G 为中外常用金属材料牌号对照表。

1.3.3 新型冲压材料简介

当代材料科学的发展已经做到了根据使用与制造上的要求，设计并制造出新的材料，因此，很多冲压用的新型板材便应运而生。

下面对新型冲压用板材（高强度钢板、耐腐蚀钢板、双相钢板、涂层板及复合板材）作一些简单介绍。

1. 高强度钢板

高强度钢板是指对普通钢板加以强化处理而得到的钢板。通常采用的金属强化原理有固溶强化、析出强化、细晶强化、组织强化（相态强化及复合组织强化）、时效强化和加工强化等。其中前 5 种是通过添加合金成分和热处理工艺来控制板材性质的。

高强度钢板的高强度有两方面含义：屈服强度、抗拉强度高。其 σ_s 在 270～310MPa 范围之内，日本研制的用于汽车零件的高强度钢板的抗拉强度可达到 600～800MPa，而对应的普通冷轧软钢板的抗拉强度只有 300MPa。高强度钢板的应用，能减轻冲压件的重量，节省能源和降低冲压产品成本。例如，美国与日本从 1980 年～1985 年广泛使用合金高强度钢板，使汽车车身零件板厚由原来的 1.0～1.2mm 减薄到 0.7～0.8mm；车身重量减轻 20%～40%；节约汽油 20% 以上。到 1992 年，日本各汽车厂汽车车身采用高强度钢板的平均比例占 22.3%。

由于高强度钢板的强化机制常常在一定程度上影响其他的成形性能，如伸长率降低、弹复大，成形力增高，厚度减薄后抗凹陷能力降低等。因此，制造技术进展的方式是分别开发适应不同冲压成形（不同冲压件）要求的高强度钢板品种，例如加磷钢板中的 P1 钢板，与各种级别的 08AL 板相比，屈服强度 σ_s、抗拉强度 σ_b 提高很多，而各向异性系数则居于它们中间。

低温硬化钢板又叫作烘烤钢板，它是对屈服强度低的普通钢板进行拉深预变形，或者在冲压变形之后，于冲压件的涂漆或烘烤（包括高温时效处理）过程中，板材得到新的强化，使冲压件在使用状态下具有较高的强度和抗凹陷能力。这种性能称为低温硬化性能或叫作 BH 性。在同样抗凹能力条件下，汽车零件厚度可减薄 15%。另外，BH 性能在板的不同方向上存在差异，它可使板的各向异性增强，这一点对生产有很大实际意义。

2. 耐腐蚀钢板

开发新的耐腐蚀钢板的主要目的是增强普通钢板冲压件的抗腐蚀能力，它有两类，其中一类是加入新元素的耐腐蚀钢板，如耐大气腐蚀钢板等。我国研制的耐大气腐蚀钢板中，有 10CuPCrNi（冷轧）和 9CuPCrNi（热轧），其耐蚀性比普通碳素钢板提高 3～5 倍。

3. 涂层板

在耐腐蚀钢板中的镀覆金属层的钢板属于一种涂层板。因为传统的镀锡板、镀锌板等已不能适应汽车工业、电器工业、农用机械及建筑工业的需要，故一些新品种的镀层钢板不断被开发出来。

电镀锌板与热镀锌板相比，抗腐蚀能力大为提高，其镀层与基体钢的结合性能以及加工性能均属优良。锌铬镀层板由于具有良好的焊接性，在汽车零件上已有应用实例。与镀锡钢板相对应的一种无锡钢板的出现，不但可以节省稀少、昂贵的锡，还可延长食品的储存期，改善罐头的品质，是今后食品包装的良好材料之一。

在涂层板中，各种涂覆有机膜层的板材具有更好的防腐蚀、防表面损伤的性能。因此，被大量用作各类结构件。美国在 20 世纪 60 年代初就生产出了这类涂层钢板。日本在 20 世纪 70 年代就开发了生产涂覆氯乙烯树脂钢板：在 0.2 ~ 1.2mm 厚的基体钢板上涂覆 0.1 ~ 0.45mm 厚的树脂。涂覆有机薄膜钢板还有一个优点，即可以提高冲压成形性能。例如用双面涂覆 0.04mm 聚氯乙烯薄膜的 08F 钢板拉深，其极限拉深系数 m_0 比 08F 钢板降低 12%，拉深件的相对高度提高 29%。为了更有效地提高塑料涂层板的冲压成形性能，塑料涂层在基体钢上有单双面之分，以适应不同成形工艺与变形特征的要求。

4. 复合板材

涂覆塑料的钢板是一种复合板。不同金属板叠合在一起（如冷轧叠合等）的板材也是一种复合板，或叫作叠合复合板。这类复合板材破裂时的变形比单体材料破裂时的变形要大，它的基本材料特性值（比如 n 值）变大。

1.3.4 模具常用材料

1. 选择材料的一般原则

① 足够的使用性能。

② 良好的工艺性能。

③ 合理的经济性能。

2. 选择模具材料应考虑的因素

① 模具的工作条件：如模具的受力状态、工作温度、耐腐蚀性等。

② 模具的工作性质。

③ 模具结构因素：如模具的大小、形状、各部件的作用、使用性质等。

④ 模具的加工手段。

⑤ 热处理要求。

3. 模具材料常见缺陷

模具材料的性能是影响模具寿命的主要因素之一，应根据模具的工作用途和模具类型合理选择模具材料的种类和牌号。

（1）模具材料易存在的质量问题

1）非金属夹杂物。非金属夹杂物强度低、脆性大，与钢基体的性能有很大差异，可视为钢中的裂纹缺陷，易于成为裂纹源，降低钢的疲劳强度，引起钢的早期断裂失效。同时影响加工性能，也不利于提高表面质量。

2）碳化物偏析。工具钢组织中含有较多的合金碳化物。这些碳化物在结晶过程中常呈不均匀结晶或析出，形成大块状、网状或带状偏析。如不消除这些偏析会使钢的塑性、韧性、断裂韧度及其他力学性能下降而影响模具的寿命。

3）中心疏松和白点。大截面模具钢易存在中心疏松和白点，如不能很好消除，会造成模具淬火开裂及模具使用中的脆性开裂，也会使模具表面受力时出现凹陷。

（2）模具制造方面的质量问题

这里主要介绍模具毛坯料的锻造缺陷。模具毛坯料的锻造是重要的热成形加工工艺，同时也是改善模具材料质量，提高其性能，从而提高模具寿命的重要手段。

1）毛坯锻造时的一般缺陷。外部缺陷如裂纹、鳞皮、凹坑、折叠等；内部缺陷如过热、过烧、疏松、组织偏析等。带有这些缺陷的坯料制作的模具将极易产生断裂，或使热处理后的部件存在应力使得模具过早失效。

2）碳化物形态和分布均匀性不良。合理的锻造工艺能使金属晶粒和碳化物细化，改善碳化物的分布均匀性，减轻偏析程度。不合理的锻造工艺达不到上述目的，致使模具存在内在质量问题而影响模具寿命。

3）流线走向和分布不合理。锻造加工会使金属内部的非金属夹杂物随金属的塑变流动而延伸，在组织内部形成明显的流线，称为纤维方向。平行于纤维方向的抗压能力和抗冲击能力强，垂直于纤维方向的抗剪能力强，这一现象称为金属的方向异性。

合理的金属纤维方向和分布要通过锻造工艺来控制，使模具工作时的最大应力与纤维方向承载能力相一致。

（3）模具加工方式产生的缺陷

1）电加工时，由于高压放电产生高温会使部件表层的晶相组织发生变化，产生脱碳、残余应力等，致使模具磨损，寿命降低。

2）磨削加工时是否有烧伤，机械损伤等其他加工缺陷。

（4）模具热处理产生的缺陷

1）过热和过烧。热处理时加热时间过长、温度过高致使晶粒粗大，使得材料的性能大大降低，脆性加大易断裂。

2）脱碳和腐蚀。淬火加热时保护不良而产生氧化、脱碳、腐蚀等缺陷。淬火后表面硬度不高，模具的耐磨性能降低。

3）淬火裂纹。一般是冷却速度过快产生淬火裂纹，会使模具产生早期开裂。

4）回火不足。回火温度不够或回火时间不足，没有消除内应力和获得稳定的组织，模具承载和抗冲击能力下降，易出现早期失效。

4. 常用模具材料

常用模具材料见表1-7。

表1-7　常用模具材料

模具类型	零件名称	常 用 材 料	热处理 HRC
冷冲模	凸、凹模	Cr12、Cr12MoV、CrWMn、9CrSi、W18Cr4V、9Mn2V、T10A、T12A	58 ~ 62
	固定板、卸料板	30、35、45	
	垫板	45、T7、T8	45 ~ 55

模具类型	零件名称	常 用 材 料	热处理 HRC
塑料模	型芯 型腔	45、20 渗碳、40Cr 渗氮、T10A Cr12、5CrMnMo、9Mn2V、P20（美国）	45 ~ 50
	推件板	45、T10	
	其他件	Q235、45	

1.4 冲压设备

1.4.1 压力机的分类和型号

冲压加工中常用的压力机分类见表1-8。机械压力机按其结构形式和使用条件不同，分为若干系列，每个系列中又分若干组别，具体可参见机床手册。例如：

JA31——16A 曲轴压力机的型号意义是：

J——机械压力机；

A——参数与基本型号不同的第一种变型；

3——第三列；

1——第一组；

16——标称压力为 160kN；

A——结构和性能比原型机作了第一次改进。

表1-8 压力机分类

类 别 名 称	拼 音 代 号
机械压力机	J
液压压力机	Y
自动压力机	Z
锤	C
锻压机	D
剪切机	Q
弯曲校正机	W
其他	T

压力机的名词解释如下。

① 开式压力机：指床身结构为 C 型，操作者可以从前、左、右接近工作台，操作空间大，可左右送料的压力机。

② 单柱压力机：指开式压力机床身为单柱型，此种压力机不能前后送料。

③ 双柱压力机：指开式压力机床身为双柱型，可前后、左右送料。

④ 可倾压力机：指开式压力机床身可倾斜一定角度，便于出料。

⑤ 活动台压力机：指工作台能作水平移动的开式压力机。

⑥ 固定台压力机：指工作台不能作水平移动的开式压力机。

⑦ 闭式压力机：指床身为左右封闭的压力机。床身为框架式或叫作龙门式，操作者只能从前后两个方向接近工作台，操作空间小，只能前后送料。

⑧ 单点压力机：指滑块由一个连杆驱动的压力机，用于小吨位、台面较小的压力机。

⑨ 双点压力机：指滑块由两个连杆驱动的压力机，用于大吨位、台面较宽的压力机。

⑩ 四点压力机：指滑块由四个连杆驱动的压力机，用于前后左右都较大的压力机。

⑪ 单动压力机：指只有一个滑块的压力机。

⑫ 双动压力机：指具有内、外两个滑块的压力机。外滑块用于压边、内滑块用于拉深。

⑬ 上传动压力机：指传动机构设在工作台以上的压力机。

⑭ 下传动压力机：指传动机构设在工作台以下的压力机。

1.4.2 常用压力机的类型结构

1. 曲柄压力机

曲柄压力机是以曲柄连杆机构作为主传动机构的机械式压力机，它是冲压加工中应用最广泛的一种。能完成各种冲压工序，如冲裁、弯曲、拉深、成形等。

开式双柱可倾曲柄压力机结构如图1-10所示。图1-11是开式双柱可倾压力机原理图。

（1）传动系统

传动系统包括电动机、带传动、齿轮传动等机构。如图1-12所示，电动机的转动经二级减速传给曲轴，曲轴通过连杆带动滑块作上下往复运动。这种压力机的曲轴是横向放置的，齿轮、带轮均在床身之外，装配容易，维修方便，但占据空间大，零部件分散，安全感和外观较差。

（2）工作机构

工作机构为曲柄滑块机构。由图1-13可知，压力机的连杆由连杆1和调节螺杆2组成，通过棘轮机构6，旋转调节螺杆2可改变连杆长度，从而达到调节压力机闭合高度的目的。当连杆调节到最短时，压力机的闭合高度最大；当连杆调节到最长时，压力机的闭合高度最小。压力机的最大闭合高度减去连杆调节长度就得到压力机的最小闭合高度。

滑块的下方有一个竖直的孔，称为模柄孔。模柄插入该孔后，由夹持器9将模柄夹紧，这样上模就固定在滑块上了。为了防止压力机超载，在滑块球形垫7下面装有保险器8，当压力机的载荷超过其承载能力时，保险器被剪切破坏，这样可保护压力机免遭破坏。

在冲压工作中，为了顶出卡在上模中的制件或废料，压力机上装有可调刚性顶件（或称为刚性打料）装置。由图1-14可知，滑块上有一水平的长方形通孔，孔内自由放置打料横梁2，当滑块运行到下止点进行冲压加工时，制件（或废料）进入上模（凹模）将打料杆3顶起，打料杆3又将打料横梁2抬起，当滑块上升时，打料横梁两端碰上固定在床身上打料螺钉1，使之不能继续随滑块向上运动，从而通过打杆将卡在上模（凹模）中的制件或废料打出。

（3）操纵系统

操纵系统包括离合离、制动器和电器控制装置等。曲柄压力机使用的离合器有摩擦离合器和刚性离合器两类。图1-15所示是双转键刚性离合器的工作原理图。它的主传动部分包括大齿轮8、中套4和两个滑动轴承1、5。从动部分包括曲轴3、内套2和外套6等。接合件是工作键14和副键13。操作部分由关闭器9等组成。中套用平键12与大齿轮8连接，随

22

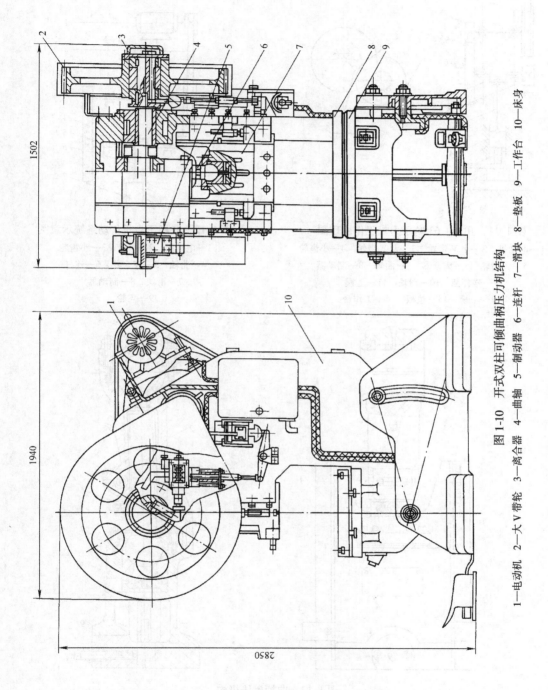

图 1-10　开式双柱可倾曲柄压力机结构

1—电动机　2—大 V 带轮　3—离合器　4—曲轴　5—制动器　6—连杆　7—滑块　8—垫板　9—工作台　10—床身

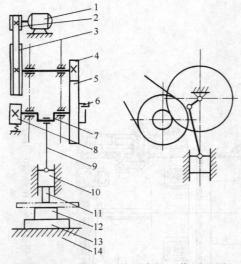

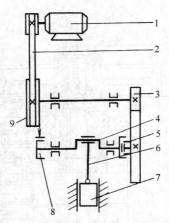

图 1-11 JB23－63 吨压力机工作原理图

1—电动机　2—小 V 带轮　3—大 V 带轮　4—小齿轮

5—大齿轮　6—离合器　7—曲轴　8—制动器

9—连杆菌　10—滑块　11—上模

12—下模　13—垫板　14—工作台

图 1-12　曲柄压力机传动系统示意图

1—电动机　2—平带　3—小齿轮

4—曲轴　5—离合器　6—连杆

7—滑块　8—制动器

9—飞轮

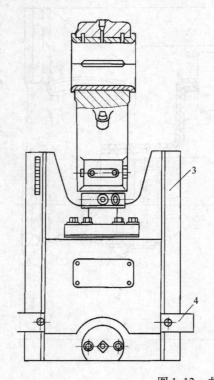

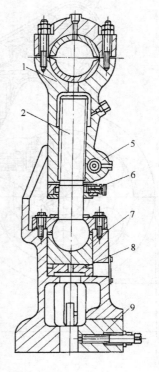

图 1-13　曲柄滑块机构

1—连杆　2—调节螺杆　3—滑块　4—打料横梁

5—锁紧机构　6—棘轮机构　7—球形垫　8—保险器　9—夹持器

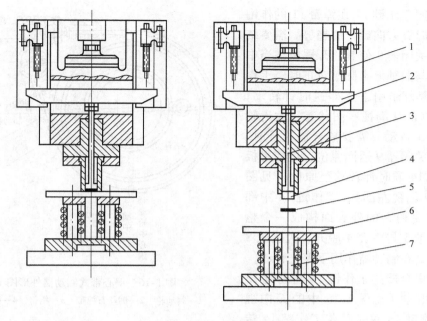

图 1- 14　刚性打料装置

1—打料螺钉　2—打料横梁　3—打料杆　4—凹模

5—制件（或废料）　6—条料　7—凸模

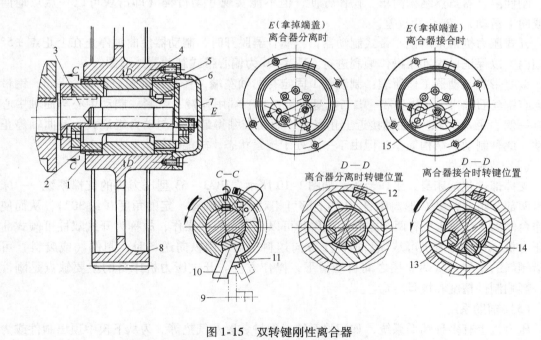

图 1-15　双转键刚性离合器

1、5—滑动轴承　2—内套　3—曲轴　4—中套　6—外套　7—盖　8—大齿轮　9—关闭器

10—尾板　11—弹簧　12—平键　13—副键　14—工作键　15—拉板

大齿轮 8 一同转动。中套内缘有四个半圆形槽，曲轴上有两个直径相同的半圆形槽，转键中部的内缘与曲轴上的半圆形槽配合，外缘与曲轴外表面构成一个整圆。工作键左端装有尾板

10，尾板连同工作键 14 在弹簧 11 的作用下，有向逆时针方向旋转的趋势。需要结合时，操纵关闭器 9 使其让开尾板，当中套上半圆槽与曲轴上半圆槽对正时，工作键 14 在弹簧力作用下立即逆时针转动，如图 1-15 中 D-D 剖视右图状态，大齿轮 8 带动曲轴 3 转动。需要离合器脱开时，操纵机构使关闭器 9 返回原位，迫使尾板连同工作键 14 顺时针转动至原位（见图 1-15 中 D-D 剖视左图），工作键 14 中部的外缘又与曲轴 3 的外表面构成一个整圆，于是曲轴 3 与中套 4 脱开，大齿轮 8 空转，曲轴 3 在制动器作用下停止转动。

双转键离合器的工作键 14 与副键 13 用拉板 15 相连（见图 1-15 中的 E 向视图），因此副键 13 总是跟着工作键 14 转动，但二者转向相反。装设副键 13 之后，在滑块向下行程时，可以防止曲柄滑块机构在自重作用下造成的曲轴转动超前大齿轮转动的现象出现，避免由此带来的危害。

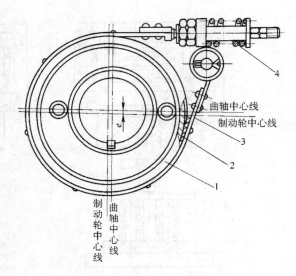

图 1-16　偏心带式制动器外形图
1—制动轮　2—铜丝石棉带　3—钢带　4—弹簧

刚性离合器虽然结构简单，操作方便，但不能实现寸动行程（即滑块可以一点点地向下或向上运动），安全性较差。

开式压力机常采用偏心带式制动器，当离合器脱开时，制动器使曲轴停止在上止点 ±5° 范围内，以保证单次冲压操作顺利进行。图 1-16 为偏心带式制动器外形图。

偏心带式制动器工作原理：制动轮 1 固定在曲轴左端，在其外部包有制动钢带 3，钢带内铆有铜丝石棉带 2，制动带一端与机身铰接，另一端用弹簧 4 张紧。制动中心与曲轴中心线有一偏心距 e，因此当曲轴接近上止点时，制动带绷得最紧，制动力矩最大，使曲轴停止转动。此种制动器结构简单，但由于一直处于抱紧状态，故能耗较大。

（4）支撑部件

支撑部件包括床身、工作台等。如图 1-10 所示，JB23-63 型压力机的支撑系统——床身由两部分组成，呈 C 形。床身 10 的上部可相对于底座转动一定的角度（约 30°），从而使工作台倾斜。C 形床身有两个立柱，工作时可以从三个方向操作，故称为开式双柱可倾式曲柄压力机。这种压力机可从纵、横两个方向送料，当采用纵向送料时，制件（或废料）可以沿倾斜的工作台从两立柱之间自动滑下，操作方便。开式压力机床身的主要缺点是刚性差，影响制件精度和模具寿命。

（5）辅助系统

压力机上有多种辅助系统，如润滑系统、保护装置及气垫等。为从下模中顶出制件或为拉深工艺提供压边力，在一些压力机工作台下装有气垫。

曲柄压力机是使用最广泛的一种冲压设备，具有精度高、刚性好、生产效率高、操作方便、易实现机械化和自动化生产等多种优点。在曲柄压力机上几乎可以完成所有冲压工序。因此，各国均大力发展曲柄压力机，很多具有刚性好、精度高、结构紧凑、体积小、造型美观等优点的压力机也不断涌现出来。但是，由于曲柄压力机的床身是敞开式结构，其机床刚度较差，故一般适用于标称压力在 1000kN 以下的小型压力机。而 1000 ~ 3000kN 的中型压力机和 3000kN 以上的大型压力机，大多采用闭式压力机。闭式压力机的操作空间只能从前后方向接近模具，但机床刚度和精度较高。

（6）曲柄压力机的主要技术参数

1）标称压力。曲柄压力机的标称压力是指滑块离下止点前某一特定距离或曲柄旋转到离下止点前某一特定角度时，滑块上所允许承受的最大作用力。例如 J31－315 型压力机的标称压力为 3150kN，它是指滑块离下止点前 10.5mm 或曲柄旋转到离下止点前 20°时，滑块上所允许承受的最大作用力。标称压力是压力机的一个主要技术参数，我国压力机的标称压力已经系列化。

2）滑块行程。滑块行程是指滑块从上止点到下止点所经过的距离，其大小随工艺用途和标称压力的不同而不同。例如，冲裁用的压力机行程较小，拉深用的压力机行程较大。

3）行程次数。行程次数是指滑块每分钟从上止点到下止点，然后再回到上止点所往复的次数。一般小型压力机和用于冲裁的压力机行程次数较多，大型压力机和用于拉深的压力机行程次数较少。

4）闭合高度。闭合高度是指滑块在下止点时，滑块下平面到工作台上平面的距离。当闭合高度调节装置将滑块调整到最上端的位置时，闭合高度最大，称为最大闭合高度；将滑块调整到最下端的位置时，闭合高度最小，称为最小闭合高度。闭合高度从最大到最小可以调节的范围，称为闭合高度调节量。

5）装模高度。当工作台面上装有工作垫板，并且滑块在下止点时，滑块下平面到垫板上平面的距离称为装模高度。在最大闭合高度状态时的装模高度称为最大装模高度，在最小闭合高度状态时的装模高度称为最小装模高度。装模高度与闭合高度之差为垫板厚度。

6）连杆调节长度。连杆调节长度又称为装模高度调节量。曲柄压力机的连杆通常做成两部分，使其长度可以调整。通过改变连杆长度而改变压力机的闭合高度，以适应不同闭合高度模具的安装要求。

除上述主要参数外，还有工作台尺寸和模柄孔尺寸等。

2. 双动拉深压力机

专用的拉深压力机按动作分类，有单动拉深压力机、双动拉深压力机及三动拉深压力机。单动拉深压力机常利用气垫压边。而双动拉深压力机有两个分别运动的滑块，内滑块用于拉深，外滑块主要用于压边。所谓三动拉深压力机是在双动拉深压力机的工作台上增设气垫，气垫可以进行局部拉深。

图 1-17 所示为 J44－55B 型双动拉深压力机结构简图。工作部分由拉深滑块 1、压边滑块 3、活动工作台 4 组成。主轴 7 通过偏心齿轮 8 和连杆 2 带动拉深滑块 1 作上、下移动，凸模装在拉深滑块上。压边滑块在工作时不动，它与活动工作台的距离可通过

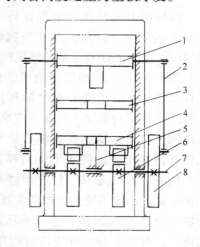

图 1-17 J44－55B 型双动拉深压力
1—拉深滑块 2—连杆 3—压边滑块
4—活动工作台 5—顶件装置
6—凸轮 7—主轴 8—偏心齿轮

丝杠调节。凹模装在活动工作台上。活动工作台的顶起与降落是靠凸轮6实现的。拉深时，凸模下降至还未伸出压边滑块之前，活动工作台就被凸轮顶起，把板料压紧在凹模与压边滑块之间，并停留在这一位置，直至凸模继续下降，拉深结束。然后凸模上升，活动工作台下降，顶件装置5把工件从凹模内顶出。

双动拉深压力机具有以下可满足拉深工艺要求的特点。

① 内、外滑块的行程与运动配合。拉深压力机具有较大的压力行程，可适应具有一定高度的工件的拉深。内、外滑块的运动有特殊的规律，外滑块（压边滑块）的行程要小于内滑块（拉深滑块）的行程，在内滑块开始拉深之前外滑块首先要压紧毛坯的边缘，在内滑块拉深过程中，外滑块应以不变的压力保持压紧状态，提供可靠的压边力。拉深完毕，内滑块在回程到一定行程后，外滑块（或活动工作台）才回程。其目的是，外滑块不但起压边作用，而且要在拉深结束后给凸模卸件，以免拉深件卡在凸模上。

② 内、外滑块速度。外滑块在到达下止点压边时，在压力机主轴转动的大约100°~110°的范围内，它在下止点静止不动（速度几乎为零）。实际上，外滑块在下止点尚有微小的波动位移，位移的值不大于0.05mm。内滑块在拉深工作行程中要求速度慢，并且近于匀速运动，这样对材料冲击小，有利于材料在拉深中的流动，提高拉深质量。内、外滑块这些优良的运动性能是通过压力机主轴采用多连杆机构分别驱动内、外滑块实现的。

③ 外滑块的压边力可调。形状复杂的拉深件，在拉深时要求在周边的不同区段，具有不同的变形阻力，来控制拉深时金属的均匀流动，这种各向不同的阻力是通过相应部位的不同压边力得到的。双动拉深压力机的外滑块可用机械或液压的方法，使各点的压边力得到调节，形成有利于金属各向均匀流动的变形条件。综上所述，目前形状复杂的拉深零件一般应在双动拉深机上拉深。

3. 摩擦压力机

摩擦压力机是利用摩擦盘与飞轮之间相互接触，传递动力，并根据螺杆与螺母相对运动，使滑块产生上、下往复运动的锻压机械。

图1-18所示为摩擦压力机的传动示意图。其工作原理为：电动机1通过V形传动带2及大带轮把运动传递给横轴4及左、右摩擦盘3和5，使其横轴与左、右摩擦盘始终在旋转，并且横轴可允许在轴内作一定的水平轴向移动。工作时，压下手柄13，横轴右移，使左摩擦盘3与飞轮6的轮缘压紧，迫使飞轮6与螺杆9顺时针旋转，带动滑块向下作直线运动，进行冲压加工。反之，手柄向上，滑块上升。滑块的行程用安装在连杆10上的两个挡块11来调节。压力的大小可通过手柄13下压量控制飞轮与摩擦盘的接触松紧来调整。实际压力允许超过标称压力25%~100%。超负荷

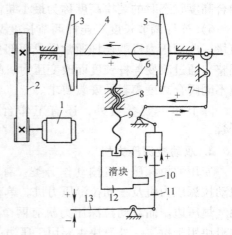

图1-18　摩擦压力机的传动示意图
1—电动机　2—V形传动带　3、5—摩擦盘
4—轴　6—飞轮　7—杠杆　8—螺母
9—螺杆　10—连杆　11—挡块
12—滑块　13—手柄

时，由于飞轮与摩擦盘之间产生滑动，所以不会因过载而损坏机床。由于摩擦压力机有较好的工艺适应性，结构简单，制造和使用成本较低，因此特别适用于校正、压印、成形等冲压

工作。

4. 液压机

如图 1-19 所示为 Y32 系列万能液压机。它具有典型的
三梁四柱结构。电动机带动液压泵向液压缸输送高压油，
推动活塞（或柱塞）带动活动横梁作上下往复运动。模具
装在活动横梁和工作台上，能够完成弯曲、拉深、翻边、
整形等工序。液压机的工作行程长，并在整个行程上都能
承受标称的载荷，不会发生超负荷的危险，但工作效率低。
液压机主要适用于深拉深、成形、冷挤压等变形工序。如
果不采取特殊措施，液压机不能用于冲裁工序。

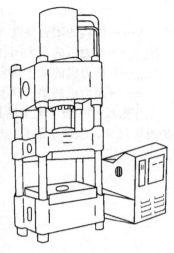

图 1-19　Y32 系列万能液压机

1.4.3　冲压设备的选择

冲压设备的选用主要包括选择压力机的类型和确定压
力机的规格。

1. 类型选择

冲压设备的类型较多，其刚度、精度、用途各不相同，应根据冲压工艺的性质、生产批
量、模具大小、制件精度等正确选用。

对于中小型的冲裁件，弯曲件或拉深件的生产，应选用开式机械压力机。虽然开式压力
机的刚性差，在冲压力的作用下床身的变形能够破坏冲裁模的间隙分布，降低模具的寿命或
冲裁件的表面质量。可是，由于它提供了极为方便的操作条件和非常容易安装机械化附属装
置的特点，使它成为目前中、小型冲压设备的主要型式。

对于大中型冲裁件的生产，多采用闭式结构型式的机械压力机。在大型拉深件的生产
中，应尽量选用双动拉深压力机，因其可使所用模具结构简单，调整方便。

在小批量生产中，尤其是大型厚板冲压件的生产，多采用液压机。液压机没有固定的行
程，不会因为板料厚度变化而超载，而且在需要很大的施力行程加工时，与机械压力机相比
具有明显的优点。但是，液压机的速度慢，生产效率低，而且零件的尺寸精度有时受到操作
因素的影响而不十分稳定。

摩擦压力机具有结构简单、不易发生超负荷损坏等特点，所以在小批量生产中常用来完
成弯曲、成形等冲压工作。但是，摩擦压力机的行程次数较少，生产率低，而且操作也不太
方便。

在大批量生产或形状复杂零件的生产中，应尽量选用高速压力机或多工位自动压力机。

2. 规格选用

确定压力机的规格时应遵循如下原则。

① 压力机的标称压力必须大于冲压工序所需压力。当冲压行程较长时，还应注意在全
部工作行程上，压力机许可压力曲线应高于冲压变形力曲线。

② 压力机滑块行程应满足制件在高度上能获得所需尺寸，并在冲压工序完成后能顺利
地从模具上取出来。对于拉深件，行程应大于制件高度两倍以上。

③ 压力机的行程次数应符合生产率和材料变形速度的要求。

④ 压力机的闭合高度、工作台面尺寸、滑块尺寸、模柄孔尺寸等都能满足模具的正确

安装要求。对于曲柄压力机，模具的闭合高度与压力机闭合高度之间要符合以下公式

$$H_{max} - 5mm \geqslant H + h \geqslant H_{min} + 10mm$$

式中　H——模具的闭合高度（mm）；

　　　H_{max}——压力机的最大闭合高度（mm）；

　　　H_{min}——压力机的最小闭合高度（mm）；

　　　h——压力机的垫板厚度（mm）。

　　工作台尺寸一般应大于模具下模座 50～70mm，以便于安装；垫板孔径应大于制件或废料的投影尺寸，以便于漏料；模柄尺寸应与模柄孔尺寸相符。

第2章 冲裁工艺及冲裁模具的设计

冲裁是使材料一部分相对另一部分发生分离,是冲压加工方法中的基础工序,应用极为广泛,它既可以直接冲压出所需的成形零件,又可以为其他冲压工序制备毛坯。材料经过冲裁以后,被分离成两部分,一般为冲落部分和带孔部分。若冲裁的目的是为获取有一定外形轮廓和尺寸的冲落部分,则称为落料工序,剩余的带孔部分就成为废料;反之,若冲裁的目的是为了获取一定形状和尺寸的内孔,此时冲落部分成废料,带孔部分即为工件,称为冲孔工序。

2.1 冲裁基本概念

2.1.1 冲裁变形过程

图2-1所示的是无弹压板时金属材料的冲裁变形过程。当凸、凹模间隙正常时,其冲裁过程大致可以分为三个阶段。

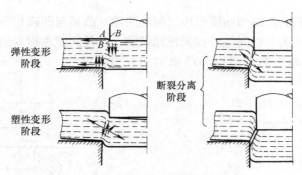

图2-1 冲裁变形过程

1)弹性变形阶段。凸模的压力作用,使材料产生弹性压缩、弯曲和拉伸($AB' > AB$)等变形,并略被挤入凹模腔内。此时,凸模下的材料略呈拱度(锅底形),凹模上的材料略有上翘,间隙越大,穿弯和上翘越严重。在这一阶段中,因材料内部的应力没有超过弹性极限,处于弹性变形状态,当凸模卸载后,材料即恢复原状。

2)塑性变形阶段。凸模继续下压,材料内的应力达到屈服强度,材料开始产生塑性剪切变形,同时因凸、凹模间存在间隙,故伴随有材料的弯曲与拉伸变形(间隙越大,变形也越大)。随着凸模的不断压入,材料变形抗力不断增加,硬化加剧,变形拉力不断上升,刃口附近产生应力集中,达到塑变应力极限(等于材料的抗剪强度),材料发生塑性变形。

3)断裂分离阶段。当刃口附近应力达到材料破坏应力时,凸、凹模间的材料先后在靠近凹、凸模刃口侧面产生裂纹,并沿最大切应力方向向材料内层扩展,使材料分离。

2.1.2 冲裁断面特征

对普通冲裁零件的断面作进一步的分析，可以发现这样的规律，零件的断面与零件平面并非完全垂直，而是带有一定的锥度；除光亮带以外，其余均粗糙无光泽，并有毛刺和塌角，如图2-2所示。

观察所有普通冲裁零件的断面，都有明显的区域性特征，所不同的是，各个区域的大小占整个断面的比例不同而已。通常把冲裁断面上各区域分别定义如下。

①塌角带（又称为圆角带）：其大小与材料塑性和模具间隙有关。

②光亮带（又称为剪切带）：光亮且垂直端面，普通冲裁约占整个断面的1/3 ~ 1/2以上。

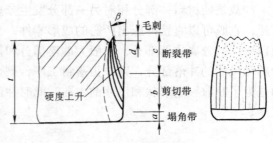

图2-2　冲裁断面特征

③断裂带：粗糙且有锥度。

④毛刺：成竖直环状，是模具拉挤的结果。

2.1.3 冲裁间隙与冲裁断面质量的关系

1. 模具间隙

冲裁间隙是指冲裁的凸模与凹模刃口之间的间隙。凸模与凹模每一侧的间隙，称为单边间隙；两侧间隙之和称为双边间隙。如无特殊说明，冲裁间隙是指双边间隙。

冲裁间隙的数值等于凹模刃口与凸模刃口尺寸之差，如图2-3所示。

$$Z = D_d - D_p \qquad (2\text{-}1)$$

式中　Z——冲裁间隙（mm）；

D_d——凹模刃口尺寸（mm）；

D_p——凸模刃口尺寸（mm）。

从冲裁过程分析可知，凸、凹间隙对冲裁断面质量有极其重要的影响。此外，冲裁间隙对冲裁件尺寸精度、模具寿命、冲裁力、卸料力和推料力也有较大的影响。因此，冲裁间隙是一个非常重要的工艺参数。

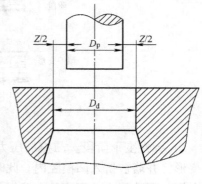

图2-3　凸凹模间隙

2. 间隙对冲裁件断面质量的影响

（1）选用中等间隙（普通冲裁合理间隙）

当冲裁间隙合理时，如图2-4b所示，能够使材料在凸、凹模刃口处产生的上下裂纹相互重合于同一位置。这样，所得到的冲裁件断面光亮带区域较大，而塌角和毛刺较小，断裂锥度适中，零件表面较平整，冲裁件可得到较满意的质量。

（2）间隙过小

间隙过小时，如图2-4a所示，光亮带增加，塌角、毛刺、断裂带均减小；如果间隙过小，会使上、下两裂纹不重合，随着凸模的下降产生二次剪切，形成第二条光亮带，毛刺也

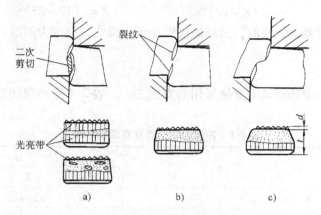

图 2-4   冲裁裂纹与断面变化

a) 间隙过小   b) 间隙适合   c) 间隙过大

将进一步拉长，使断面质量变差。

（3）间隙过大

如果间隙过大，材料随凸模下降受到很大拉伸，最后被撕裂拉断。冲裁件断面上出现较大的断裂带，使光亮带变小，毛刺和锥度较大，塌角有所增加，断面质量更差，如图 2-4c 所示。

较高质量的冲裁件断面应该是：光亮带较宽，约占整个断面的 1/3 以上，塌角、断裂带、毛刺和锥度都很小，整个冲裁零件平面无穹弯现象。但是，影响冲裁断面质量的因素十分复杂，且随材料的性能不同而变化。塑性差的材料，断裂倾向严重，光亮带、塌角及毛刺均较小，而断面大部分是断裂带。塑性好的材料与此相反，其光亮带所占的比例较大，塌角和毛刺也较大，而断裂带较小。对于同一种材料来说，光亮带、断裂带、塌角和毛刺这四个部分在断面上所占的比例也不是固定不变的，它与材料本身的厚度、刃口间隙、模具结构、冲裁速度及刃口锋利程度等因素有关。其中，影响最大的是刃口间隙。

2.1.4   合理间隙值的确定

所谓合理间隙，就是指采用这一间隙进行冲裁时，能够得到令人满意的冲裁件的断面质量，较高的尺寸精度和较小的冲压力，并使模具有较长的使用寿命。在具体设计取值时，根据零件在生产中的具体要求可按下列原则进行选取。

① 当冲裁件尺寸精度要求不高，或对断面质量无特殊要求时，为了提高模具使用寿命和减小冲压力，从而获得较大的经济效益，一般采用较大的间隙值。

② 当冲裁件尺寸精度要求较高，或对断面质量有较高要求时，应选择较小的间隙值。

③ 在设计冲裁模刃口尺寸时，考虑到模具在使用过程中的磨损，会使刃口间隙增大，应按最小间隙值来计算刃口尺寸。

确定冲裁模具间隙时，目前广泛使用的是经验公式与图表。

（1）经验确定法

	当 $t < 3\text{mm}$ 时	当 $t > 3\text{mm}$ 时
软钢、纯铁	$Z = (6 \sim 9)\% t$	$Z = (15 \sim 19)\% t$
铜、铝合金	$Z = (6 \sim 10)\% t$	$Z = (16 \sim 21)\% t$

硬钢　　　　　　　$Z = (8 \sim 12)\% t$　　　　　　$Z = (17 \sim 25)\% t$

注：冲裁件质量要求较高时，其间隙应取小值；反之，应取大间隙，以降低冲压力及提高模具寿命。

（2）查表法

查表法是工厂中设计模具时普遍采用的方法之一。表2-1是冲裁间隙分类及双面间隙值的经验数据表。

表 2-1　冲裁间隙分类及双面间隙值 Z 　　　　　　　　（$t\%$ mm）

制　件		分　类		
		Ⅰ	Ⅱ	Ⅲ
低碳钢 08F，10F，Q235，10，20		$6 \sim 14$	$>14 \sim 20$	$>20 \sim 25$
中碳钢 45，1Cr18Ni9Ti，4Cr13，可伐合金		$7 \sim 16$	$>16 \sim 22$	$>22 \sim 30$
高碳钢 T8A，T10A，65Mn 钢		$16 \sim 24$	$>24 \sim 30$	$>30 \sim 36$
1060，1050A，1035，1200，3A21（软），H62（软），T1，T2，T3		$4 \sim 8$	$>9 \sim 12$	$>13 \sim 18$
黄铜（硬），铅黄铜，纯铜（硬态）		$6 \sim 10$	$>11 \sim 16$	$>17 \sim 22$
2A12（硬态），锡磷青铜，铝青铜，铍青铜		$7 \sim 12$	$>14 \sim 20$	$>22 \sim 26$
镁合金		$3 \sim 5$		
硅钢 D41		$5 \sim 10$	$>10 \sim 18$	
红纸板、胶纸板、胶布板		$1 \sim 4$	$4 \sim 8$	
纸、皮革、云母纸		$0.5 \sim 1.5$		
表面质量	圆角带	$4 \sim 7$	$6 \sim 8$	$8 \sim 10$
	光亮带	$35 \sim 55$	$25 \sim 40$	$15 \sim 25$
	断裂带	$35 \sim 50$	$50 \sim 60$	$60 \sim 70$
	毛刺	较小	最小	小
	斜角	$4° \sim 7°$	$7° \sim 8°$	$8° \sim 11°$
	平直度	较小	小	较大

注：1. 表中数值，适用于材料厚度 $t < 10$mm 的金属材料，料厚大于 10mm 时，间隙应适当加大比值。

2. 硬质合金模的冲裁间隙比表中所给值大 25% ~ 30%。

3. 表中下限值为 Z_{min}，上限值为 Z_{max}。

4. 表中的表面质量各项是参考值。

表中Ⅰ类适用于断面质量和尺寸精度均要求较高的制件，但使用此间隙时，冲压力较大，模具寿命较低。Ⅱ类适用于一般精度和断面质量的制件，以及需要进一步塑性变形的坯料。Ⅲ类适用于精度和断面质量要求不高的制件，但模具寿命较高。

由于各类间隙值之间没有绝对的界限，因此还必须根据冲裁件的尺寸与形状，模具材料和加工方法、冲压方法以及速度等因素酌情增减间隙值。例如：

① 在相同条件下，非圆形比圆形间隙大，冲孔比落料间隙大。

② 直壁凹模比锥口凹模间隙大。

③ 高速冲压时，模具易发热，间隙应增大，当行程次数超过 200 次/min 时，间隙值应增大 10% 左右。

④ 冷冲比热冲的间隙要大。

⑤ 冲裁热轧硅钢板比冷轧硅钢板的间隙大。

⑥ 用电火花加工的凹模，其间隙比用磨削加工的凹模小 0.5% ~2% 。

2.2 冲裁模的设计步骤及冲裁典型案例

2.2.1 冲裁模的设计步骤

1. 分析产品制件的工艺性，拟定工艺方案

① 先审查产品制件是否合乎冲裁结构工艺性以及冲压的经济性。

② 拟定工艺方案，在分析工艺性的基础上，确定冲压件的总体工艺方案，然后确定冲压加工工艺方案。它是制定冲压工艺过程的核心。在确定冲压工艺方案时，先确定制件所需的基本工序性质、工序数目，以及工序的顺序，再将其排队组合成若干种可行方案。最后对各种工艺方案进行分析比较，综合其优缺点，选一种最佳方案。在分析比较方案时，应考虑制件精度、批量、工厂条件、模具加工水平及工人操作水平等方面的因素，有时还需必要的工艺计算。

2. 冲压工艺计算及设计

① 排料及材料利用率的计算。选择合理的排料方式，决定搭边值，确定出条料的宽度，并力求取得最佳的材料利用率。

② 刃口尺寸的计算，如前所述，确定出凸、凹模的加工方法，按其不同的加工方法分别计算出凸、凹模的刃口尺寸。

③ 冲压力、压力中心的计算及冲压设备的初步选择。如前所述，计算出冲压力及压力中心，并根据冲压力初步选定冲压设备。此时仅按所需压力选择设备，是否符合闭合高度要求，还需待画出模具结构图后，再作校核与选择，最终确定设备的类型及规格。

3. 冲模结构设计

① 确定凹模尺寸。在计算出凹模的刃口尺寸的基础上，再计算出凹模的壁厚，确定凹模外轮廓尺寸。在确定凹模壁厚时要注意三个问题：第一须考虑凹模上螺孔、销孔的布置；第二应使压力中心与凹模的几何中心基本重合；第三应尽量按国家标准选取凹模的外形尺寸。

② 根据凹模的外轮廓尺寸及冲压要求，从冲模标准中选出合适的模架类型，并查出相应标准，画出上下模板、导柱、导套的模架零件。

③ 画冲模装配图。

④ 画冲模零件图。

⑤ 编写技术文件。

2.2.2 冲裁模设计实例

案例 1：如图 2-5 所示的镇流器固定夹展开件毛坯。

该零件技术要求如下：

生产批量：大批量

材　　料：08 钢

材料厚度：0.8mm

制件精度：IT14 级

案例 2：垫圈（如图 2-6 所示）是已经标准化的零件，要求具有通用性和互换性。

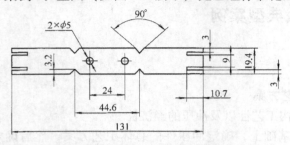

图 2-5　镇流器固定夹展开件毛坯

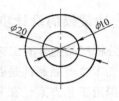

图 2-6　垫圈

该零件技术要求如下：

生产批量：大批量

制件精度：IT14 级

材　　料：Q215

材料厚度：1mm

2.3　冲裁的工艺性分析

设计模具时，首先要根据生产批量、零件图样及零件的技术要求进行工艺性分析，从而确定其进行冲裁加工的可能性及加工的难易程度。对不适合冲裁或难以保证加工要求的部位提出改进建议，或与设计人员协商解决。

冲裁件工艺性是指该工件在冲裁加工中的难易程度。良好的冲裁工艺性应保证材料消耗少、工序数目少、模具结构简单且寿命长、产品质量稳定、操作安全方便等。下面介绍冲裁件工艺性的几点要求。

2.3.1　冲裁件的形状和尺寸

冲裁件的形状和尺寸要求如下。

1）冲裁件的形状应尽可能的简单、对称。

2）冲裁件上应避免有过长的悬臂和窄槽，其最小宽度为 $b > 2t$，$l \le 5t$，如图 2-7 所示。

3）冲裁件上的孔与孔、孔与边缘间的距离 b、b_1 不能太小，一般取 $b \ge 1.5t$，$b_1 \ge 2t$，如图 2-8 所示。

4）冲裁件的外形或内孔的转角处，应避免清角，并有适当圆角过渡，以减少热处理的应力集中及冲裁时的破裂现象。

5）为了防止冲裁时凸模折断，冲孔的尺寸不能太小，普通冲裁模的冲孔最小孔径一般应大于材料厚度。

2.3.2　冲裁件的尺寸精度和表面粗糙度

普通冲裁件的尺寸精度一般在 IT10 ~ IT11 级以下，表面粗糙度低于 $Ra6.3\mu m$，冲孔精度比落料精度高一级。

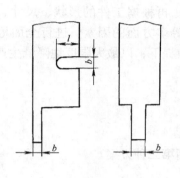

图 2-7　冲裁件悬臂与窄槽尺寸

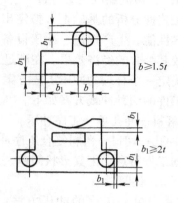

图 2-8　孔边最小距离

2.3.3　冲裁材料

冲裁材料取决于零件的要求，但应尽可能以"廉价代贵重，薄料代厚料，黑色代有色"为原则，采用国家标准规格材料，以保证冲裁件质量及模具寿命。

2.3.4　案例分析

案例 1：镇流器固定夹冲件

制件如图 2-5 所示，为镇流器固定夹的展开件。制件呈长方形，结构对称，端部各有两个槽，孔边距较大，上下两边各有两个 90°的 V 形缺口，制件精度一般，无特殊要求。所用材料为低碳钢，冲裁性能较好。综上所述，制件具有较好的冲裁性能，符合冲裁工艺要求。

案例 2：垫圈

垫圈制件内、外均为圆形，结构简单对称，无悬臂和狭槽，孔边距较大，无尖锐转角，孔径较大，如图 2-6 所示。制件尺寸精度较低，无表面粗糙度要求。所用材料为普通碳素钢，冲裁性能较好，但容易产生毛刺。综上所述，制件具有较好的冲裁性能，适宜采用冲裁加工。

2.4　冲裁工艺方案的确定

2.4.1　冲裁工艺方案

在分析冲裁件工艺性的基础上，确定冲裁工艺方案。冲裁工艺方案的确定，应满足冲裁变形规律，在保证零件质量、经济性以及操作安全等方面的要求下，尽量减少工序数目。

确定冲裁工艺方案，即确定冲压该产品零件所需工序的性质、数量和顺序，拟订几种可能的冲裁工艺路线，经分析比较，确定最佳方案。

2.4.2 案例分析

案例1：镇流器固定夹冲件

在工艺性分析的基础上，拟定出可能的冲裁方案。再根据工件的形状、尺寸、公差要求、材料性能、生产批量、冲压设备和模具加工条件等多方面的因素，进行全面地分析研究，比较其综合的经济效果。在满足工件质量要求的前提下，以最大限度地降低生产成本为目的，确定一个合理的冲压工艺方案。

该工件的两种冲裁方案如下。

① 落料—冲孔单一工序冲压。

② 冲孔—切口—落料复合工序冲压。

根据工件特点，因其形状简单，尺寸较小，宜采用第二种方案。

案例2：垫圈

1）采用单一工序的冲压方法：落 ϕ20mm 外圆；以 ϕ20mm 外圆定位冲 ϕ10mm 孔（如图 2-9 所示）。

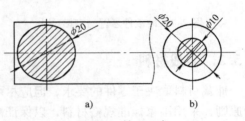

2）采用复合工序的冲压方法：冲 ϕ10mm 孔和落 ϕ20mm 外圆在同一副模具同一工位的一次冲压行程中完成（如图 2-10 所示）。

3）采用级进工序的冲压方法：在同一副模具的不同工位上先后连续完成冲 ϕ10mm 孔→落 ϕ20mm 外圆（如图 2-11 所示）。

图 2-9　单一工序

a）落 ϕ20mm 外圆　b）冲 ϕ10mm 孔

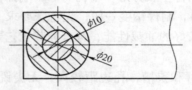

图 2-10　复合工序

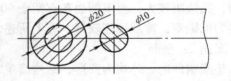

图 2-11　级进工序

冲裁工艺方案分析如下。

第一种方案的优点是模具设计制造简单、周期短，模具结构简单，甚至可以采用标准化的模具成形零件，因此，模具和制件的制造成本均较低。但因采用两副模具分别进行落料和冲孔，其冲压生产率低，不能满足垫圈零件大批量生产的需求。

第二种方案的优点是冲压的生产率较高，且制件的平整度较高。但模具结构较第一种方案复杂，因此设计、制造周期较长，模具成本较高。

第三种方案的优点是冲压生产过程易于实现机械化和自动化，生产率较高。但模具结构较第二种方案复杂，因此设计制造周期较长，模具成本较高，不够经济。

综合以上分析，以满足制件质量和生产纲领为主要因素，第一种方案显然不能满足要求，第三种方案不够经济，因此采用第二种方案，即复合模设计方案。

2.5 排样设计

2.5.1 冲裁排样

冲裁件在板料或条料上的布置方法称为排样。合理的排样应是在保证制件质量、有利于简化模具结构的前提下，以最少的材料消耗冲出最多数量的合格制件。

冲裁排样有两种分类方法：一是从废料角度来分，可分为有废料排样、少废料排样和无废料排样三种；另一种是按制件在材料上的排列形式来分，可分为直排法、斜排法、对排法、混合排法、多排法和冲裁搭边法等多种形式。排样方法见表2-2。

表 2-2　冲裁排样形式分类示例

排样形式	有废料排样	少、无废料排样	适 用 范 围
直 排			方、矩形零件
斜 排	16.824		椭圆形、T形、Г形、S形零件
直对排			梯形、三角形、半圆形、T形、Ⅲ形、Π形零件
混合排			材料与厚度相同的两种以上的零件
多行排			大批生产中尺寸不大的圆形、六角形、方形、矩形零件

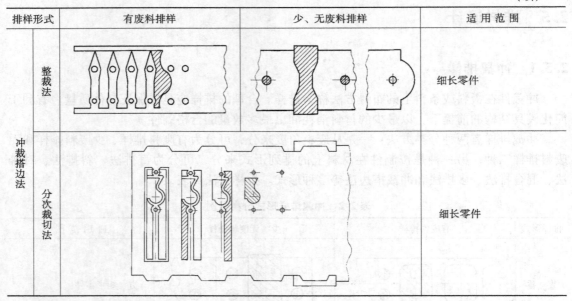

排样形式		有废料排样	少、无废料排样	适 用 范 围
冲裁搭边法	整裁法			细长零件
	分次裁切法			细长零件

2.5.2 搭边值的确定

搭边是指冲裁时制件与制件之间、制件与条（板）料边缘之间的余料。搭边的作用是：补偿定位误差，保证冲出合格的制件；保持条料具有一定的刚性，便于送料；保护模具，以免模具过早地磨损而报废。

搭边值的大小决定于制件的形状、材质、料厚及板料的下料方法。搭边值大小影响材料的利用率。搭边值一般由经验确定或查表，见表2-3。

表2-3 冲裁制件搭边参考值

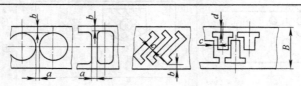

（单位：mm）

料厚	a	b	c	d	料厚	a	b	c	d
0.3	1.4	2.3	1.4	2.3	2.5	1.8	2.8	1.8	2.8
0.5	1.0	1.8	1.0	1.8	3.0	2.0	3.0	2.0	3.0
1.0	1.2	2.0	1.2	2.0	3.5	2.2	3.2	2.2	3.2
1.5	1.4	2.2	1.4	2.2	4.0	2.5	3.5	2.5	3.5
2.0	1.6	2.5	1.6	2.5	5.0	3.0	4.0	3.0	4.0

2.5.3 定位元件与条料宽度尺寸的确定

在排样和搭边确定的基础上确定条料宽度 B。

（1）挡料钉定位的条料宽度 B

① 有侧压装置的条料宽度 B。侧压装置用来消除条料宽度误差，装在导料板一侧，如

图 2-12 所示。这样，条料总是被压向另一侧称之为基准导尺的定位面上，则

$$B = (L + 2a)_{-\Delta}^{0} \qquad (2-2)$$

② 无侧压装置的条料宽度 B

$$B = (L + 2a + C)_{-\Delta}^{0} \qquad (2-3)$$

式中　B——条料宽度（mm）；

　　　L——条料宽度方向冲裁件的最大尺寸（mm）；

　　　a——侧搭边值，可参考表 2-3；

　　　C——导料板与最宽条料之间的间隙，一般取 0.2 ~ 1.0mm。

（2）挡料钉与侧面导尺

模具上定位零件的作用是使毛坯在模具上能有正确的位置。毛坯在模具中的定位有两个方面：一是在送料方向上的定位，用来控制送料的进距，如图 2-13 所示的销 a；二是在与送料方向垂直方向上的定位，通常称为送进导向，如图 2-13 所示的销 b、c。

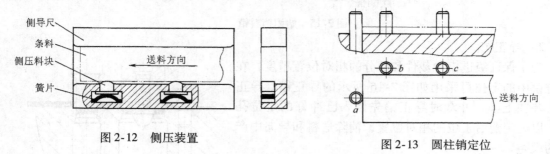

图 2-12　侧压装置

图 2-13　圆柱销定位

1）挡料销。

挡料销的作用是保证条料送进时有准确的送进距。其结构形式可分为固定挡料销、活动挡料销和始用挡料销三种。如图 2-14、图 2-15 所示。

图 2-14a、b 所示为固定挡料销。送进时，需要人工抬起条料送进，并将挡料销套入下一个孔中，使定位点靠紧挡料销。其中图 2-14a 所示是圆柱式挡料销，挡料销的固定部分和工作部分的直径差别较大，不致削弱凹模的强度，并且制造简单，使用方便。它一般固定在凹模上，适用于带料板的冲模。图 2-14b 所示是钩形挡料销，其固定部分的位置可离凹模的刃口更远一些，有利于提高凹模强度。但此种挡料销由于形状不对称，为防止转动需另加定向装置。它适用于加工较大、较厚材料的冲压件。

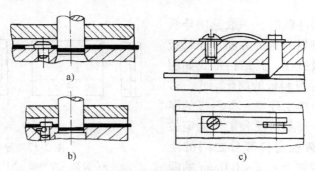

图 2-14　固定挡料销及活动挡料销

a）、b）固定挡料销　c）活动挡料销

图 2-14c 所示为活动挡料销。挡料销在送进方向带有斜面，送进时当搭边碰撞斜面使挡料销跳越搭边而进入下一个孔中，然后将条料后拉，挡料销便抵住搭边而定位。每次送料都应先送后拉。此种挡料销适用于厚度大于 0.8mm 的冲压材料，因为废料需有一定的强度，如料太薄，则不能带动挡料销活动。

图 2-15 所示为始用挡料销。挡料销用于条料送进时的首次定位。使用时，用手压出挡料销。条料定位后，在弹簧的作用下挡料销自动退出。

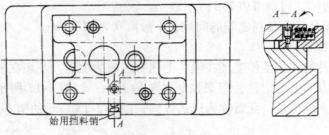

始用挡料销

图 2-15　始用挡料销

2）导正销。

为了保证级进模冲裁件各部分的相对位置精度，在级进模中的定位可采用如图 2-16 所示的导正销。导正销安装在上模，冲裁时导正销先插入已冲好的定位孔内，以确定前后工位的相对位置，消除送料和导向中产生的误差。

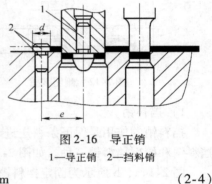

图 2-16　导正销
1—导正销　2—挡料销

设计有导正销的级进模，挡料销的位置应保证导正销在导正条料过程中条料可以活动。挡料销的位置 e 可由式（2-4）计算。

$$e = c - \frac{D}{2} + \frac{d}{2} + 0.1\text{mm} \tag{2-4}$$

式中　c——条料进距（mm）；

　　　D——落料凸模直径（mm）；

　　　d——挡料销头部直径（mm）；

　　　0.1——导正销往前推的活动余量（mm）。

3）导料板。

采用条料或带料冲裁时，一般选用导料板或导料销来导正材料的送进方向。导料板常用于单工序模和级进模，其结构形式如图 2-17 所示。导料销是导料板的简化形式，多用于有弹性卸料板的单工序模。导料板的厚度根据条料的厚度、质量情况和工件的定位形式而定。两侧导料板定位部分之间的距离，应等于条料宽度加上 0.2~1.0mm 的间隙。如果条料宽度公差过大，则需一侧导料板上装侧压装置，来消除条料的宽度误差，如图

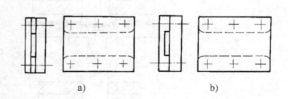

a)　　　　　　　　　b)

图 2-17　导料板
a）分离式导料板　b）整体式导料板

2-12 所示。这样，条料总是被压向另一侧称之为基准导料板的定位面上。

（3）采用侧刃装置的条料宽度 B

① 侧刃是以切去条料旁侧少量材料来限定送料进距的，如图 2-18 所示。侧刃断面的长度等于步距，侧刃前后导料板两侧之间的距离不等，尺寸相差 a，所以只有用侧刃切去长度等于步距的料边后，条料才有可能向前送进一个步距。侧刃定距准确可靠，生产率较高，但增大了总冲裁力、降低了材料利用率。侧刃一般用于级进模的送料定距，适用的材料厚度为 $0.1 \sim 1.5 \text{mm}$。

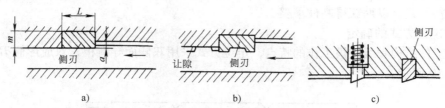

图 2-18　侧刃断面形状
a）长方形侧刃　b）齿形侧刃　c）尖角侧刃

根据断面形状，常用的侧刃可分为三种，如图 2-18 所示。其中图 2-18a 为长方形侧刃，该种侧刃制造简单，但当侧刃刃部磨钝后，会使条料边缘处出现毛刺而影响正常送进。图 2-18b 的齿形侧刃可克服上述缺点，但制造较复杂，同时也增大了切边宽度，材料利用率降低。图 2-18c 的尖角侧刃需与弹簧挡销配合使用，侧刃在条料边缘冲切角形缺口，条料送进缺口滑过弹簧挡销后，反向后拉条料至挡销卡住缺口而定距。其优点是不浪费材料，但操作麻烦，生产率低。

② 采用侧刃时的条料宽度 B

$$B = (L + 1.5a + nF)_{-\Delta}^{0} \qquad (2\text{-}5)$$

式中　L——制件垂直于送料方向的公称尺寸（mm）；

　　　n——侧刃数；

　　　Δ——条料的宽度公差；

　　　a——侧面搭边值，可参考表 2-3；

　　　F——侧刃裁切条料的切口宽，一般 F 取 $F = 1.5 \sim 2t$。

2.5.4　材料利用率的计算

一般常用的计算方法是：一个步距内制件的实际面积与所需板料面积之比的百分率，一般用 η 表示。

$$\eta = \frac{F}{F_0} \times 100\% = \frac{F}{AB} \times 100\% \qquad (2\text{-}6)$$

式中　A——在送料方向，排样图中相邻两个制件对应点的距离，即一个步距（mm）；

　　　B——条料宽度（mm）；

　　　F——一个步距内制件的实际面积（mm^2）；

　　　F_0——一个步距所需毛坯面积（mm^2）。

2.5.5 案例分析

案例1：镇流器固定夹冲件

（1）排样设计

根据已确定的冲裁工艺方案和模具类型，考虑到工件结构特点，排样方案设计为少废料单排排样，成形侧刃裁切侧搭边及成形工件端部，如图2-19所示。

因该冲件料厚为0.8mm，材料为08F钢，且本工件仍有后续成形工序，故选用弹压卸料顶料出料形式，以期获得制件平整。

（2）定位方式的确定

根据工件结构和级进模工作的特点，定位方式采用双侧面导料板，双成形侧刃定位。如排样图2-19所示。

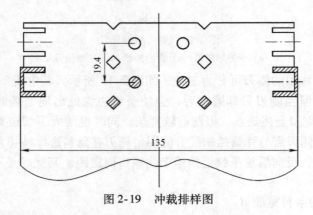

图2-19 冲裁排样图

（3）条料尺寸的确定

根据排样图，计算条料宽度 B；结合实际工作情况，取 $b = 2.2$mm，$a_1 = 0$，则

$$B = (L + 2a_1 + nb)_{-\delta}^{0} = (131 + 2 \times 2.2)\ \text{mm} = 136\text{mm}$$

（4）材料利用率

通过计算可知，工件面积

$$F = 131 \times 19.4 - [2 \times 3.14 \times 5^2/4 + 2.2 \times 10.7 \times 4 + (3.2/\sin 45°)^2 \times 2]$$
$$= 2541.4\text{mm}^2 - 208.15\text{mm}^2$$
$$= 2333.25\text{mm}^2$$

一个步距的材料面积：$F_0 = A \times B = 19.4 \times 136\text{mm}^2 = 2638.4\text{mm}^2$

因此其材料利用率为

$$\eta = \frac{F}{F_0} \times 100\% = \frac{2333.25}{2638.4} \times 100\% = 88\%$$

案例2：垫圈

（1）排样设计

根据垫圈零件特点，分别采用单排和多排两种方案进行排样设计，如图2-20所示，垫圈料厚为1mm，由表2-3可查得，工件间搭边值 $a_1 = 0.8$mm，沿边搭边值 $a = 1.0$mm。两种排样方式尺寸见表2-4。

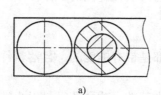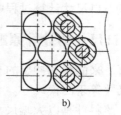

a)　　　　　　　　　　　　　　b)

图 2-20　两种不同的排样方案

a）单排　b）多排

表 2-4　案例排样尺寸

案例名称	排样方案	排 样 图
垫圈	单排	0.8　0.8　$\phi 20$　$\phi 22$　$\phi 10$　20.8
	多排	0.8　0.8　0.8　58　20.9

比较两种方案，单排方案中模具结构简单，模具较小，较为经济，故选用单排排样。

（2）定位方式的确定

根据工件结构和复合模工作的特点，定位方式采用定位销结构，送进方向采用挡料销方式定位。定位方式如图 2-21 所示。

（3）条料尺寸的确定

根据排样图，计算条料宽度 B；结合实际工作情况，取 $b=1\text{mm}$，$a_1=0.8\text{mm}$，则

$$B = (L + 2a_1 + nb)^{0}_{-\delta} = (20 + 2\times 1) = 22\text{mm}$$

（4）材料利用率

通过计算可知，

工件面积 $F = 235.62\text{mm}^2$，一个步距的材料面积 $F_0 = 457.6\text{mm}^2$。

因此其材料利用率为

$$\eta = \frac{F}{F_0} \times 100\% = \frac{235.62}{457.6} \times 100\% = 51.49\%$$

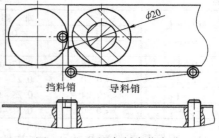

图 2-21　垫圈条料定位方式

挡料销　　导料销

2.6　冲裁成形零件尺寸计算

在冲裁过程中，凸、凹模的刃口尺寸及制造公差，直接影响冲裁件的尺寸精度。合理的冲裁间隙，也要依靠凸、凹模刃口尺寸的准确性来保证。因此，正确地确定冲裁模刃口尺寸

及制造公差，是冲裁模刃口尺寸计算过程中的一项关键性的工作。

2.6.1　凸、凹模刃口尺寸的计算原则

根据冲裁特点，落下来的料和冲出的孔都是带有锥度的，且落料件的大端尺寸等于凹模尺寸，冲孔件的小端尺寸等于凸模尺寸。

在测量与使用中，落料件是以大端尺寸为基准，冲孔孔径是以小端尺寸为基准，即冲裁件的尺寸是以测量光亮带尺寸为基础的。冲裁时，凸、凹模将与冲裁件或废料发生摩擦，凸模越磨越小，凹模越磨越大，从而导致凸、凹模间隙越用越大。

图 2-22 所示为凸、凹模刃口尺寸计算关系图，在确定刃口尺寸及制造公差时应遵循下述原则。

1）落料时，落料件尺寸决定于凹模尺寸，以凹模为基准，间隙取在凸模上，冲裁间隙通过减小凸模刃口的尺寸来获得。

2）冲孔时，冲孔件尺寸决定于凸模尺寸，以凸模为基准，间隙取在凹模上，冲裁间隙通过增大凹模刃口的尺寸来取得。

3）根据磨损规律，设计落料模时，凹模公称尺寸应取制件尺寸公差范围内的较小尺寸；设计冲孔模时，凸模公称尺寸应取制件孔尺寸公差范围内的较大尺寸。这样，在凸、凹模磨损到一定程度的情况下，仍能冲出合格制件。磨损留量用 $x\Delta$ 表示，其中 Δ 为工件的公差值，x 称为磨损系数，其值在 0.5~1 之间，与冲裁件制造精度有关。一般当冲裁件精度在 IT10 以上时，$x=1$；当冲裁件精度在 IT11~IT13 时，$x=0.75$；当冲裁件精度在 IT14 时，$x=0.5$。也可以查表 2-5 选用。

表 2-5　磨损系数 x

材料厚度	非　圆　形			圆　形	
t/mm	1	0.75	0.5	0.7	0.5
	制件公差 Δ/mm				
0~1	<0.16	0.17~0.35	≥0.36	<0.16	≥0.16
1~2	<0.20	0.21~0.41	≥0.42	<0.20	≥0.20
2~4	<0.24	0.25~0.49	≥0.50	<0.24	≥0.24
>4	<0.30	0.31~0.59	≥0.60	<0.30	≥0.30

4）不管是落料还是冲孔，在初始设计模具时，冲裁间隙一般采用最小合理间隙值。

5）冲裁模刃口尺寸的制造偏差方向，原则上注向金属实体内部。即凹模（内表面）刃口尺寸制造偏差取正值（$+\delta_d$）；凸模（外表面）刃口尺寸制造偏差取负值（$-\delta_p$）；而对刃口尺寸磨损后不变化的尺寸，制造偏差应取双向偏差（$\pm\delta_d$ 或 $\pm\delta_p$）。对于形状简单的圆形、方形刃口，其制造偏差可按 IT6~IT7 级来选取，或按表 2-6 选取；对于形状复杂的刃口，制造偏差值按工件相应部位公差值的 1/4 来选取；对于刃口尺寸磨损后无变化的制造偏差值可取工件相应部位公差值的 1/8 并以"±"选取；如果工件没有标注公差，可以认为工件精度为 IT14。

表 2-6　规则形状（圆形、方形）
凸、凹模刃口尺寸偏差

（单位：mm）

基本尺寸	凸模偏差 δ_p	凹模偏差 δ_d
≤18	−0.020	+0.020
>18~30		+0.025
>30~80		+0.030
>80~120	−0.025	+0.035
>120~180	−0.030	+0.040
>180~260		+0.045
>260~360	−0.035	+0.050
>360~500	−0.040	+0.060
>500	−0.050	+0.070

6）冲裁模加工方法的不同，其刃口尺寸的计算方法也不同。冲裁模的加工方法分为互换加工法和配合加工法两种。

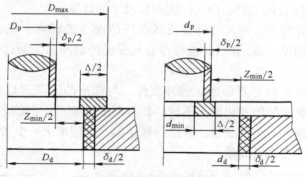

图 2-22　凸、凹模刃口尺寸计算

2.6.2　凸、凹模刃口尺寸的计算方法

（1）凸、凹模采用互换加工时，凸、凹模刃口尺寸的计算

凸、凹模采用互换加工时，设计时需在图样上分别标注凸、凹模的刃口尺寸及制造公差。

1）落料

$$D_d = (D_{max} - x\Delta)_0^{+\delta_d} \tag{2-7}$$

$$D_p = (D_d - Z_{min})_{-\delta_p}^{0} = (D_{max} - x\Delta - Z_{min})_{-\delta_p}^{0} \tag{2-8}$$

2）冲孔

$$d_p = (d_{min} + x\Delta)_{-\delta_p}^{0} \tag{2-9}$$

$$d_d = (d_p + Z_{min})_0^{+\delta_d} = (d_{min} + x\Delta + Z_{min})_0^{+\delta_d} \tag{2-10}$$

3）孔心距

$$L_d = (L_{min} + 0.5\Delta) \pm 0.125\Delta \tag{2-11}$$

为了保证冲裁间隙在合理范围内，需满足下列关系式

$$|\delta_p| + |\delta_d| \leqslant Z_{max} - Z_{min} \tag{2-12}$$

或取

$$\delta_d = 0.6(Z_{max} - Z_{min})$$

$$\delta_p = 0.4(Z_{max} - Z_{min})$$

式中　D_d——落料凹模公称尺寸（mm）；

D_p——落料凸模公称尺寸（mm）；

D_{max}——落料件上极限尺寸（mm）；

d_p——冲孔凸模公称尺寸（mm）；

d_{min}——冲孔件孔的下极限尺寸（mm）；

d_d——冲孔凹模公称尺寸（mm）；

L_d——同一工步中凹模孔距公称尺寸（mm）；

Δ——制件公差；

Z_{min}——凸凹模最小初始双向间隙（mm）；

δ_p——凸模下偏差，按 IT6~IT7 级选取；

δ_d——凹模上偏差，按 IT6~IT7 级选取；

x——磨损系数，其值与冲裁件制造精度有关。一般：

当冲裁件精度在 IT10 以上时，$x = 1$；

当冲裁件精度在 IT11 ~ IT13 时，$x = 0.75$；

当冲裁件精度在 IT14 时，$x = 0.5$。

（2）凸模与凹模配合加工时，凸、凹模刃口尺寸的计算

配合加工方法是先按照工件尺寸计算出基准件凸模（或凹模）的公称尺寸及公差，然后配做另一个相配件凹模（或凸模），这样很容易保证冲裁间隙，而且可以放大基准件的公差，也无需校核。

这种方法适用于非圆形等复杂形状的冲裁件。与圆形凸凹模刃口尺寸计算不同之处是凸、凹模各组成尺寸磨损后的变化情况不同，计算时要分析凸、凹模各尺寸磨损变化情况。磨损后增大的尺寸应减去一个备磨量；磨损后减小的尺寸应加上一个备磨量；磨损后既不增大也不减小的尺寸可不考虑备磨量。

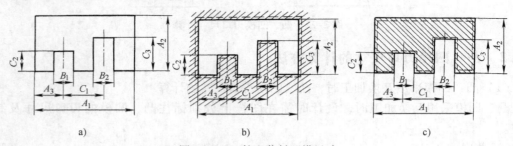

图 2-23　工件和落料凹模尺寸

a）工件尺寸　b）落料凹模尺寸　c）冲孔凸模尺寸

冲制如图 2-23a 所示工件，凸、凹模各组成尺寸磨损后的变化情况如图 2-23b、c 所示。

1）落料时，以凹模为基准件，分析凹模各尺寸磨损变化情况。

磨损后增大的尺寸称为 A 类尺寸。

$$凹模尺寸 \quad A_d = (A_{max} - x\Delta)_{0}^{+\delta_d} \quad\quad (2\text{-}13)$$

磨损后减小的尺寸称为 B 类尺寸。

$$凹模尺寸 \quad B_d = (B_{min} + x\Delta)_{-\delta_d}^{0} \quad\quad (2\text{-}14)$$

磨损后不变的尺寸称为 C 类尺寸。

$$C_d = C_p = (C_{max} - \Delta/2) \pm \delta_d/2 \quad\quad (2\text{-}15)$$

式中　B_d、A_d、C_d——落料凹模刃口尺寸；

x——磨损系数；

B_{min}、A_{max}、C_{max}——工件下极限尺寸和上极限尺寸；

$x\Delta$——备磨量。

对应凸模尺寸是在凹模尺寸的基础上加上或减去双边间隙 Z 即可。也可直接在凸模工作图上标注凹模名义尺寸，在技术要求中注明凸模尺寸按凹模实际尺寸配制保证双边间隙 $x$mm。

2）冲孔时，以凸模为基准件，分析凸模各尺寸磨损变化情况；同样存在着磨损后变大、变小和不变的三种磨损情况，凸模的刃口尺寸仍可用式（2-13）、式（2-14）、式（2-15）进行计算。

2.6.3　案例分析

案例 1：镇流器固定夹冲件

① 冲孔凸凹模刃口尺寸计算。

冲孔：以凸模为基准，且凸模在实际工作中磨损后尺寸会减小，为使模具具有一定使用寿命，应加上一个备磨量 $x\Delta$。工件公差查 GB/T 1800.1—2009、GB/T 1800.2—2009，IT14，$\Delta=0.3$，$x=0.5$，$Z_{min}=10\% t=0.08$mm。

凸模 $d_P=(d_{min}+x\Delta)_{-\delta_p}^{\ 0}=(5+0.5\times0.3)_{-\delta_p}^{\ 0}\text{mm}=5.15_{-\delta_p}^{\ 0}\text{mm}$

凹模 $d_d=(d_p+Z_{min})_{\ 0}^{+\delta_d}=(d_{min}+x\Delta+Z_{min})_{\ 0}^{+\delta_d}=(5.15+0.08)_{\ 0}^{+\delta_d}\text{mm}=5.23_{\ 0}^{+\delta_d}\text{mm}$

② 落料凸、凹模刃口尺寸计算。

落料以凹模为基准，为使模具具有一定的使用寿命，应考虑加、减备磨量 $x\Delta$。

非圆形与圆形凹模刃口尺寸计算的不同之处是凹模各组成尺寸磨损后的变化情况不同，计算时要分析凹模各尺寸磨损变化情况。如图 2-24 所示。磨损后增大的尺寸应减去一个备磨量；磨损后减小的尺寸应加上一个备磨量；磨损后既不增大也不减小的尺寸可不考虑备磨量。

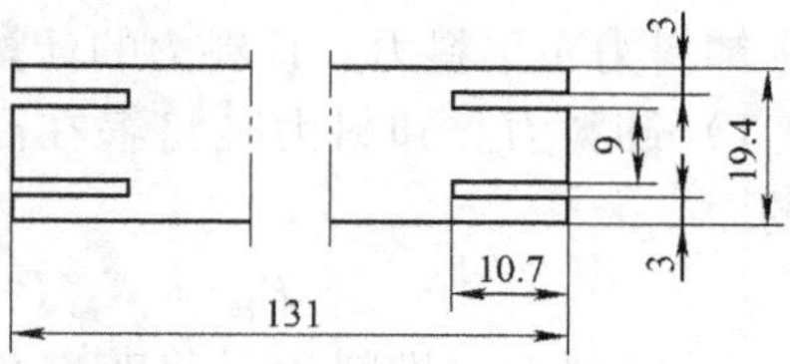

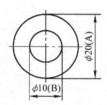

图 2-24 凹模磨损示意图

落料：磨损后增大的 A 类尺寸有 19.4，9，131。

凹模尺寸 $A_d=(A_{max}-x\Delta)_{\ 0}^{+\delta_d}$

$A_{19.4}=(19.4-0.5\times0.52)\text{mm}=19.15\text{mm}$

$A_9=(9-0.5\times0.36)\text{mm}=8.82\text{mm}$

$A_{131}=(131-0.5\times1.6)\text{mm}=130.2\text{mm}$

磨损后减小的 B 类尺寸为 3。

凹模尺寸 $B_d=(B_{min}+x\Delta)_{-\delta_d}^{\ 0}$

$B_3=(3+0.5\times0.25)\text{mm}=3.125\text{mm}$

磨损后不变的 C 类尺寸有 24，44.6，10.7，3.2。

$C_d=C_p=(C_{max}-\Delta/2)\pm\delta_d/2$

由于工件精度较低，C 类尺寸取工件标注尺寸，制造公差对称标注。

对应凸模尺寸是在凹模尺寸的基础上加上或减去双边间隙 Z 即可。也可直接在凸模工作图上标注凹模名义尺寸，在技术要求中注明凸模尺寸按凹模实际尺寸配制，保证双边间隙 0.08mm。δ_d、δ_p 为凸、凹模制造公差，按 IT7 级选取。

图 2-25 垫圈尺寸分类图

案例 2：垫圈

如图 2-25 所示，按零件精度为 IT14 级，取 $x=0.5$。

按 IT14 级查 GB/T 1800.1—2009 得：$\Delta_{\phi20}=0.52$mm，$\Delta_{\phi10}=0.36$mm。

由表 2-6 查得 $\delta_{\phi20d}=+0.025$，$\delta_{\phi10p}=-0.02$

$A_{\phi20d}=(20-0.5\times0.52)_{\ 0}^{+0.025}\text{mm}=19.74_{\ 0}^{+0.025}\text{mm}$

$B_{\phi10p}=(10+0.5\times0.36)_{-0.02}^{\ 0}\text{mm}=10.18_{-0.02}^{\ 0}\text{mm}$

2.7 冲压设备选取

2.7.1 冲压力

冲压力是冲裁力、卸料力、推件力和顶料力的总称。冲压力的计算是选取合理的冲压设备的关键步骤。

1. 冲裁力

$$P = KLt\tau \tag{2-16}$$

式中　P——冲裁力（N）；

　　　τ——材料抗剪强度（MPa）；

　　　L——冲裁件周边长度（mm）；

　　　t——材料厚度（mm）；

　　　K——系数，取 $K=1.3$。

2. 卸料力、推料力、顶料力的计算

卸料力、推料力、顶料力的计算如图 2-26 所示。

1）卸料力。卸料力是将箍在凸模上的材料卸下时所
需的力。

$$P_{卸} = K_{卸}P \tag{2-17}$$

2）推料力。推料力是将落料件顺着冲裁方向从凹模
洞口推出时所需的力。

$$P_{推} = nK_{推}P \tag{2-18}$$

$$n = h/t \quad h \geqslant 8mm$$

3）顶料力。顶料力是将落料件逆着冲裁方向顶出凹
模刃口时所需的力。

$$P_{顶} = K_{顶}P \tag{2-19}$$

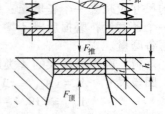

图 2-26　卸料力、推料力、顶料力

式中　$P_{卸}$，$P_{推}$，$P_{顶}$——分别为卸料力、推料力和顶料力（N）；

　　　$K_{卸}$，$K_{推}$，$K_{顶}$——分别为卸料力、推料力和顶料力的系数，其值见表 2-7。

表 2-7　卸料力、推料力和顶料力系数

材　　料		$K_{卸}$	$K_{推}$	$K_{顶}$
铁碳合金（不同含碳量）	≤0.1	0.06 ~ 0.09	0.1	0.14
	>0.1 ~ 0.5	0.04 ~ 0.07	0.065	0.08
	>0.5 ~ 2.5	0.025 ~ 0.06	0.05	0.06
	>2.5 ~ 6.5	0.02 ~ 0.05	0.045	0.05
	≥6.5	0.015 ~ 0.04	0.025	0.03
铝、铝合金		0.03 ~ 0.08		
纯铜、黄铜		0.02 ~ 0.06	0.03 ~ 0.09	

3. 冲压力的计算

选择冲床时，要根据不同的模具结构，计算出所需的总冲压力。

① 采用弹性卸料和上出料方式时，总冲压力为

$$P_{\Sigma} = P + P_{卸} + P_{顶} \tag{2-20}$$

② 采用刚性卸料和下出料方式时，总冲压力为

$$P_{\Sigma} = P + P_{推} \tag{2-21}$$

③ 采用弹性卸料和下出料方式时，总冲压力为

$$P_{\Sigma} = P + P_{推} + P_{卸} \tag{2-22}$$

2.7.2 模具压力中心的计算

模具的压力中心是指冲压力合力的作用点。计算压力中心的目的如下。

① 使冲裁压力中心与冲床滑块中心相重合，避免产生偏弯矩，减少模具导向机构的不均匀磨损；

② 保持冲裁工作间隙的稳定性，防止刃口局部迅速变钝，提高冲裁件的质量和模具的使用寿命；

③ 合理布置凹模型孔位置。

1. 简单形状工件压力中心的计算

① 对称形状的零件，其压力中心位于刃口轮廓图形的几何中心上。

② 等半径的圆弧段的压力中心，位于任意角 2α 角平分线上（α 为弧度），且距离圆心为 x_0 的点上，如图 2-27 所示。

$$x_0 = r\sin\alpha/2 \tag{2-23}$$

2. 复杂工件或多凸模冲裁件的压力中心的计算

可根据力学中力矩平衡原理进行计算，即各分力对某坐标轴力矩之和等于其合力对该坐标轴的力矩，其计算步骤如下。

① 根据排样方案，按比例画出排样图（或工件的轮廓图）。

② 根据排样图，选取特征点为原点建立坐标系 x、y（或任选坐标系 x、y，选取的坐标轴不同，则压力中心位置也不同）。

③ 将工件分解成若干基本线段 l_1、l_2、$\cdots l_n$，并确定各线段长度（因冲裁力与轮廓线长度成正比关系，故用轮廓线长度代替 P）。

④ 确定各线段长度几何中心的坐标 (x_i, y_i)。

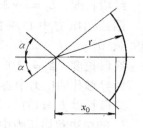

图 2-27 压力中心位于
角平分线上 x_0 点

⑤ 计算各基本线段的重心到 y 轴的距离 x_1、x_2、$\cdots x_n$ 和到 x 轴的距离 y_1、y_2、$\cdots y_n$，则根据力矩原理可得压力中心的计算公式为

$$x_0 = \frac{l_1x_1 + l_2x_2 + \cdots + l_nx_n}{l_1 + l_2 + \cdots + l_n}$$

$$y_0 = \frac{l_1y_1 + l_2y_2 + \cdots + l_ny_n}{l_1 + l_2 + \cdots + l_n} \tag{2-24}$$

2.7.3 案例分析

案例 1：镇流器固定夹冲件

（1）冲裁力计算

普通平刃冲裁模取 $K_p = 1.3$。08 钢 $\tau = 300\text{MPa}$，按排样图计算冲裁轮廓长度 L（略）。

$$L = 285\text{mm}$$

$$P = K_p\tau Lt \ (\text{N}) \ = 1.3 \times 300 \times 285 \times 0.8\text{N} = 85842\text{N}$$

（2）卸料力、推料力和顶料力计算

查表 2-7，取 $K_{卸} = 0.04$，$K_{顶} = 0.06$。

卸料力 $P_{卸} = K_{卸}P = 0.04 \times 85842\text{N} = 3433\text{N}$

顶料力 $P_{顶} = K_{顶}P = 0.06 \times 85842\text{N} = 5150\text{N}$

（3）选择压力机。

① 冲压力之和

$$P_\Sigma = P + P_卸 + P_顶 = （85842 + 3433 + 5150）\ N = 94435N$$

② 选择压力机要求压力机公称压力大于所有
冲压力之和，即 $T > P_\Sigma$。选择压力机型号为
J23 – 16。

（4）压力中心计算。

① 选取坐标系 xOy，根据排样图，选取结果
如图 2-28 所示。

② 各几何线段长度及中心坐标计算。

线段长度　$L_1 = 3.2/\sin 45° \times 4 \times 2mm = 36mm$

两方孔压力中心应在 x 轴上，中心坐标为
（29.1，0）。

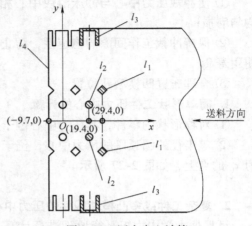

图 2-28　压力中心计算

线段长度　$L_2 = 2 \times 3.14 \times 5mm = 31.4mm$

两圆孔压力中心应在 x 轴上，中心坐标为
（19.4，0）。

线段长度　$L_3 = （10.7 \times 4 + 3 \times 2 + 9）\times 2mm = 115.6mm$

两异形孔的压力中心应在 x 轴上，其中心坐标为（19.4，0）。

线段长度 $L_4 = 131$

L_4 的单边裁切压力中心应在 x 轴上，中心坐标为（–9.7，0）。

③ 求合力压力中心。

按式（2-24）

$$x = （L_1 \times x_1 + L_2 \times x_2 + L_3 \times x_3 + L_4 \times x_4）/（L_1 + L_2 + L_3 + L_4）$$

$$= （36 \times 29.1 + 31.4 \times 19.4 + 115.6 \times 19.4 + 131 \times （-9.7））/（36 + 31.4 + 115.6 + 131）mm$$

$$= 2628.7/314mm$$

$$= 8.3mm$$

$$y = 0$$

案例 2：垫圈

（1）冲压力计算

由附录 B 可查得

Q215 的 $\tau = 270 \sim 340MPa$，取 $\tau = 300MPa$

$$F_{\phi 20} = 1.3 \times 62.83 \times 1 \times 300N \approx 24503N$$

$$F_{\phi 10} = 1.3 \times 31.42 \times 1 \times 300N \approx 12252N$$

$$F = （24503 + 12252）\ N = 36755N$$

（2）卸料力、推料力和顶料力计算

卸料力：由表 2-7 查得

$$K_卸 = 0.025 \sim 0.060\quad 取 K_卸 = 0.042$$

因此，$F_卸 = 0.042 \times 24503N \approx 1029N$

推料力：由表 2-7 查得

$$K_{推} = 0.05$$

因此，$F_{推} = 0$

顶料力：由表 2-7 查得

$$K_{顶} = 0.06$$

因此，$F_{顶} = 0.06 \times 36755\text{N} \approx 2205\text{N}$

（3）选择压力机

总压力为：$P_{\Sigma} = (36755 + 1029 + 2205)\text{N} = 39989\text{N}$，因此选择压力机型号为 J23 – 8

（4）压力中心计算

由于该零件为中心对称零件，压力中心位于制件形心（0，0），如图 2-29 所示。

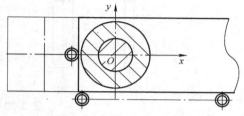

图 2-29　垫圈复合模压力中心图

2.8　成形零件的结构设计

2.8.1　凸模的结构设计与标准化

1. 凸模结构

常见凸模有以下几种形式。

1）台肩式凸模。这种凸模结构主要用于横断面简单（如圆形、方形等），装配修磨方便，具有较好的固定性和工作稳定性的情况。故在模具结构中经常采用，如图 2-30 所示。

2）直通式凸模。即凸模沿轴线方向横断面尺寸相同。这种凸模结构对于冲制非圆形制件非常实用。主要适用于数控线切割机床加工或成形磨削，如图 2-31 所示。

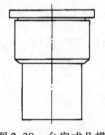

图 2-30　台肩式凸模

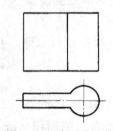

图 2-31　直通式凸模

2. 凸模的固定方式

凸模固定方式主要有台肩固定式，铆接固定式两大类。此外还有螺钉吊装，横销固定等形式，如图 2-32 所示。

3. 凸模基本结构参数的确定

下面以台肩式凸模结构为例说明结构参数的确定，如图 2-33 所示。

（1）凸模横断面参数的确定

按公式计算值

$$D_1 = d + (3 \sim 5)\text{mm}$$
$$D_2 = D_1 + (3 \sim 5)\text{mm}$$

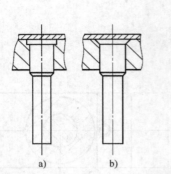
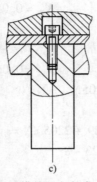
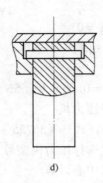

图 2-32 凸模的固定方式

a) 台肩式　b) 铆接式　c) 螺钉吊装式　d) 横销固定式

式中　d——刃口尺寸。

（2）凸模轴向参数的确定

$$H_1 = (3 \sim 5)\,\text{mm}$$

$$H_2 = h_1 + (3 \sim 5)\,\text{mm}$$

$$H = h_1 + h_2 + h_3 + (10 \sim 20)\,\text{mm}$$

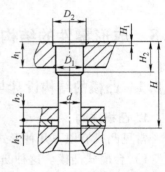

式中　h_1——固定板厚度（mm）；

　　　h_2——卸料板厚度（mm）；

　　　h_3——导料板厚度（mm）。

4. 凸模强度的校核

图 2-33 台肩式凸模结构

在一般情况下，凸模强度是足够的，无需校核。但对于特别细长的凸模或板料厚度较大的情况，应对凸模进行压应力和弯曲应力的校核。检查其危险断面尺寸和自由长度是否满足强度要求。

（1）压应力的校核

圆形凸模按式（2-25）进行校核，非圆形凸模按式（2-26）进行校核。

$$d_{\min} \geqslant 4t\tau/[\sigma_{压}] \tag{2-25}$$

$$f_{\min} \geqslant P/[\sigma_{压}] \tag{2-26}$$

式中　$d_{\min}$——凸模最小直径（mm）；

　　　$f_{\min}$——凸模最小截面的面积（mm^2）；

　　　t——料厚（mm）；

　　　τ——材料的抗剪强度（MPa）；

　　　P——冲裁力（N）；

　　　$[\sigma_{压}]$——凸模材料的许用压力（MPa）。

（2）弯曲应力的校核

根据模具结构特点，凸模的抗弯能力可分为无导向装置和有导向装置两种情况。

无导向装置的圆形凸模的最大长度为

$$L_{\max} \leqslant \frac{95d^2}{\sqrt{P}} \tag{2-27}$$

无导向装置的非圆形凸模的最大长度为

$$L_{\max} \leqslant 425 \times \sqrt{\frac{I}{P}} \tag{2-28}$$

带导向装置的圆形凸模的最大长度为

$$L_{\max} \leqslant \frac{270d^2}{\sqrt{P}} \tag{2-29}$$

带导向装置的非圆形凸模的最大长度为

$$L_{\max} \leqslant 1200 \times \sqrt{\frac{I}{P}} \tag{2-30}$$

式中　$L_{\max}$——凸模允许的最大自由长度（mm）；

　　　d——凸模的最小直径（mm）；

　　　P——冲裁力（N）；

　　　I——凸模最小横截面的惯性矩（mm^4）。

5. 凸模结构标准化

在依据上述推荐参数和模具结构的特点构思一凸模结构，在构思的基础上选择标准凸模结构。查国标 JB/T 5825—1991 选取标准尺寸。

2.8.2　凹模的结构设计与标准化

1. 凹模洞孔形式

常用的凹模洞孔形式有三种，如图 2-34 所示。

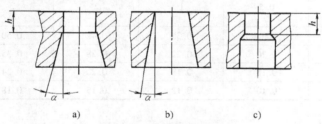

图 2-34　凹模洞孔形式

（1）圆柱形孔口（图 2-34a）

这种结构工作刃口的强度较高，刃磨后工作部分的尺寸不变。主要用于冲制料较厚、形状较复杂的制件。圆柱部分高度 h 的推荐取值范围如下：

$t < 0.5$mm　　　　$h = 3 \sim 5$mm

$t = 0.5 \sim 5$mm　　$h = 5 \sim 10$mm

$t = 5 \sim 10$mm　　$h = 10 \sim 15$mm

孔口下方的锥部是为了漏料的方便。其斜角 α 可取 3°~5°。

（2）锥形孔口（图 2-34b）

这种结构工作刃口刃磨后，工作部分的尺寸会变大。主要用于冲制精度较低、形状较简单的制件。锥角 α 的推荐取值范围如下：

$t < 1$mm　　　　$\alpha = 0.5°$

$t = 1 \sim 3$mm　　$\alpha = 1°$

$t = 3$mm　　　　$\alpha = 1.5°$

（3）具有过渡圆柱形孔口（图 2-34c）

具有圆柱形孔口的特点，并且制造方便，是生产中常用的一种结构。h 值可参照圆柱形孔口的 h 确定。

2. 凹模结构

凹模常用的基本结构外形有矩形、圆形板类结构及柱形结构。设计时按 JB/T 7643.1—2008、JB/T 7643.4—2008、JB/T 5830—1991 选用，其中以板类凹模应用最普遍。凹模的固定方法是用螺钉、销钉直接固定在底座上。

3. 凹模外形尺寸的确定

以矩形凹模为例，凹模外形尺寸计算如下（符号含义如图 2-35 所示）

（1）凹模厚度 H

$$H = Kb_1（不小于 8mm） \tag{2-31}$$

式中 K——系数，查表 2-8；

b_1——垂直于送料方向度量的凹模洞孔间最大距离。

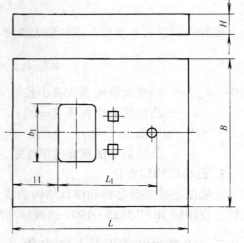

图 2-35 凹模外形尺寸

表 2-8 凹模厚度系数 K

料厚 t/mm b/mm	0.5	1	2	3	>3
<50	0.30	0.35	0.42	0.50	0.60
>50~100	0.20	0.22	0.28	0.35	0.42
>100~200	0.15	0.18	0.20	0.24	0.30
>200	0.10	0.12	0.15	0.18	0.22

（2）凹模长度 L

$$L = L_1 + 2l_1 \tag{2-32}$$

式中 L_1——平行于送料方向度量的凹模洞孔间最大距离；

l_1——凹模孔壁至边缘的距离，查表 2-9。

（3）凹模宽度 B

$$B = b_1 + (2.5 \sim 4.0)H \tag{2-33}$$

根据计算的凹模尺寸，查国标 JB/T 7643.1—2008，选取凹模标准尺寸。

表 2-9 凹模孔壁至边缘的距离 l_1 （单位：mm）

材料宽度	材料厚度 t			
	≤0.8	>0.8~1.5	>1.5~3.0	>3.0~5.0
≤40	20	22	28	32
>40~50	22	25	30	35
>50~70	28	30	36	40
>70~90	34	36	42	46
>90~120	38	42	48	52
>120~150	40	45	52	55

2.8.3 凸、凹模的最小壁厚

凸凹模的内、外缘均为刃口，内、外缘之间的壁厚取决于冲裁件的尺寸，为保证凸凹模的强度，凸凹模应有一定的壁厚。凸凹模的最小壁厚 m 一般按经验数据确定，不积聚废料的凸凹模最小壁厚值：冲裁硬材料时 $m=1.5t$；冲裁软材料时 $m \approx t$。积聚废料的凸凹模，由于胀力大，故最小壁厚值要比上述数据适当加大。

2.8.4 案例分析

案例 1：镇流器固定夹冲件

凹模轮廓尺寸符号含义如图 2-36 所示。

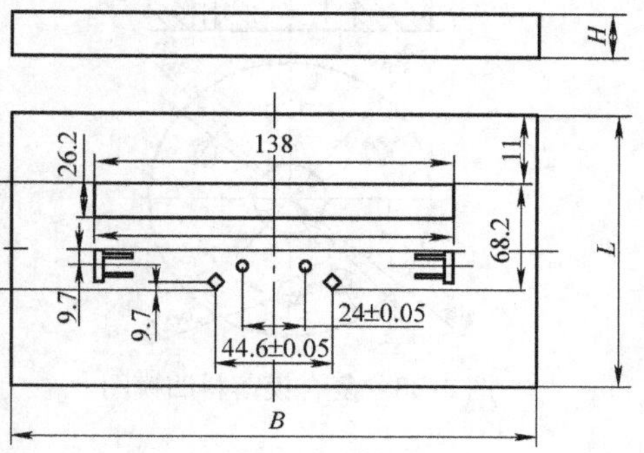

（1）凹模厚度 H

$$H = Kb_1 \quad (\text{不小于 } 8\text{mm})$$

式中　K——系数，查表 2-8，取 $K=0.2$；

　　　b_1——垂直于送料方向度量的凹模洞孔间最大距离。根据排样图，b_1 取 138mm。

$$H = Kb_1 = 0.2 \times 138\text{mm} = 26.2\text{mm}$$

（2）凹模长度 L

$$L = L_1 + 2l_1$$

图 2-36　凹模轮廓尺寸计算

式中　L_1——平行于送料方向度量的凹模洞孔间最大距离。根据排样图，L_1 取 68mm；

　　　l_1——凹模孔壁至边缘的距离，查表 2-9，取 $l_1 = 40$。

$$L = L_1 + 2l_1 = (68 + 2 \times 40)\text{mm} = 148\text{mm}$$

（3）凹模宽度 B

$B = b_1 + (2.5 \sim 4.0)H$ 根据被冲材料较薄，取系数为 3。

$$B = b_1 + 3H = (138 + 3 \times 26.2)\text{mm} = 216.6\text{mm}$$

根据计算的凹模尺寸，选取标准尺寸。查国标 GB7463.1—2008，取凹模标准尺寸为

$$200\text{mm} \times 160\text{mm} \times 26\text{mm}$$

案例 2：垫圈

（1）凸模结构设计

固定板厚度：14mm；卸料板厚度：10mm；导料板厚度：8mm。

因此，冲孔凸模长度 $L = (14 + 10 + 8 + 15)\text{mm} = 47\text{mm}$，由于是复合模设计，因此落料凸模长度也是 47mm，如图 2-37 所示。

（2）落料凹模结构设计

由表 2-8 得　$K_{复合} = 0.35$

$H_{复合} = 0.35 \times 20\text{mm} = 7\text{mm} < 15\text{mm}$（最小参考值）；$C = 3 \times H = 21\text{mm} < 26\text{mm}$（最小参考值），因此 C 取 26mm，由 JB/T 8067.4—1995 查得可选用标准凹模厚度为 12mm，如图 2-38 所示。

（3）凸凹模结构设计

同理由 JB/T 8067.4—1995 查得，凸凹模长度为 40mm，如图 2-39 所示。

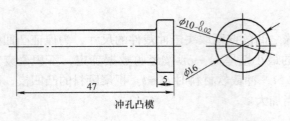

冲孔凸模

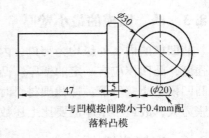

与凹模按间隙小于0.4mm配
落料凸模

图 2-37　垫圈凸模图

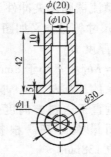

图 2-38　复合模落料凹模图

图 2-39　复合模凸凹模图

2.9　冲裁模总体结构设计

2.9.1　模具导向零件的确定

（1）导柱和导套

对生产批量大、要求模具寿命长、工件精度较高的冲模，一般采用导柱、导套来保证上、下模的精确导向。导柱、导套的结构形式有滑动和滚动两种。

1）滑动导柱、导套。

滑动导柱、导套均为圆柱形，其加工方便，容易装配，是模具行业应用最广的导向装置。图 2-40 所示为最常用的导柱、导套结构形式。导柱的直径一般在 16～60mm 之间，长度 L 在 90～320mm 之间。按标准选用时，L 应保证上模座在最低位置时（闭合状态），导柱上端与上模座顶面距离不小于 10～15mm，而下模座底面与导柱底面的距离不小于 2mm。导柱的下部与下模座导柱孔采用过盈配合，导套的外径与上模座导套孔采用过盈配合。导套的长度 L_1，必须保证在冲压前

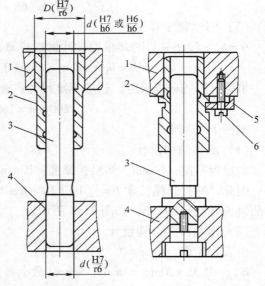

图 2-40　滑动导柱、导套

1—上模座　2—导套　3—导柱

4—下模座　5—压板　6—螺钉

58

导柱进入导套 10mm 以上。

导柱与导套之间采用间隙配合，根据冲压工序性质、冲压件的精度及材料厚度等的不同，其配合间隙也稍有不同。例如对于冲裁模，导柱和导套的配合可根据凸、凹模间隙选择。凸、凹模间隙小于 0.3mm 时，采用 H6/h5 配合；大于 0.3mm 时，采用 H7/h6 配合。拉深厚度为 4~8mm 的金属板时，采用 H7/f7 配合。

2）滚珠导柱、导套。

滚珠导柱、导套是一种无间隙、精度高、寿命长的导向装置，适用于高速冲模、精密冲裁模以及硬质合金模具的冲压工作。图 2-41 所示为常见的滚珠导柱、导套的结构形式，导套 1 与上模座导套孔采用过盈配合，导柱 5 与下模座导柱孔为过盈配合，滚珠 3 置于滚珠保持圈 4 内，与导柱和导套接触，并有微量过盈。

一般滚珠与导柱、导套之间应保持 0.01~0.02mm 的过盈量。为保证均匀接触，滚珠尺寸必须严格控制。滚珠直径一般为 3~5mm。对于高精度模具，滚珠精度取 IT5，一般精度的模具，取 IT6。滚珠为对称排列，分布均匀，与中心线倾斜角 α 一般为 5°~10°，使每个滚珠在上下运动时都有其各自的滚道而减少磨损。滚珠保持圈的长度 L，在上模回程至上止点时，仍有 2~3 圈滚珠与导柱、导套配合，起导向作用。导套长度约为 $L_1 = L + (5~10)$ mm。导柱、导套有相应的国家标准，设计时应尽可能选用标准的导柱、导套。

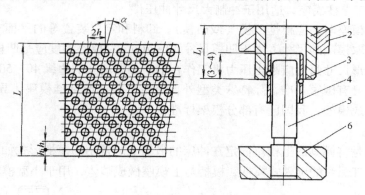

图 2-41　滚珠导柱、导套

1—导套　2—上模座　3—滚珠　4—滚珠保持圈　5—导柱　6—下模座

（2）上、下模座

模座分带导柱和不带导柱两种，根据生产规模和产品要求确定是否采用带导柱的模座。带导柱标准模座的常用形式及导柱的排列方式如图 2-42 所示。

图 2-42a 为后侧导柱模座，$L = 63~400$mm。两个导柱装在后侧，可以三面送料，操作方便，但冲压时容易引起偏心矩而使模具歪斜。因此，该模座形式适用于冲压中等精度的较小尺寸冲压件的模具，大型冲模不宜采用此种形式。

图 2-42b 为对角导柱模座，$L = 63~500$mm。两个导柱装在对角线上，便于纵向或横向送料。由于导柱装在模具中心对称位置，冲压时可防止由于偏心矩而引起的模具歪斜。该模座形式适用于冲制一般精度冲压件的冲裁模或级进模。

图 2-42c 为中间导柱模座，$L = 63~630$mm，适用于纵向送料和由单个毛坯冲制的较精密的冲压件。

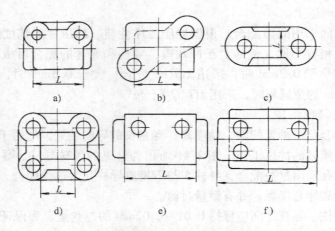

图 2-42　带导柱标准模座的常用形式

图 2-42d 为四导柱模座，$L = 160 \sim 630 \mathrm{mm}$。四个导柱冲模的导向性能最好，适用于冲制比较精密的冲压件。

图 2-42e 为后导柱窄形模座，$L = 250 \sim 800 \mathrm{mm}$。用于冲制中等尺寸冲压件的各种模具。

图 2-42f 为三导柱模座，适用于冲制大尺寸冲压件。

按标准选择模座时，应根据凹模（或凸模）、卸料和定位装置等的平面布置来选择模座的尺寸。一般应取模座的尺寸 L 大于凹模尺寸 $40 \sim 70 \mathrm{mm}$，模座厚度应是凹模厚度的 $1 \sim 1.5$ 倍。下模座的外形尺寸每边应超出压力机工作台上中心漏料孔的边缘 $40 \sim 50 \mathrm{mm}$。

上、下模座已有国家标准，除特殊类型外，应尽可能选取标准模座。导柱、导套和上、下模座装配后组成模架，我国已有部分模架标准化。

（3）模柄

模柄的作用是将模具的上模座固定在冲床的滑块上。常用的模柄形式如图 2-43 所示。

图 2-43a 为带螺纹的旋入式模柄，模柄与上模座做成整体，用于小型模具。

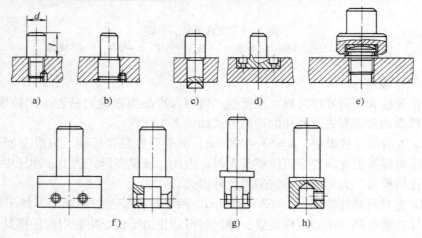

图 2-43　常用的模柄形式

图 2-43b 为带台阶的压入式模柄，它与模座安装孔用 H7/n6 配合，可以保证较高的同轴度和垂直度，适用于各种中小型模具。

图 2-43c 为反铆式模柄，与上模连接后，为防止松动，拧入防转螺钉紧固，垂直度精度较差，主要用于小型模具。

图 2-43d 为有凸缘的模柄，用螺钉、销钉与上模座紧固在一起，适用于较大的模具。

图 2-43e 为浮动式模柄。它由模柄、球面垫块和联接板组成，这种结构可以通过球面垫块消除冲床导轨误差对冲模导向精度的影响，适用于有滚珠导柱、导套导向的精密冲模。

图 2-43f ~ h 为整体式模柄，图 2-43f 适用于矩形凸模，图 2-43g、h 适用于圆形凸模。

在设计模柄时，模柄的长度不得大于冲床滑块内模柄孔的深度，模柄直径应与压力机滑块上的模柄孔径一致。

2.9.2 卸料及出料结构设计

（1）卸料板

卸料板一般分为刚性卸料板和弹性卸料板两种形式。图 2-44 所示为刚性卸料板。其中图 2-44a 是封闭式刚性卸料板，适用于冲压厚度在 0.5mm 以上的条料。图 2-44b 是悬臂式刚性卸料板，适用于窄而长的毛坯。图 2-44c 是钩形刚性卸料板，适用于简单的弯曲模和拉深模。刚性卸料板用螺钉和销钉固定在下模上，能够承受较大的卸料力，其卸料安全、可靠；但操作不便，生产率不高。刚性卸料板与凸模间隙一般取 0.1 ~ 0.5mm。刚性卸料板的厚度取决于卸料力大小及卸料尺寸，一般取 5 ~ 12mm。

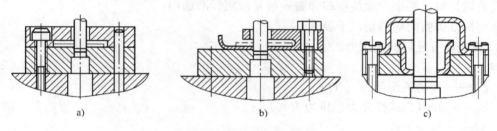

a)　　　　　　　　　　b)　　　　　　　　　　c)

图 2-44　刚性卸料板

图 2-45 所示为弹性卸料板。其中图 2-45a 是顺装式模具的弹性卸料板，图 2-45b 是倒装式模具的弹性卸料板，图 2-45c 是采用橡胶等弹性元件的卸料板。弹性卸料板有敞开的工作空间，操作方便，生产率高，冲压前对毛坯有压紧作用，冲压后又使冲压件平稳卸料，从而使冲裁件较为平整。但由于受弹簧、橡胶等零件的限制，卸料力较小，且结构复杂，可靠性与安全性不如刚性卸料板。

（2）推件装置

图 2-46 所示为两种推件装置，其中图 2-46a 为刚性推件装置，推件力大，推件可靠，但不具有压料作用。图 2-46b 为弹性推件装置，在冲压时能压住工件，冲出的工件质量较高，但弹性元件的压力有限，当需较大推件力时其结构庞大。

（3）弹簧和橡胶

弹簧和橡胶是模具中广泛应用的弹性零件，主要用于卸料、推件和压边等场合。下面主要介绍圆钢丝螺旋压缩弹簧和橡胶的选用办法。

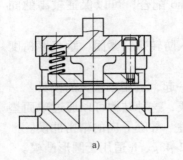 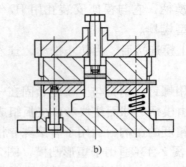 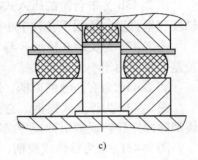

a)   b)   c)

图 2-45　弹性卸料板

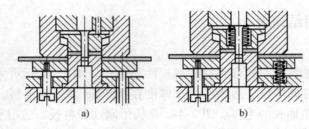

a)   b)

图 2-46　推件装置

1）圆钢丝螺旋压缩弹簧。

模具设计时，圆钢丝螺旋压缩弹簧一般是按照标准选用。

选用标准弹簧时应满足以下要求。

① 弹簧应有足够的预压力。

即

$$F_{预} \geqslant F_{卸} / k \tag{2-34}$$

式中　$F_{预}$——弹簧的预压力（N）；

$\quad\quad F_{卸}$——卸料力或推件力、压边力（N）；

$\quad\quad k$——弹簧根数。

② 压缩量应足够，即

$$s_1 \geqslant s_{总} = s_{预} + s_{工作} + s_{修磨} \tag{2-35}$$

式中　s_1——弹簧允许的最大压缩量（mm）；

$\quad\quad s_{总}$——弹簧需要的总压缩量（mm）；

$\quad\quad s_{预}$——弹簧的预压缩量（mm），一般选用 1 个料厚；

$\quad\quad s_{工作}$——卸料板、推件块或压边圈的工作行程（mm），一般选用 1 个料厚；

$\quad\quad s_{修磨}$——模具的修磨量或调整量（mm），一般取 4 ~ 6mm。

③ 要符合模具结构空间的要求。因模具闭合高度的大小限定了所选弹簧在预压状态下的长度；上下模座的尺寸限定了卸料板的面积，也就限定了允许弹簧占用的面积，所以必须根据模具结构空间的要求选取弹簧的根数、直径和长度。

选择圆钢丝螺旋压缩弹簧的步骤如下。

① 根据模具结构初步确定弹簧根数 k，并计算出每根弹簧分担的卸料力（或推件力、压边力）F_0

$$F_0 = F_{卸}/k$$

② 根据每根弹簧分担的卸料力 F_0 和模具结构尺寸，初选出若干个序号的弹簧，这些弹簧需满足最大工作负荷 $F_{lim} > F_0$ 的条件。

③ 根据所选弹簧的规格，利用单圈弹簧工作极限负荷下变形量 f 和弹簧需要的总压缩量 $s_{总}$，计算出弹簧的有效圈数 n

$$n = s_{总}/f$$

④ 利用弹簧的节距 ρ、弹簧材料直径 d 和所需有效弹簧圈数 n，计算出弹簧的自由高度 H_0

$$H_0 = \rho n + d$$

⑤ 对所选弹簧进行校核

$$s_1 = nf \geqslant s_{总}$$

式中 s_1——弹簧的总压缩量（mm）。

⑥ 检查弹簧的装配高度（即弹簧预压缩后的高度 = 弹簧的自由高度 H_0 - 预压缩量 $s_{预}$）、根数、直径是否符合模具结构空间尺寸，如符合要求，则为最后选定的弹簧规格；否则重选。这一步骤一般在绘图过程中进行。

2）橡胶。

橡胶允许承受的负荷比弹簧大，且安装调试方便，成本低，是模具中广泛使用的弹性元件。橡胶在受压力所产生的变形与其所受的压力不成正比，其特性曲线如图2-47所示。由图可知橡胶的单位压力与橡胶的压缩量、形状及尺寸的关系。橡胶所能产生的压力为

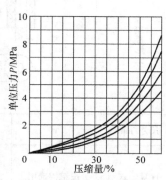

图 2-47　橡胶的特性曲线

$$F = AP \tag{2-36}$$

式中 A——橡胶的横截面积（mm²）；

　　P——与橡胶压缩量有关的单位压力（MPa），由图2-47可得。

为了保证橡胶的正常使用，不至于过早地损坏，应控制其允许的最大压缩量 $s_{总}$，一般取自由高度 $H_{自由}$ 的 35% ~ 45%。而橡胶的预压缩量 $s_{预}$，一般取自由高度 $H_{自由}$ 的 10% ~ 15%。则橡胶的工作行程为

$$s_{工作} = s_{总} - s_{预} = (0.25 ~ 0.30) H_{自由} \tag{2-37}$$

所以橡胶的自由高度为

$$H_{自由} = s_{工作} \div (0.25 ~ 0.30) \approx (3.5 ~ 4.0) s_{工作} \tag{2-38}$$

式中 $s_{工作}$——卸料板、推件块或压边圈等的工作行程与模具修磨量或调整量（4 ~ 6mm）之和再加1个料厚。

橡胶的高度 H 与直径 D 之比必须在式（2-38）范围内。

$$0.5 \leqslant H/D \leqslant 1.5 \tag{2-39}$$

如果比值 H/D 超过 1.5，应将橡胶分成若干段，在其间垫钢垫圈，并使每段橡胶的 H/D 仍在上述范围内。

橡胶断面面积的确定，一般是凭经验估计或根据表2-10中公式计算，并根据模具空间大小进行合理布置。同时，在橡胶装上模具后，周围要留有足够的空隙位置，以允许橡胶压

缩时断面尺寸的变大。

选用橡胶时的计算步骤如下。

① 根据工作行程 $s_{工作}$ 计算橡胶的自由高度 $H_{自由}$。

$$H_{自由} = (3.5 \sim 4.0) s_{工作}$$

② 根据 $H_{自由}$ 计算橡胶的装配高度 H_2。

$$H_2 = (0.85 \sim 0.90) H_{自由} \tag{2-40}$$

③ 在模具装配时，根据模具大小确定橡胶的断面面积。

表 2-10　橡胶板的截面尺寸计算

类型代号	a	b	c	d
橡胶板形式	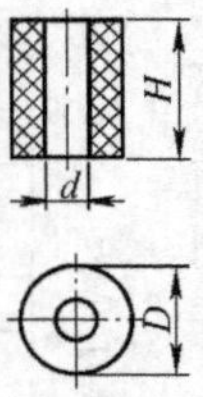	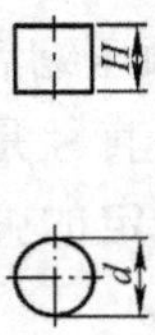	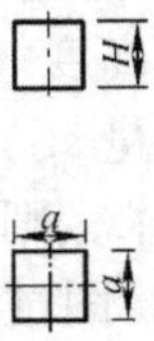	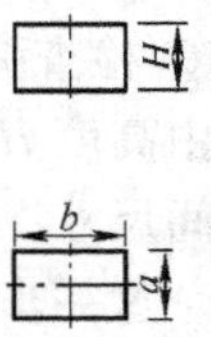
尺寸/mm	d　D	d	a	a　b
计算公式	按结构选用　$\sqrt{d^2 + 1.27\dfrac{F}{P}}$	$\sqrt{1.27\dfrac{F}{P}}$	$\sqrt{\dfrac{F}{P}}$	$\dfrac{F}{bP}$　$\dfrac{F}{aP}$

2.9.3　案例分析

模具总体结构的确定，是模具设计的关键，它直接影向到工件的质量、成本和冲压水平，必须十分重视。

（1）模具类型的确定

在已确定的冲裁方案的基础上考虑模具结构类型。模具类型的确定主要与制件的尺寸大小、形状、精度和生产批量等有关。模具类型可参照表 1-3、表 1-4 确定。

（2）确定冲裁的卸料、出料形式

根据冲件材料的性质，工件的尺寸和形状特点确定卸料和出料的结构类型。例如是采用弹性卸料还是固定卸料；顶件出料还是漏料出料的形式。在确定卸料、出料的形式时一般遵循如下要求。

① 冲件料厚在 1.5mm 以下时选用弹压卸料形式。

② 冲件要求平整时应选用弹压卸料和顶料的形式。

③ 多工位级进模冲裁时宜选用弹压卸料形式。

（3）定位方式的确定

案例 1：镇流器固定夹冲件

本案例模具类型选择级进模结构。

1）冲件料厚为 0.8mm，材料为 08F 钢。且本工件仍有后续成形工序，故选用弹压卸料和顶料出料形式，以期获得制件平整。

2）选择确定标准模架及各标准件尺寸。

根据其窄长特点和排样方案，采用纵向送料方式，故模架选用对角导柱形式。依据凹模尺寸查国标 GB/T 2851—2008，选择标准模架。依据典型组合推荐标准，查国标确定各组成件结构尺寸。

3）根据工件结构和级进模工作的特点，定位方式采用双侧面导料板，双成形侧刃定位。

案例 2：垫圈

本案例模具类型选择倒装复合模结构。

1）采用弹性卸料方式。

使用弹簧结构：因模板为圆形，选弹簧根数 $k = 3$，每根弹簧分担的卸料力 F_0 为

$$F_0 \geqslant F_{卸} \div k = 1029 \div 3 N = 343N$$

弹簧所需总压缩量 $s_{总}$：$s_{预}$ 和 $s_{工作}$ 选用 1 个料厚，$s_{修磨}$ 一般选用 6mm

$$s_{总} = s_{预} + s_{工作} + s_{修磨} = （1 + 1 + 6） mm = 8mm$$

根据 F_0，由附录 A 可查得：$d = 3mm$，$D_2 = 16mm$，$F_{lim} = 415N$，$\rho = 5.4mm$，$f = 2.145mm$

弹簧有效圈数 $\quad\quad\quad n = s_{总}/f = 8 \div 2.145 = 4$

弹簧的自由高度 $\quad H_0 = \rho n + d = （5.4 \times 4 + 3） mm = 24.6mm$，取 $H_0 = 25mm$

弹簧允许的最大压缩量 $s_1 = nf = 4 \times 2.145mm = 8.58mm > s_{总}$

符合使用要求。

2）模架结构。

因垫圈零件一般无精度要求，所以选用滑动导柱导套导向。

对于复合冲裁，若采用单排，主要考虑冲压力对导向零件作用力的方向，宜采用中间导柱模架；若采用多排，其冲裁过程为逐排冲裁，因此每排冲裁时，条料边缘与模架导向件之间的距离不同，在此主要考虑条料宽度对模架大小的影响，选用后侧导柱模架较为适宜。

因垫圈零件一般无精度要求，且冲压力和模具结构均较小，从方便制造、降低成本的角度出发，一般选用螺纹旋入式模柄。

3）根据工件结构和单排复合模工作的特点，定位方式采用导料销和挡料销进行定位较为经济。

2.10 装配图的绘制

案例 1：镇流器固定夹冲件

装配图绘制如图 2-48 所示。

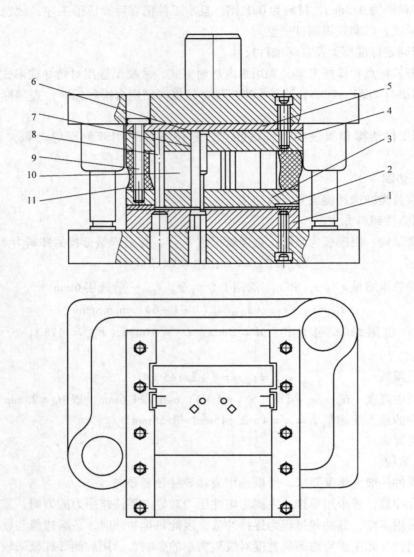

图 2-48　级进冲裁模

1—凹模　2—侧面导板　3—弹压卸料板　4—凸模固定板　5—垫板　6、7、10—凸模

8—成形侧刃　9—卸料螺钉　11—橡胶

案例 2：垫圈

装配图绘制如图 2-49 所示。

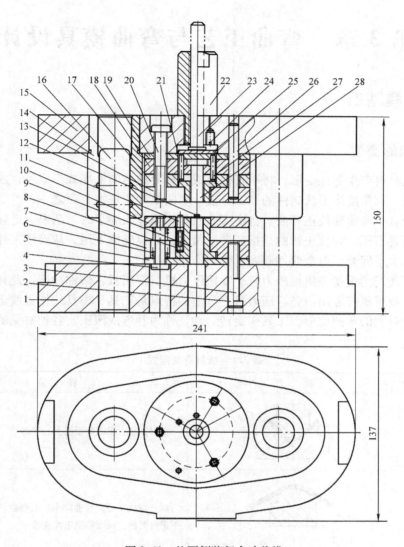

图 2-49 垫圈倒装复合冲裁模

1—下模座 2、26—销钉 3、20—螺钉 4—卸料螺钉 5—凸凹模垫板 6、8—弹簧 7—凸凹模固定板
9—凸凹模 10—卸料板 11—导料销 12—挡料销 13—凹模 14—导套
15—上模座 16—导柱 17—空心垫板 18—凸模固定板 19—凸模垫板 21—推件块
22—模柄 23—打料杆 24—止转销 25—打板 27—推杆 28—冲孔凸模

第3章 弯曲工艺与弯曲模具设计

3.1 弯曲模基础

3.1.1 弯曲的类型

弯曲是使材料产生塑性变形，将平直板材或管材等型材的毛坯或半成品，放到模具中进行弯曲，得到一定角度或形状制件的加工方法。弯曲是冲压基本工序之一。

弯曲分为自由弯曲和校正弯曲。自由弯曲就是指当弯曲终了时，凸模、毛坯和凹模三者贴紧后凸模不再下压。而校正弯曲是指三者贴紧后，凸模继续下压，从而使工件产生进一步塑性变形，减少了回弹，对弯曲件起到了校正作用。

弯曲成形使用的设备是机械压力机、摩擦压力机或液压机，俗称冲床。此外还有在弯板机、弯管机、拉弯机等专用设备。压力机上弯曲的特点是工具、模具均作直线运动，称为压弯；在专用设备上的弯曲成形，工具作旋转运动，称为卷弯或滚压。各种常见的弯曲加工方式参见表3-1。

表3-1 板材弯曲形式

类 型	简 图	特 点
压 弯		板材在压力机或弯板机上的弯曲
拉 弯		对于弯曲半径大（曲率小）的弯曲件，在拉力作用下进行弯曲，从而得到塑性变形
滚 弯		用2~4个滚轮，完成大曲率半径的弯曲
滚压成形（辊形）		在带料纵向连续运动过程中，通过几组滚轮逐渐弯曲，而获得所需的形状

3.1.2 弯曲变形过程分析

1. 弯曲过程

弯曲形式很多，这里以 V 形件为例来阐述弯曲特点及过程。图 3-1 为 V 形件弯曲，其弯曲件材料是平面板料。当模具上受到压力作用时，弯曲板料受外力而首先达到图 3-1a 所示的位置，板料与凸模只有三点接触。随着凸模的下行，弯曲区域逐渐缩小，弯曲件两边也逐渐与凹模工作表面贴紧，直到弯曲件与凸模和凹模全部贴紧，如图 3-1b 所示。弯曲结束，凸模上升，凸模与凹模逐渐分开，毛坯

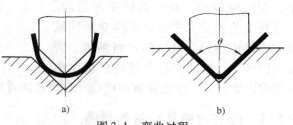

图 3-1　弯曲过程

板料件弯曲成了具有 θ 角的弯曲件。由于金属材料具有弹性，弯曲件成形角度要稍大于 θ 角，这种现象称为回弹。回弹对弯曲件成形影响很大，因此回弹的大小需要进行估算，并采取一定措施予以消除。

2. 弯曲变形分析

根据变形程度，弯曲分为弹性弯曲、弹性-塑性弯曲、纯塑性弯曲三个阶段。为了观察与分析，通常采用在材料侧剖面上设置正方形网格的方法，如图 3-2 所示。弯曲之前在材料侧剖面上画上垂直交叉的直线，从而组成正方形的网格；受力变形后，观察网格的变化，从中可以看出，图中直线有的发生弯曲，有的仍保持原状。例如图中 ab 段和 cd 段仍为直线，bc 段弯成了圆弧状，侧剖面上原来的正方形网格变成了梯形。

图 3-2 中 b′c′ 段圆弧附近的方格，原来垂直方向的直线变成了斜线，但是其长度没有变化，而原来水平方向的直线长度变短。也就是说，在弯曲的内侧形成压缩区。同理，板料的外侧 bc 段圆弧比变形前变长，垂直线长度没有变，但位置改变了，也变成了斜线。这说明外侧部分是伸长区。在 bc 圆弧与 b′c′ 圆弧之间有一段圆弧线（如图中 b″c″ 位置）既没有伸长，也没有缩短，这一层称为中性层。一般来说中性层位于材料厚度中间偏向压缩区一些。

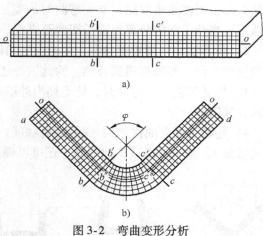

图 3-2　弯曲变形分析
a) 弯曲前　b) 弯曲后

弯曲件除了厚度、长度方向有变形外，根据板料宽度的不同，被弯曲件材料宽度方向变化也不同。如图 3-3 所示，图中弯曲件的板料宽度为 B，厚度为 t。如图 3-3a 所示，若 $B < 3t$ 的板（称为窄板），其内层的材料向宽度方向扩展，即板料宽度增加；外层金属材料受到拉伸后，使外层厚度减小。其结果是使整个横断面变成了扇形。如图 3-3b 所示，$B > 3t$ 的板（称为宽板），由于横断面很宽，横向变形阻力很大，其端面形状变化不大。

弯曲变形有弹性变形、塑性变形及过渡过程，板料弯曲时外层材料受到拉伸，其拉应力

已超过材料的屈服强度值，内层材料受
到压缩，其压缩应力也超过了材料的屈
服强度值，这些均为塑性变形，中间各
层的一些区域拉伸与压缩的变形应力很
小，变形也较小，处于弹性变形阶段。
从弯曲工艺的要求来说，弹性变形区域
及应力越小越好。这些与材料种类、所
施加的外力、弯曲半径及弯曲区域大小

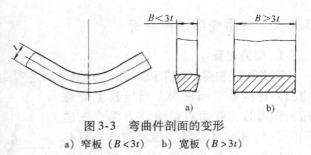

图 3-3　弯曲件剖面的变形
a) 窄板（$B<3t$）　b) 宽板（$B>3t$）

等很多因素有关，这也是弯曲模设计与制造的首要问题。

3.1.3　提高弯曲件质量的措施

弯曲时必然产生质量问题，如回弹、开裂、扭曲、偏移等。其影响因素也很多，要提高
弯曲件的质量就必须减少或消除上述各种缺陷，除了技术工艺方面之外，还有经济成本、效
益问题；所以在设计与制造时应综合考虑，这也是现代企业设计与制造者经营的必要条件。

1. 减少回弹的方法

回弹是弯曲过程中不可避免的，也是影响弯曲件质量的首要问题。所以消除回弹是提高
弯曲件质量的主要措施之一。其方法很多，主要有补偿法、校正法及拉弯工艺法等。

1）补偿法。预先估算或试验得出弯曲件的回弹量，在设计模具时要超量弯曲，使得回
弹后刚好等于要求的弯曲角。这些主要是从模具结构上入手。如图 3-4 所示。图 3-4a 为单
角补偿，根据试验所得回弹量，设计制造模具凸、凹模的角度。图 3-4b 为 U 形件，它的补
偿可采用两种方法，其一是角度法，使凸模向内倾斜一个角度，其值等于回弹角 $\Delta\theta$；其二
是减少凸、凹模单边间隙，增大弯曲时的摩擦，变形增大，回弹减小。图 3-4c 是底部作成
圆弧形，当凸、凹模分离后圆弧回弹至直线，两侧边也就向内倾斜。

2）校正法。采用校正弯曲，使弯曲圆角区的正应力集中，当超过屈服强度时就产生一
定的塑性变形，使回弹得到补偿。除此以外还可以用活动凹模、聚氨酯橡胶凹模等实现。

3）拉弯工艺。在弯曲时，让毛坯内外层均受到拉应力，使板料的回弹方向一致，就可
以减少其回弹。

4）正确选择弯曲件结构。采用刚性好的弯曲件结构设计，即在弯曲区压制成各种加强
肋（或筋），除了可以减少回弹外，还可以提高弯曲件的刚度，其结构如图 3-5 所示。

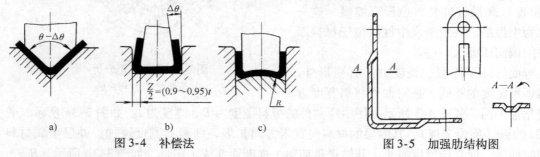

图 3-4　补偿法　　　　　　　　　图 3-5　加强肋结构图

2. 弯曲件开裂

弯曲过程中，板料外层受到拉应力作用，当超过材料的抗拉强度时，就会出现裂纹。为

70

此采用如下方法加以防止。

1）选择塑性好的材料，采用经过退火或正火处理的软材料。

2）毛坯的表面质量要好，且要无划伤、潜伏裂纹、毛刺及冷作硬化等缺陷。

3）弯曲时排样要注意板料或卷料的轧制方向。

除了材料本身塑性外，还与弯曲工艺、模具结构有关。如把毛刺面放在内侧，或采用中间退火工艺、局部加热及附加反压弯曲等方法。

3. 偏移

偏移就是弯曲件在弯曲后不对称，在水平方向有移动。其主要原因是由于弯曲件或模具不对称及弯曲件两边的摩擦造成的。采取的措施如下。

1）模具结构上采用压料装置，使板料毛坯在压应力状态下进行弯曲成形。这样不仅防止了毛坯的偏移，而且还能得到底部较平的弯曲件，如图3-6所示。

2）采用定位板、定位销，以此来保证弯曲中毛坯定位的可靠性。对于异形重要件，还可以两者同时采用。

3）工艺方案要合理。如有些非对称件的弯曲，可以组合成对称件弯曲，然后再切开，使弯曲时毛坯受力平衡，不但防止偏移，而且还提高了生产率，如图3-7所示。

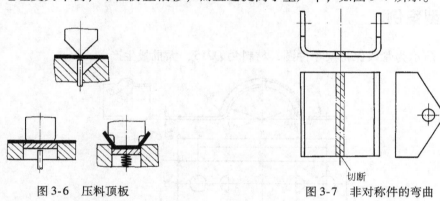

图3-6　压料顶板　　　　　　　　图3-7　非对称件的弯曲

4. 底部不平

弯曲件底部不平会影响其使用性能、定位性能等。主要原因是没有顶料装置或顶料力不够而使弯曲时板料与底部不能靠紧，造成底部不平。可采取的措施是采用顶料板，在弯曲时加大合理的顶料力。

5. 表面擦伤

表面擦伤就是弯曲后弯曲件外表面产生的划伤而留下的痕迹等。主要原因：其一是在工作表面附有较硬的颗粒；其二是凹模的圆角半径太小；其三是凸模与凹模的间隙太小。可采取的相应措施有：清洁工作表面、采用合理的表面粗糙度值、合理的圆角半径及凸模与凹模的间隙。

3.1.4　保证弯曲件质量的基本原则

1. 正确制订冲压工艺方案

1）选择合理的下料和制坯方式。一般采用落料制坯比剪床下料制坯尺寸精度更高。

2）注意板料（卷料、条料）的轧制方向和毛刺的正、反面。

3）正确确定毛坯展开尺寸。因弯曲变形时，弯曲件长度会有增减，故对于尺寸精度要求较高的弯曲件，应先按理论或经验公式估算毛坯展开长度，经过多次试弯，最后确定出毛坯展开尺寸和落料模刃口长度。

4）弯曲工艺方案的制定应充分考虑弯曲件尺寸标注方式，注意带孔弯曲件的冲压工序的安排，合理确定冲压工序的组合。

5）尽量减少弯曲次数，提高弯曲件精度。

6）增加整形与校平工序。

2. 模具设计、制造与日常维护

模具设计合理，制造与日常维护要精细。为此应注意以下几点。

1）定位装置必须准确、可靠。

2）合理安排与设置强力压料装置，弯曲时改变了毛坯应力状态与摩擦条件。

3）合理设计模具的结构，减少回弹。

4）合理确定凸、凹模间隙，凹模圆角半径及深度之间的关系。在模具加工制造和维修时应保证两侧圆角半径一致、表面粗糙度一致。

3.2 典型案例

图 3-8 所示为管线保持架零件图，材料为 Q215，大批量生产。

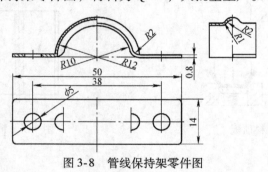

图 3-8 管线保持架零件图

3.3 弯曲件工艺性分析

3.3.1 弯曲件的工艺性

1. 弯曲件的材料

弯曲件要求材料应具有足够的塑性、较低的屈服强度及较高的弹性模量。足够的塑性能保证弯曲时不开裂，且较低的屈服强度和较高的弹性模量能使弯曲件的形状与尺寸准确。适合弯曲的材料有软钢、黄铜、铝及铝合金等。

脆性较大的材料，如磷青铜、铍青铜、弹簧钢等，因为易开裂，故弯曲时应有较大的相对弯曲半径，也可以利用加热弯曲的方法进行。

对于非金属材料，只有塑性好的材料如纸板、有机玻璃板等才能进行弯曲，且需要对毛坯进行预热，弯曲半径可适当大些。

2. 弯曲件精度

弯曲件精度主要是指其形状与尺寸的准确性、稳定性，它与板料的力学性质、厚度、模具结构、模具精度、工序数量及工序顺序有关，还与弯曲件本身形状尺寸、结构有关。据有关资料记载，弯曲件外形尺寸所能达到的精度，按其厚度和弯曲件直边尺寸长度的不同分为IT12～IT16级，板料比较薄的短边取小值，比较厚的长边取大值。弯曲件长度的自由公差与角度公差见表3-2、表3-3。

表3-2 弯曲件长度自由公差 （单位：mm）

长　　　度		3～6	>6～18	>18～50	>50～120	>120～260	>260～500
材料厚度	≤2	±0.3	±0.4	±0.6	±0.8	±1.0	±1.5
	>2～4	±0.4	±0.6	±0.8	±1.2	±1.5	±2.0
	>4	—	±0.8	±1.5	±1.5	±2.0	±2.5

表3-3 弯曲件角度的自由公差

L/mm	≤6	>6～10	>10～18	>18～30	>30～50
$\Delta\theta$	±3°	±2°30′	±2°	±1°30′	±1°15′
L/mm	>50～80	>80～120	>120～180	>180～260	>260～360
$\Delta\theta$	±1°	±50′	±40′	±30′	±25′

3. 弯曲半径

一般情况下，弯曲件在弯曲时的最大弯曲半径是没有限制的，但弯曲半径太小，将使弯曲件外层表面纤维的拉伸应变过大，超过所允许的极限值而开裂。开裂与板厚有关，所以除弯曲半径外，一般也用相对弯曲半径来衡量。即在保证坯料外表面纤维不发生破坏的前提下，弯曲件能够弯曲成的内表面最小圆角半径，称为最小弯曲半径，相应的与板料厚度的比值称为最小相对弯曲半径。

（1）最小相对弯曲半径的影响因素

1）材料的力学性能。材料的塑性越好，其塑性指标（δ、ψ）数值越高，相应最小弯曲半径就越小。

2）弯曲中心角（α）。弯曲只发生在圆角部分，直边不参与变形，变形程度只与相对弯曲半径有关，与弯曲对应的中心角无关。但这也只限于理论，实际上弯曲件是一个整体，弯曲过程中，直边与圆角部分的金属纤维之间是互相牵制的，靠近圆角的直边部分参与变形，使变形区扩大，这就使圆角外层表面受拉的状态得以缓解，可以使最小相对弯曲半径减小。弯曲中心角 $\alpha < 70°$ 时影响较大，$\alpha > 70°$ 时其影响就很小。

3）板料的纤维方向与弯曲线夹角的影响。轧制的板料具有各向异性，即板料在弯曲时各个方向的性能是有差别的。顺着纤维方向的塑性指标高于垂直于纤维方向的塑性指标。即弯曲时弯曲线垂直于纤维线方向比平行时效果要好；垂直时的弯曲不易开裂。冲压所用材料大多是长料或卷料，这些材料的纤维线与长边方向是平行的。但有时垂直与平行弯曲线同时存在于一个弯曲件上。当弯曲件有多向弯曲时，除考虑其排样经济性的同时，应尽量让弯曲线与纤维方向有一定夹角，一般不小于30°，最好是45°，如图3-9所示。

4）弯曲件宽度。弯曲件宽度不能准确反映实际情况，所以实际上还是用相对宽度。其数值不同，弯曲变形区的应力状态也不同；在相对弯曲半径相同的条件下，相对宽度越大，其应变强度越大，反之越小；当相对宽度大于10时，对其影响很小。

5）弯曲件板料厚度。一般板厚越大，最小弯曲半径也应越大。因为此时弯曲变形区内切向应变在厚度方向上呈线性规律变化，表面上最大，中性层上内切向力为零。但是，当板厚较小时，切向应变变化的程度大，其数值很快由最大值衰减为零。与切向变形最大的外表面相邻的金属，可以起到阻止表面金属产生局部不稳定的塑性变形的作用。因此可以得到较大的变形和较小的最小弯曲半径。

6）板料表面与断面质量的影响。板料表面和断面质量较差时，其最小相对弯曲半径值较大。这是因为板料表面若有划伤、裂纹或侧面有毛刺、裂口及冷作硬化现象等缺陷，弯曲时极易开裂。为防止弯曲时开裂，最好将有毛刺的一面置于内侧，也就是让有缺陷的一面受压，从而避免拉应力的产生，如图3-10所示。

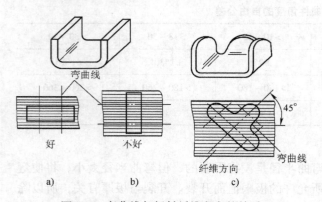

图3-9 弯曲线与板料纤维方向的关系
a）垂直 b）平行 c）45°夹角

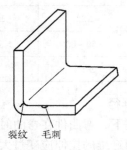

图3-10 厚板弯曲毛刺方向

（2）最小相对弯曲半径的确定

最小相对弯曲半径的影响因素很多，确定其数值的方法也很多，但主要还是采用经验的试验数值。即充分考虑部分工艺因素经试验得出的数值，应用时再进行修正，但必须满足客户的要求。具体数值见表3-4。

表3-4 最小相对弯曲半径（t 为料厚）

材　料	退　火　或　正　火		冷　作　硬　化	
	弯　　曲　　线　　位　　置			
	垂直于纤维方向	平行于纤维方向	垂直于纤维方向	平行于纤维方向
08、10	0.1t	0.4t	0.4t	0.8t
15、20	0.1t	0.5t	0.5t	1.0t
25、30	0.2t	0.6t	0.6t	1.2t
35、40	0.3t	0.8t	0.8t	1.5t

材　料	退　火　或　正　火		冷　作　硬　化	
	弯　曲　线　位　置			
	垂直于纤维方向	平行于纤维方向	垂直于纤维方向	平行于纤维方向
45、50	$0.5t$	$1.0t$	$1.0t$	$1.7t$
55、60	$0.7t$	$1.3t$	$1.3t$	$2.0t$
65Mn、T7	$1.0t$	$2.0t$	$2.0t$	$3.0t$
不锈钢	$1.0t$	$2.0t$	$3.0t$	$4.0t$
软杜拉铝	$1.0t$	$1.5t$	$1.5t$	$2.5t$
硬杜拉铝	$2.0t$	$3.0t$	$3.0t$	$4.0t$
磷青铜	—	—	$1.0t$	$3.0t$
半硬黄铜	$0.1t$	$0.35t$	$0.5t$	$1.2t$
软黄铜	$0.1t$	$0.35t$	$0.35t$	$1.3t$
纯铜	$0.1t$	$0.35t$	$0.5t$	$2.0t$
铝	$0.1t$	$0.35t$	$0.5t$	$1.0t$
镁合金	加热到 $300 \sim 400℃$		冷作硬化状态	
MB1	$2t$	$3t$	$6t$	$8t$
MB2	$1.5t$	$2t$	$5t$	$6t$
钛合金	加热到 $300 \sim 400℃$		冷作硬化状态	
TB2（BT1）	$1.5t$	$2t$	$3t$	$4t$
（BT5）	$3t$	$4t$	$5t$	$6t$
钼合金（$t \le 2mm$）	加热到 $400 \sim 500℃$		冷作硬化状态	
	$2t$	$3t$	$4t$	$5t$

注：1. 当弯曲线与纤维方向成一定角度时，可采用垂直和平行纤维方向二者的中间值。
　　2. 在冲裁或剪裁后没有退火的毛坯应作为硬化的金属选用。
　　3. 弯曲时应使有毛刺的一边处于弯曲的内侧。
　　4. 括号之中的钛合金牌号为旧标准。

在弯曲工艺中除了板料以外，还存在其他形式材料的弯曲，也有对应的最小弯曲半径，如管料、杆件等。下面列出管件的最小弯曲半径，见表 3-5。

表 3-5　管件最小弯曲半径

管壁厚度	最小弯曲半径 R	管壁厚度	最小弯曲半径 R
$0.02d$	$4d$	$0.1d$	$3d$
$0.05d$	$3.6d$	$0.15d$	$2d$

注：d——管件外径。

4. 直边高度与孔边距

（1）直边高度

如图 3-11a 所示，在弯曲直角时，若直立部分过小，弯曲稳定性就差，将产生不规则变形。为了避免此现象发生，弯曲件直边高度 H 必须大于或等于最小弯曲高度（$H_{min} = 2t$）。对侧边有倾角的弯曲件，如图 3-11b 所示，侧边的最小弯曲高度为

$$H_{min} = （2 \sim 4）t \text{ 或 } H_{min} = （1.5 + r）t \tag{3-1}$$

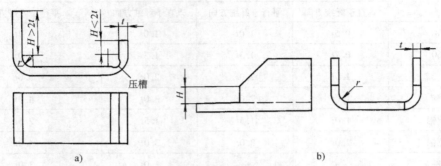

图 3-11 弯曲件直边与侧边高度

a）直边高度 b）侧边高度

若 $H < H_{min}$，则需预先压槽或加长至可弯曲长度，弯曲后再切除多余部分。

（2）孔边距

弯曲件上有时需要各种孔，这些孔大部分是预先冲制加工的。在弯曲时，弯曲线附近的孔由于材料的流动而发生畸变。为防止这种现象的发生，必须让孔的位置处于变形区外，即孔边到弯曲半径 R 的中心距离 l 必须满足下列条件，如图 3-12 所示。

当 $t < 2mm$ $l \geqslant t$

当 $t \geqslant 2mm$ $l \geqslant 2t$

若在实际中孔边距 l 过小不能满足上述条件，则应调整弯曲工艺，可先弯曲后冲孔，或冲制防止变形的工艺孔等。

5. 形状与尺寸的对称性

弯曲件的形状与尺寸应对称分布，两边的圆角半径等尺寸也应一样，以防止弯曲时因圆角不同，摩擦阻力不同，而造成弯曲件尺寸精度不高，甚至弯曲失败。如图 3-13 所示。

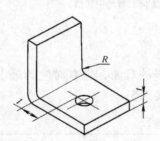

图 3-12 孔与弯曲部位最小距离

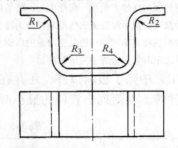

图 3-13 弯曲件的对称性

6. 工艺孔、槽及缺口

对一些弯曲件进行局部弯曲时，为了防止交接处因受力不均或应力集中而造成开裂、圆角部位畸变等缺陷，应预先在弯曲件上设置工艺所必须的工艺孔、槽及缺口。如图 3-14a 所示工件，弯曲后很难达到理想的直角，往往会产生开裂、变宽。如果在弯曲前加工出工艺缺口（$M \times N$），则可以得到理想的弯曲件。图 3-14b 所示是在弯曲处预冲工艺孔。效果与图

76

3-14a 相同。图 3-14c 所示是多次弯曲工件，图中 D 是定位工艺孔，目的是作为多次弯曲的定位基准；此时虽然多次弯曲也仍能保证弯曲件的尺寸精度或对称性。

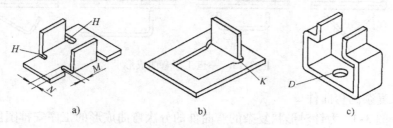

图 3-14　工艺槽、孔及定位孔

3.3.2　典型案例分析

图 3-8 所示的保持架制件材料为普通碳素结构钢，较利于弯曲。制件结构简单，形状对称，孔边（弯曲线）距、弯曲直边高度、最小弯曲半径等均大于弯曲工艺要求，弯曲边缘无缺口，尺寸精度和表面粗糙度要求一般。因此，其弯曲工艺性较好。

3.4　弯曲工艺过程

弯曲工艺是指将制件弯曲成形的方法。弯曲工艺内容包括成形制件各弯曲部位的先后顺序、弯曲工序的分散与集中的程度，以及弯曲成形过程中所需进行的热处理工序的安排。在此主要讨论弯曲工序的安排。弯曲工序安排的实质是确定弯曲模具的结构类型，所以它是弯曲模具设计的基础。工序安排合理，可以简化模具结构、提高模具寿命和保证制件质量。

简单弯曲件（如 V 形件和 U 形件）可以一次弯曲成形。对于形状复杂或外形尺寸很小的弯曲件，一般需要采用成套工装多次弯曲变形才能达到零件设计的要求，或者在一副模具内经过冲裁和弯曲组合工步多次冲压才能成形。

3.4.1　弯曲工序的安排原则

工序安排的原则应有利于坯件在模具中的定位；工人操作安全、方便；生产率高和废品率最低等。弯曲工艺顺序应遵循的原则如下。

① 先弯曲外角，后弯曲内角。

② 前道工序弯曲变形必须有利于后续工序的可靠定位，并为后续工序的定位作好准备。

③ 后续工序的弯曲变形不能影响前面工序已成形形状和尺寸精度。

④ 小型复杂件宜采用工序集中的工艺，大型件宜采用工序分散的工艺。

⑤ 精度要求高的部位的弯曲宜采用单独工序弯曲，以便模具的调整与修正。

⑥ 制定工艺方案时应进行多方案比较。

3.4.2　典型弯曲工序设计

（1）形状简单的弯曲件

如 V 形、U 形、Z 形件等，可采用一次弯曲成形（图 3-15）。

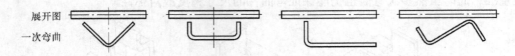

图 3-15　一道工序弯曲成形

（2）形状复杂的弯曲件

图 3-16 ～ 图 3-18 为针对形状复杂的弯曲件的分次弯曲成形的工序安排图例。

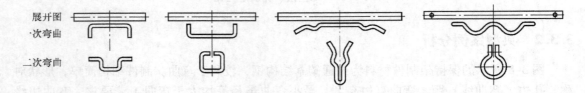

图 3-16　二道工序弯曲成形

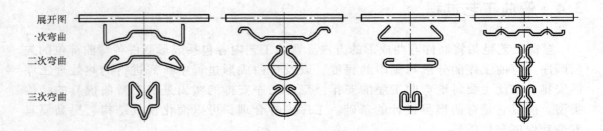

图 3-17　三道工序弯曲成形

（3）批量大、尺寸较小的弯曲件

该类弯曲件可采用多工序的冲裁、弯曲、切断连续弯曲成形（图 3-19）。

3.4.3　典型案例分析

图 3-8 所示的保持架的工艺过程方案拟定如下。

方案 1：弯曲 $R2$ 两直边部分→弯曲 $R10$ 半圆→弯曲 $R2$ 圆弧槽。

方案 2：同时弯曲 $R2$ 两直边部分及 $R10$ 半圆→弯曲 $R2$ 圆弧槽。

方案 3：弯曲 $R2$ 两直边部分→弯曲 $R10$ 半圆→成形 $R2$ 圆弧槽。

方案 4：同时弯曲 $R2$ 两直边部分及 $R10$ 半圆→成形 $R2$ 圆弧槽。

方案分析：方案 1 和方案 2 在弯曲 $R2$ 圆弧槽时将产生材料转移（流动），导致制件边缘不平齐，需增加切边修整工序。

方案 3 和方案 4 将 $R2$ 圆弧槽采用成形手段成形，避免了成形过程中的材料转移，但方案 3 工序较多。

因此，综合分析比较，采用方案 4 较佳。

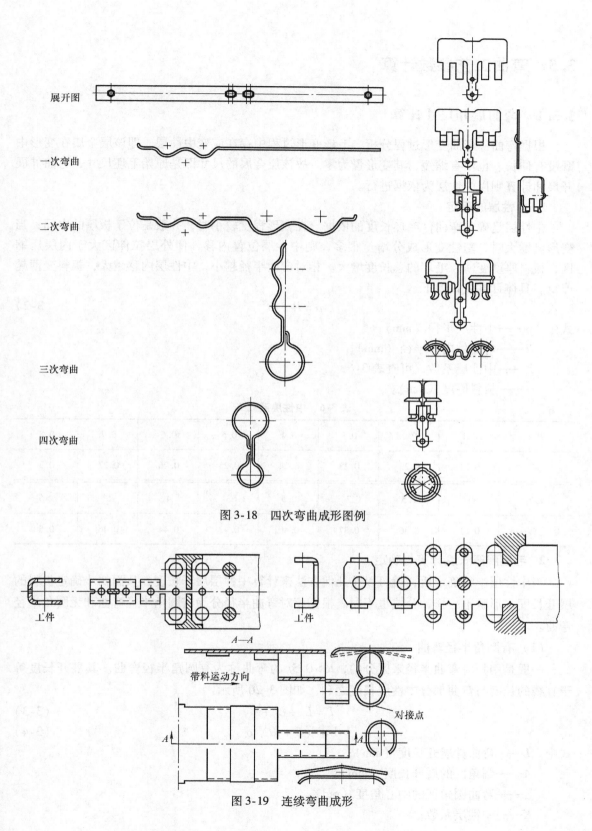

展开图

一次弯曲

二次弯曲

三次弯曲

四次弯曲

图 3-18　四次弯曲成形图例

工件

工件

A—A

带料运动方向

对接点

图 3-19　连续弯曲成形

3.5　弯曲工艺参数计算

3.5.1　弯曲展开尺寸计算

根据弯曲件弯曲变形过程分析，毛坯变形过程中存在应变中性层，即该层金属在变形中既没有伸长、也没有缩短，其变形量为零。故该层金属的尺寸即是原始毛坯尺寸，弯曲件展开尺寸计算则以中性层为依据进行。

1. 中性层的确定

中性层是确定弯曲件毛坯长度的依据。在变形程度较小时，一般是位于板厚的中间；当变形量增大时，塑性变形成分增至很多，则中性层位置内移，使外层拉伸区大于内层压缩区，板料厚度变薄，毛坯的总长度增大。相对弯曲半径越小，中性层内移越大，板料变薄越严重。具体计算公式如下

$$\rho = R + Kt \qquad (3\text{-}2)$$

式中　ρ——中性层半径（mm）；

　　　R——弯曲件内弯半径（mm）；

　　　K——中性层系数，可查表3-6；

　　　t——板料厚度（mm）。

表 3-6　中性层系数 K

R/t	0.1	0.2	0.3	0.4	0.5	0.6	0.7	0.8
K	0.21	0.22	0.23	0.24	0.25	0.26	0.27	0.3
R/t	1	1.5	2	2.5	3	4	5	>5
K	0.31	0.36	0.37	0.40	0.42	0.44	0.46	0.5

2. 毛坯展开长度计算与确定

当中性层半径确定后，就可以按几何方法来计算中性层展开长度，从而初步确定板料的展开长度。形状不一样，公式也不同。根据相对弯曲半径分为有圆角半径弯曲和无圆角半径弯曲。

（1）有圆角半径弯曲

一般是用相对弯曲半径来区分的，$R > 0.5t$ 的弯曲称为有圆角半径弯曲。其展开长度等于直线的长度与弯曲部分中性层长度之和，如图3-20所示。

$$L = L_1 + L_2 + A \qquad (3\text{-}3)$$

$$A = (R + Kt)\,\alpha \qquad (3\text{-}4)$$

式中　L——弯曲件展开长度（mm）；

　　　A——圆角区的展开长度（mm）；

　　　α——弯曲圆角区的中心角度（rad）；

　　　K——中性层系数；

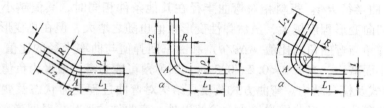

图 3-20　不同角度的弯曲件（$R > 0.5t$）

t——板料厚度（mm）。

（2）无圆角半径弯曲

如图 3-21 所示。$R < 0.5t$ 的弯曲称为无圆角半径弯曲。其公式可用体积法推导而来。

即弯曲前的体积为 $V_0 = LBt$

弯曲后的体积为 $V = (l_1 + l_2) Bt + \pi t^2 B/4$

由 $V_0 = V$ 可得

$$L = l_1 + l_2 + 0.785t$$

由于弯曲变形时不仅在圆角变形区变薄，而且相邻的直边部分也会参与变形而变薄，所以上面所推导的公式有些偏大，故需要进行修正。一般将板厚前的系数 0.785 换成一个范围数（0.4 ~ 0.6），即

$$L = l_1 + l_2 + (0.4 ~ 0.6) t$$

图 3-21　无圆角半径弯曲件
（$R < 0.5t$）

用上式计算时没有考虑材料性能、模具结构、弯曲方式等很多因素。因此误差是很大的，只能用于形状简单、弯曲角少、精度要求不高的弯曲件。弯曲件毛坯的展开长度计算后的数值，最后确定必须经过试验修正。

3.5.2　弯曲件回弹

弯曲过程是弹性和塑性变形兼有的过程。弯曲区还存在着弹性变形，所以当弯曲变形后，弯曲件的形状与大小均不一样，这种现象称为回弹。回弹的大小一般是用角度回弹量 $\Delta\theta$ 与曲率回弹量 $\Delta\rho$ 来表示。回弹会影响弯曲件的精度，设计时一定要注意。

回弹量用回弹角 $\Delta\theta$ 表示

$$\Delta\theta = \theta_0 - \theta \qquad (3-5)$$

式中　θ——模具的角度；

θ_0——弯曲后的实际角度。

1. 回弹的影响因素

1）材料的力学性能。回弹量与材料的屈服强度、弹性模量及加工硬化程度有关。屈服强度越大，弹性模量越小，回弹量越大。即回弹量与屈服强度 σ_s 成正比，与弹性模量 E 成反比。

2）弯曲角 θ。弯曲角 θ 越大，弯曲变形区的长度也越大，回弹角也就越大。但弯曲角对曲率半径的回弹没有影响。

3）相对弯曲半径 R/t。板料相对弯曲半径在其他条件相同时，其值越小，弯曲时毛坯外表面上的总切向变形程度越大，虽然弹性变形数值也随之增大，但在总变形中的比例却减少。因此，回弹角与弯曲角的比值（$\Delta\theta/\theta$）和曲率回弹值与曲率半径的比值（$\Delta\rho/\rho$）随着弯曲半径的减小而减小。当 $R/t < 0.2 \sim 0.3$ 时，回弹角可能为零，或者为负值。

4）弯曲方式及模具结构。弯曲方式及模具结构对弯曲过程受力状态及变形均有较大的影响。校正弯曲要比自由弯曲回弹量小。除此以外，弯曲件的形状也对回弹影响很大，如 U 形件回弹量比 V 形件回弹量要小。

5）弯曲力。弯曲时压力逐渐增大，当超过弯曲所需变形力时，就改变了弯曲变形区的应力状态和应变性质，从而减少了回弹值。

6）模具间隙。对 U 形件来说，凸模与凹模的间隙对回弹也有影响，其间隙值越大，回弹值越大。

除了上述几点以外，还有毛坯与模具之间的摩擦、板料厚度误差等，均对回弹值有影响，设计与制造时应多加考虑。

2. 回弹角的确定

回弹值的影响因素很多，且各种因素之间又相互影响，故精确计算与确定是很困难的。所以，设计模具时大多按经验数据确定，然后在试模过程中再进行修正。

大圆角半径弯曲时，除回弹角外，还有弯曲曲率半径的变化。即当弯曲件的相对弯曲半径 $R/t \geqslant 5 \sim 8$ 时，计算结果才有一定的准确度。根据板料厚度、屈服强度、弹性模量等有关参数，用下列公式获取回弹补偿所需的弯曲凸模的圆角半径。

板材

$$R_p = \frac{R}{1 + 3\dfrac{\sigma_s R}{Et}} \tag{3-6}$$

棒材

$$R_p = \frac{R}{1 + 3.4\dfrac{\sigma_s d}{Et}} \tag{3-7}$$

凸模弯曲角

$$\theta_p = 180° - \frac{R}{R_p}(180° - \theta) \tag{3-8}$$

式中　R——弯曲件圆角半径（mm）；

R_p——弯曲凸模圆角半径（mm）；

σ_s——屈服强度（MPa）；

E——弹性模量；

d——棒料直径（mm）；

θ_p——凸模弯曲角；

θ——零件弯曲角。

但当相对弯曲半径较小（$R/t < 5 \sim 8$）时，弯曲件的弯曲半径变化不大，因此只考虑角度回弹值即可。具体经验数值的初步确定可查表 3-7、表 3-8。

表3-7 V形件弯曲回弹角

牌 号	$\dfrac{R}{t}$	弯 曲 角 度 θ						
		150°	135°	120°	105°	90°	60°	30°
		回 弹 角 Δθ						
2A12（硬）(LY/2Y)	2	2°	2°30′	3°30′	4°	4°30′	6°	7°30′
	3	3°	3°30′	4°	5°	6°	7°30′	9°
	4	3°30′	4°30′	5°	6°	7°30′	9°	10°30′
	5	4°30′	5°30′	6°30′	7°30′	8°30′	10°	11°30′
	6	5°30′	6°30′	7°30′	8°30′	9°30′	11°30′	13°30′
2A12（软）(LY12M)	2	0°30′	1°	1°30′	2°	2°	2°30′	3°
	3	1°	1°30′	2°	2°30′	2°30′	3°	4°30′
	4	1°30′	1°30′	2°	2°30′	3°	4°30′	5°
	5	1°30′	2°	2°30′	3°	4°	5°	6°
	6	2°30′	3°	3°30′	4°	4°30′	5°30′	6°30′
7A04（硬）(LC4Y)	3	5°	6°	7°	8°	8°30′	9°	11°30′
	4	6°	7°30′	8°	8°30′	9°	12°	14°
	5	7°	8°	8°30′	10°	11°30′	13°30′	16°
	6	7°30′	8°30′	10°	12°	13°30′	15°30′	18°
7A04（软）(LC4M)	2	1°	1°30′	1°30′	2°	2°30′	3°	3°30′
	3	1°30′	2°	2°30′	2°	3°	3°30′	4°
	4	2°	2°30′	3°	3°	3°30′	4°	4°30′
	5	2°30′	3°	3°30′	3°30′	4°	5°	6°
	6	3°	3°30′	4°	2°	5°	6°	7°
20（已退火）	1	0°30′	1°	1°	1°30′	1°30′	2°	2°30′
	2	0°30′	1°	1°30′	2°	2°	3°	3°30′
	3	1°	1°30′	2°	2°	2°30′	3°30′	4°
	4	1°	1°30′	2°	2°30′	3°	4°	5°
	5	1°30′	2°	2°30′	3°	3°30′	4°30′	5°30′
	6	1°30′	2°	2°30′	4°	4°	5°	6°
30CrMnSiA（已退火）	1	0°30′	1°	1°	1°30′	2°	2°30′	3°
	2	0°30′	1°30′	1°30′	2°	2°30′	3°30′	4°30′
	3	1°	1°30′	2°	2°30′	3°	4°	5°30′
	4	1°30′	2°	3°	3°30′	4°	5°	6°30′
	5	2°	2°30′	3°	4°	4°30′	5°30′	7°
	6	2°30′	3°	4°	4°30′	5°30′	6°30′	8°
12Cr17Ni7	0.5	0°	0°	0°30′	0°30′	1°	1°30′	2°
	1	0°30′	0°30′	1°	1°	1°30′	2°	2°30′
	2	0°30′	1°	1°30′	1°30′	2°	2°30′	3°
	3	1°	1°	2°	2°	2°30′	2°30′	4°
	4	1°	1°30′	2°30′	3°	3°30′	4°	4°30′
	5	1°30′	2°	3°	3°30′	4°	4°30′	5°30′
	6	2°	3°	3°30′	4°	4°30′	5°30′	6°30′

表 3-8　U 形件弯曲回弹角

牌　号	$\dfrac{R}{t}$	凸模和凹模的间隙 $Z/2$						
		0.8t	0.9t	1.0t	1.1t	1.2t	1.3t	1.4t
		回　弹　角　$\Delta\theta$						
2A12（硬） （LY12Y）	2	−2°	0°	2°30′	5°	7°30′	10°	12°
	3	−1°	1°30′	4°	6°30′	9°30′	12°	14°
	4	0°	3°	5°30′	8°30′	11°30′	14°	16°30′
	5	1°	4°	7°	10°	12°30′	15°	18°
	6	2°	5°	8°	11°	13°30′	16°30′	19°30′
2A12（软） （LY12M）	2	−1°30′	0°	1°30′	3°	5°	7°	8°30′
	3	−1°30′	0°30′	2°30′	4°	6°	8°	9°30′
	4	−1°	1°	3°	4°30′	6°30′	9°	10°30′
	5	−1°	1°	3°	5°	7°	9°30′	11°
	6	−0°30′	1°30′	3°30′	6°	8°	10°	12°
7A04（硬） （LC4Y）	3	3°	7°	10°	12°30′	14°	16°	17°
	4	4°	8°	11°	13°30′	15°	17°	18°
	5	5°	9°	12°	14°	16°	18°	20°
	6	6°	10°	13°	15°	17°	20°	23°
7A04（软） （LC4M）	2	−3°	−2°	0°	3°	5°	6°30′	8°
	3	−2°	−1°30′	2°	3°30′	6°30′	8°	9°
	4	−1°30′	−1°	2°30′	4°30′	7°	8°30′	10°
	5	−1°	−1°	3°	5°30′	8°	9°	11°
	6	0°	−0°30′	3°30′	6°30′	8°30′	10°	12°
20 （已退火）	1	−2°30′	−1°	0°30′	1°30′	3°	4°	5°
	2	−2°	−0°30′	1°	2°	3°30′	5°	6°
	3	−1°30′	0°	1°30′	3°	4°30′	6°	7°30′
	4	−1°	0°30′	2°30′	4°	5°30′	7°	9°
	5	−1°30′	1°30′	3°	5°	6°30′	8°	10°
	6	−0°30′	2°	4°	6°	7°30′	9°	11°
30CrMnSiA （已退火）	1	−1°	−0°30′	0°	1t	2°	4°	5t
	2	−2°	−1°	1°	2°	4°	5°30′	7°
	3	−1°30′	0°	2°	3°30′	5°	6°30′	8°30′
	4	−0°30′	1°	3°	5°	6°30′	8°30′	10°
	5	0°	1°30′	4°	6°	8°	10°	11°
	6	0°30′	2°	5°	7°	9°	11°	13°

3.5.3 弯曲力的计算

弯曲力是指弯曲件在完成预定弯曲时所需要的压力机施加压力。弯曲力的大小不仅与材料的力学性能、厚度、相对弯曲半径、模具间隙等有关，还与摩擦因数、弯曲角大小、弯曲方式有着直接的关系。设计制造时很难在理论上精确计算弯曲力，故一般均为在理论基础上经过实际试验而获得的经验公式。弯曲一般分为自由弯曲和校正弯曲；按弯曲件形状还可分为V形件、U形件弯曲。自由弯曲的弯曲力就是冲压行程结束，即可回程的弯曲所用的压力。

1. 自由弯曲的弯曲力计算

V形件弯曲力

$$F_1 = \frac{0.6KBt^2\sigma_b}{R+t} \tag{3-9}$$

U形件弯曲力

$$F_1 = \frac{0.7KBt^2\sigma_b}{R+t} \tag{3-10}$$

式中　F_1——自由弯曲力（N）；

B——弯曲件宽度（mm）；

t——板料厚度（mm）；

R——弯曲内半径（mm）；

σ_b——材料抗拉强度（MPa）；

K——安全系数，一般取$K=1.3$。

2. 校正弯曲的弯曲力计算

为了提高弯曲件的精度，减小回弹，在弯曲的终了阶段对弯曲件的圆角及直边进行精压，称为校正弯曲。校正弯曲的弯曲力

$$F_2 = qA \tag{3-11}$$

式中　F_2——校正弯曲力（N）；

q——单位校正力（MPa），可查表3-9；

A——弯曲件校正部分的投影面积（mm²）。

表3-9　单位校正弯曲力　　　　　　　　　　（单位：MPa）

材　料	材　料　厚　度 /mm			
	≤1	>1~2	>2~5	>5~10
铝	10~15	15~20	20~30	30~40
黄铜	15~20	20~30	30~40	40~60
10、15、20钢	20~30	30~40	40~60	60~80
25、30、35钢	30~40	40~50	50~70	80~100

3. 顶件力或压料力

对于设有顶件装置或压料装置的弯曲模，其顶件力 F_d 或压料力 F_y 可近似取自由弯曲力 F_1 的 30% ~ 80%，即

$$F_d（或 F_y）= KF_1 \qquad (3\text{-}12)$$

式中　F_d——顶件力（N）；

　　　F_y——压料力（N）；

　　　K——系数，可查表 3-10。

表 3-10　系数 K 值

用途	弯曲件复杂程度	
	简单	复杂
顶件	0.1 ~ 0.2	0.2 ~ 0.4
压料	0.3 ~ 0.5	0.5 ~ 0.8

4. 压力机标称压力的确定

总的原则是压力机吨位必须大于弯曲时所有工艺力之和，如弯曲力、顶料力、压料力等。

自由弯曲时，压力机的压力必须大于自由弯曲力。校正弯曲时，压力机的压力必须大于自由弯曲力和校正弯曲力之和。但有时校正弯曲力比自由弯曲力大很多，故根据实际情况，自由弯曲力可以忽略不计。

压力机压力的确定要根据具体情况按照弯曲力总和进行确定。除此以外，还取决于压力机的调整与板料厚度误差的大小。

3.5.4　典型案例分析

1. 保持架展开件尺寸计算

如图 3-22 所示，暂不考虑压肋，将制件划分为 5 段。即两段长度为 12.51 的直边，两段半径为 R2（$\alpha = 77.5°$）的过渡圆弧和一段半径为 R10（$\alpha = 155°$）的圆弧。

制件圆弧 R2 的 $R/t = 2/0.8 = 2.5$；圆弧 R10 的 $R/t = 10/0.8 = 12.5$。由表 3-6 中查得 K 值分别为 0.4 和 0.5。

则由式（3-2）可得

$$\rho_2 = R + Kt = （2 + 0.4 \times 0.8）\, mm = 2.32mm$$
$$\rho_{10} = R + Kt = （10 + 0.5 \times 0.8）\, mm = 10.4mm$$

由式（3-4）可得

$$A_2 = \rho_2 \alpha_2 = 2.32 \times （\pi \times 77.5 \div 180）\, mm = 3.14mm$$
$$A_{10} = \rho_{10} \alpha_{10} = 10.4 \times （\pi \times 155 \div 180）\, mm = 28.12mm$$
$$L = L_{直} + A_{弧} = （12.51 \times 2 + 3.14 \times 2 + 28.12）\, mm = 59.42mm$$

则可得该制件的展开图如图 3-23 所示。

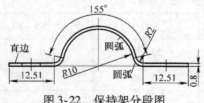

图 3-22　保持架分段图

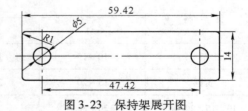

图 3-23　保持架展开图

2. 保持架制件回弹计算

在弯曲 R10 半圆时，因其相对弯曲半径较大，将产生弯曲角度的回弹和弯曲半径的变

化，但在下道工序 $R2$ 成形时将会使这些误差消除，所以不需要进行弯曲回弹补偿。

3. 保持架制件弯曲力计算

该制件弯曲过程属于校正弯曲。单位校正弯曲力由表 3-9 查得：$q = 30\text{MPa}$。投影面积：$50 \times 14\text{mm}^2 = 700\text{mm}^2$。校正弯曲力：$F_2 = qA = 30 \times 700\text{N} = 21000\text{N}$。无顶件力和压料力。

压力机选择：选择 30kN 的开式压力机。

3.6　弯曲模工作部分尺寸确定

弯曲模工作部分的尺寸主要是指凸模、凹模的圆角半径和凹模的深度。对于 U 形件的弯曲模，还有凸、凹模之间的单边间隙及模具横向尺寸等。

3.6.1　弯曲模工作部分尺寸确定方法

1. 模具圆角半径的确定

（1）凸模圆角半径

一般凸模圆角半径等于或小于弯曲线内弯曲半径。对于零件圆角半径较大的（$R/t > 10$），且精度有较高要求的，应考虑回弹的影响，而根据回弹量大小适当修正凸模的圆角半径。

（2）凹模圆角半径

凹模圆角半径不直接影响弯曲件的尺寸。但是在弯曲过程中，凹模圆角半径太小会擦伤毛坯表面，且对弯曲力也有影响。凹模圆角半径大小与板料进入凹模的深度、弯边高度和板料厚度有关。一般也可以根据板厚选取

$$t < 2\text{mm} \qquad R_{凹} = (3 \sim 6)t$$
$$t = 2 \sim 4\text{mm} \qquad R_{凹} = (2 \sim 3)t$$
$$t > 4\text{mm} \qquad R_{凹} = 2t$$

（3）凹模深度

凹模深度选择要合理。如果选择过小，弯曲毛坯的两边自由长度太长，弯曲件弹复太大，不平直；如果选择过大，凹模增大，成本增加，且压力机行程也要加大。具体可查表 3-11。

表 3-11　凹模圆角半径与深度　　　　　　　　　　　（单位：mm）

弯曲件直边高度 H	材料厚度 t							
	< 0.5		0.5 ~ 2		2.0 ~ 4.0		4.0 ~ 7.0	
	L	$R_{凹}$	L	$R_{凹}$	L	$R_{凹}$	L	$R_{凹}$
10	6	3	10	3	10	4	—	—
20	8	3	12	4	15	5	20	8
35	12	4	15	5	20	6	25	8
50	15	5	20	6	25	8	30	10
75	20	6	25	8	30	10	35	12
100	—	—	30	10	35	12	40	15
150	—	—	35	12	40	15	50	20
200	—	—	45	15	55	20	65	25

2. 模具间隙

V 形件弯曲时，凸、凹模间隙名义上是以板厚为准，依靠调整压力机闭合高度来控制的，不需要在模具上确定间隙。U 形件弯曲时，必须选择合理的间隙。间隙越小，弯曲力越大，使零件侧壁变薄，并降低凹模寿命。间隙越大，回弹越大，弯曲件精度降低。

V 形件间隙根据材料种类、厚度及弯曲件高度和宽度而定，如图 3-24 所示。其公式如下

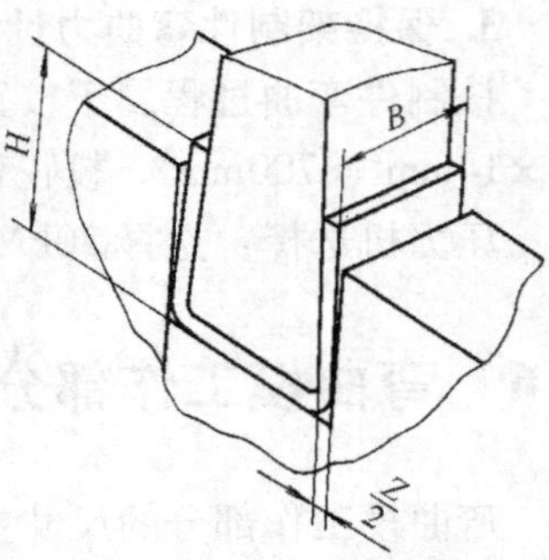

弯曲有色金属　$Z/2 = t_{min} + nt$ 　　　　(3-13)

弯曲黑色金属　$Z/2 = t (1+n)$ 　　　　(3-14)

图 3-24　弯曲模间隙

式中　$Z/2$——凸、凹模单面间隙（mm）；

t_{min}——板料最小厚度（mm）；

t——板料厚度（mm）；

n——系数，它是根据弯曲件高度 H 和弯曲线长度 B 来决定的，具体可查表 3-12。

3. 凸、凹模工作部位计算

凸、凹模工作部位尺寸的计算主要是指弯曲件的凸、凹模的横向尺寸。其横向尺寸标注与零件尺寸标注不同，计算方法也不同。凸、凹模工作部位尺寸计算的基本原则如下。

① 零件标注外形尺寸时，模具是以凹模为基准件，间隙取在凸模上。

② 零件标注内形尺寸时，模具以凸模为基准件，间隙取在凹模上。

表 3-12　系数 n 值

弯曲件高度 H	材　料　厚　度 t/mm								
	<0.5	>0.5~2	>2~4	>4~5	<0.5	>0.5~2	>2~4	>4~7.5	>7.5~12
	$B \leqslant 2H$				$B > 2H$				
10	0.05	0.05	0.04	—	0.10	0.10	0.08	—	—
20				0.03				0.06	0.06
35	0.07				0.15				
50	0.10	0.07	0.05	0.04	0.20	0.15	0.10	0.08	
75				0.02	0.25				
100	—			0.05	—		0.10		
150		0.10	0.07			0.20	0.15	0.10	
200	—			0.07				0.15	

（1）零件标注外形尺寸

当零件标注外形尺寸时，先计算凹模尺寸，然后再减去间隙值来获得凸模尺寸，如图 3-25 所示。

当零件标注双向偏差时，凹模尺寸计算公式如下

$$B_{凹} = \left(B - \frac{1}{2}\Delta \right)_{0}^{+\delta_{凹}}$$ 　　　　(3-15)

当零件标注单向偏差时，凹模尺寸计算公式如下

$$B_{\text{凹}1} = \left(B_1 - \frac{3}{4}\Delta \right)_{0}^{+\delta_{\text{凹}}} \tag{3-16}$$

凸模尺寸 $B_{\text{凸}}$ 按配制法获得，即根据凸、凹模单面间隙 $Z/2$，按凹模实际尺寸配制。

（2）零件标注内形尺寸

当零件标注内形尺寸时，先计算凸模尺寸，然后再加上凸、凹模间隙 Z 值，即为凹模尺寸，如图 3-26 所示。

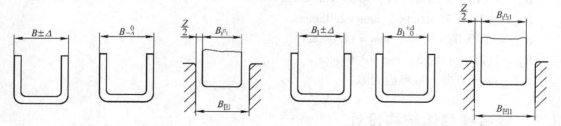

图 3-25　标注外形尺寸示意图　　　　　图 3-26　标注内形尺寸示意图

当零件标注双向偏差时，凸模计算公式如下

$$B_{\text{凸}} = \left(B + \frac{1}{2}\Delta \right)_{-\delta_{\text{凸}}}^{0} \tag{3-17}$$

当零件标注单向偏差时，凸模计算公式如下

$$B_{\text{凸}1} = \left(B_1 + \frac{3}{4}\Delta \right)_{-\delta_{\text{凸}}}^{0} \tag{3-18}$$

凹模尺寸同样是根据单面间隙 $Z/2$，按凸模尺寸配制。

式中　$B_{\text{凹}}$、$B_{\text{凹}1}$——凹模工作部位尺寸（mm）；

　　　$B_{\text{凸}}$、$B_{\text{凸}1}$——凸模工作部位尺寸（mm）；

　　　B、B_1——弯曲件外形或内形公称尺寸（mm）；

　　　$\delta_{\text{凸}}$、$\delta_{\text{凹}}$——凸模、凹模的制造偏差（mm）；

　　　Δ——弯曲件尺寸公差（mm）；

　　　Z——凸模与凹模的双面间隙。

3.6.2　典型案例分析

保持架模具工作部分尺寸确定如下。

1. 凸凹模圆角半径

凸模圆角半径 r_p：由于存在下道工序的 r_2 半圆的成形，所以 r_{10p} 在弯曲过程中的回弹得以修正，因此取 $r_{10p} = 10$mm；由表 3-4 可查得，$r_{min} = 0.4t = 0.32$mm，所以圆弧与直边连接处 r_2 的 r_p 取 $r_{2p} = 2$mm。

凹模口部圆角 r_d：因 $t = 0.8$mm < 2mm，所以取 $r_d = 3.5t$mm，则 $r_d = 2.8$mm。

2. 凹模深度

该制件为半圆形弯曲件，根据前面所制定弯曲工艺（即同时弯曲 $R2$ 及 $R10$ 半圆），其弯曲凹模深度即为 $R10$ 半圆的深度。

3. 凸、凹模间隙

由图 3-8 可知，制件料厚为 0.8mm，$B/H = 14/10 = 1.4 < 2$，查表 3-12 可得 $n = 0.05$；

查附录 C 得 $\Delta = 0.12$，则凸、凹模单边间隙 z 为

$$z = t + \Delta + nt = \left(0.8 + 0.12 + 0.05 \times 0.8\right) \text{ mm} = 0.96 \text{mm}。$$

4. 凸、凹模工作部分尺寸与公差

取制件精度等级为 IT11 级，查表得：$\Delta_{R10} = 0.11$，$\Delta_{R2} = 0.06$。

取模具精度等级为 IT9 级，查表得：$\delta_{R10} = 0.043$，$\delta_{R2} = 0.025$。

$R_{10p} = \left(10 + 0.75 \times 0.11\right) \text{ mm} = 10.08 \text{mm}$

$R_{2p} = \left(2 + 0.75 \times 0.06\right) \text{ mm} = 2.05 \text{mm}$

$R_{10d} = \left(10.08 + 0.96\right) \text{ mm} = 11.04 \text{mm}$

$R_{2d} = \left(2.05 + 0.96\right) \text{ mm} = 3.01 \text{mm}$

（注：半径方向上取单边间隙）

3.7 弯曲模总体结构设计

3.7.1 弯曲模分类与典型结构

弯曲模结构形式很多。按弯曲件形状可分为 V 形件、U 形件、Z 形件、圆圈形状弯曲模；按弯曲角度多少，分为单角弯曲、双角弯曲、四角弯曲模等形式；按组合形式，分为单工序弯曲模和多工序弯曲模；按结构复杂程度，又分为简单弯曲模、复杂弯曲模等形式。下面就介绍几种典型结构。

（1）V 形件弯曲模

V 形件弯曲模又称为单角弯曲模，大部分没有模架。如图 3-27 所示。

该模具结构简单，在压力机上安装、调试容易；对于板料厚度偏差要求不严；在弯曲终了时，可以得到不同程度的校正。所以零件的回弹较小，平面度较好。

（2）U 形件弯曲模

U 形件弯曲模一般是同时弯曲两个角，如图 3-28 所示。图中列出 6 种主要结构形式。每种结构形式都有自己的特点与用途。

图 3-28a 为无顶件块结构形式，主要用于底面无平面度要求的零件。该模具结构简单，制造容易，但弯曲件精度较低。

图 3-28b 所示弯曲模因为弯曲终了时底部能得到校正，故弯曲件精度比图 3-28a 的精度高。

图 3-28c 所示弯曲模的凸模是分体活动

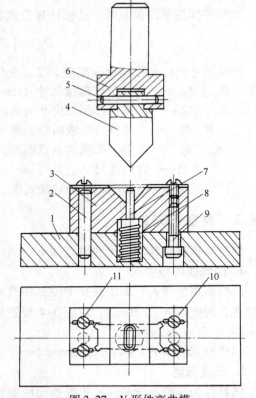

图 3-27 V 形件弯曲模

1—下模座 2、5—销钉 3—凹模 4—凸模
6—上模座 7—顶杆 8—弹簧 9、11—螺钉
10—定位板

式结构，凸模尺寸可以根据板料厚度进行调整，也可以校正底部及两个侧壁。它的结构较复杂，制造相对费时，成本较高，凸模的强度有一定的影响，主要用于外侧尺寸要求较高的零件。

图 3-28d 主要是应用于内侧尺寸要求较高的零件。零件精度较高，底部和侧壁都能得到校正，同样凹模的强度不如整体式好；其他同上。

图 3-28e 是 U 形件精弯曲模，弯曲件质量精度都很高。原因就是由于凹模为活动式的，活动凹模与板料之间无相对滑动，不会损坏零件表面，所以弯曲件质量高。

图 3-28f 为变薄弯曲模，凸、凹模间隙比板料厚度小，材料被弯曲的同时，还要受到挤压，所以弯曲力不但增大，也容易使零件表面划伤甚至断裂。模具需要有足够的强度。

（3）Z 形件弯曲模

此类弯曲件两个直边的弯曲方向相反，模具结构必须有向两个相反方向弯曲的动作。这就使模具结构复杂，制造相对困难，成本较高。但只要结构合理，安排工序得当，就会得到很高的综合效益。具体结构如图 3-29 所示。它由凹模 1、下模座 8、凸模 6 和 7、托板 2 等主要零件组成。下模座的下面有弹顶器，其作用就是将零件通过顶板顶出。

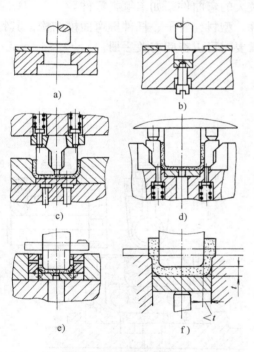

图 3-28　U 形件弯曲模

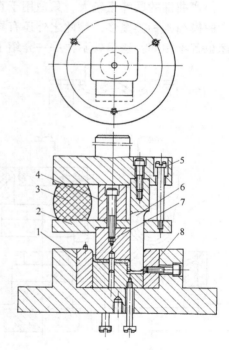

图 3-29　Z 形件弯曲模
1—凹模　2—托板　3—橡胶　4—压块
5—螺钉　6、7—凸模　8—下模座

弯曲过程：弯曲前，在橡胶作用下，凸模 6、7 的端面是平齐的。弯曲时，凸模 7 下行和板料接触，凸模与顶板将板料毛坯夹紧。由于托板上橡胶之力大于作用于顶板的顶件力，使顶板向下运行，完成了左端直边的弯曲。

当上模座接触下模座 8 后继续下行，则橡胶 3 压缩，凸模 6 和顶板共同作用完成右端直边的弯曲。当压块 4 与上模座接触后，零件得到了校正。所以模具结构比较简单，制造较容易，弯曲件精度一般，适用于弯曲件形状简单，精度较低的零件。

（4）圆圈形件的弯曲

圆圈形件弯曲方法很多，一般根据圆圈大小分为以下 3 类。

1）小圆圈件的弯曲。圆圈直径 $d<5mm$ 的弯曲件属于此类范畴。在一般仪器仪表及电子工业中应用较广泛，如仪表插孔、接线孔等。一般是先弯曲成 U 形件，然后再用芯棒弯曲成圆圈。具体结构这里就不介绍了。

2）大圆圈件的弯曲。圆圈直径 $d>20mm$ 的弯曲件为大圆圈件。对于中间直径的弯曲可以根据实际情况而定。弯曲方法是先弯曲成波浪形，然后再弯曲成圆圈形，如图 3-30a 所示的首次弯曲成波浪形尺寸要进行试验修正。在末次弯曲后，零件会套在凸模 3 上，可以推开支撑 4 取出弯曲件，如图 3-30b 所示。

3）采用转动凹模式弯曲模。如图 3-31 所示，弯曲模的凹模是活动的，分成左右两部分。凸模下降，板料弯曲，当接触到凹模底部时，对应的左右凹模绕各自的轴转动，将板料紧紧地包在凸模上，然后开模取件，从而完成一个弯曲过程。这里注意到，此模具只用了一套模具、一个工序。所以此模具又称为一次弯曲成形模具。其特点是减少了弯曲工序，效率较高。但弯曲件的回弹量较大，只适用于直径较大的弯曲件，如卡箍类零件。

弯曲模结构种类繁多，除此之外还有异形件、型材，管子、杆件等弯曲模结构，其特点与用途也各不相同。这里就不再一一介绍了。需要时可以查阅有关手册。

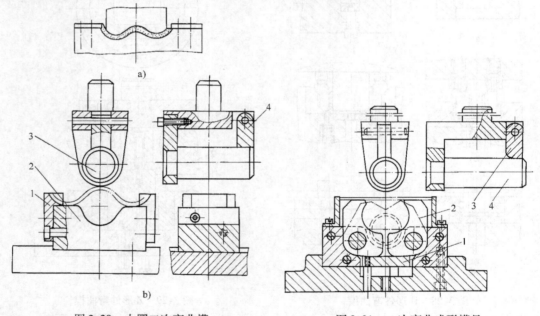

图 3-30　大圆二次弯曲模　　　　　　　　图 3-31　一次弯曲成形模具
1—定位板　2—凹模　3—凸模　4—支撑　　　1—顶板　2—转动凹模　3—支撑　4—凸模

3.7.2　典型案例的总体设计

保持架弯曲凸模工作图如图 3-32 所示。弯曲凹模工作图如图 3-33 所示。弯曲模装配图如图 3-34 所示。

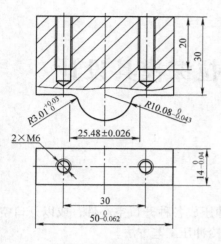

图 3-32 弯曲凸模

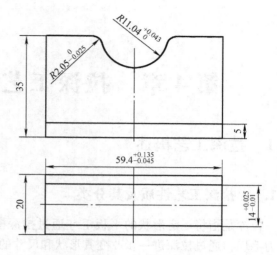

图 3-33 弯曲凹模

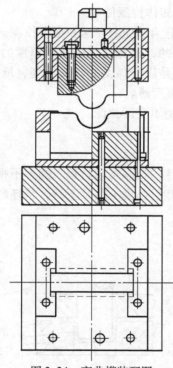

图 3-34 弯曲模装配图

第4章 拉深工艺与拉深模具设计

4.1 拉深工艺概述

4.1.1 拉深工艺性质及其分类

拉深是指将一定形状的平板毛坯通过拉深模具冲压成各种开口空心件，或以开口空心件为毛坯，通过拉深进一步改变其形状和尺寸的一种冷冲压工艺方法。

按照拉深件的形状，拉深工艺可分为旋转体件拉深、盒形件拉深和复杂形状件拉深三类。其中，旋转体拉深件又可分为无凸缘圆筒形件、带凸缘圆筒形件、半球形件、锥形件、抛物线形件、阶梯形件和复杂旋转体拉深件等。

按照变形方法，拉深工艺可分为不变薄拉深和变薄拉深。不变薄拉深是通过减小毛坯或半成品的直径来增加拉深件高度的，拉深过程中材料厚度的变化很小，可以近似认为拉深件壁厚等于毛坯厚度。变薄拉深是以开口空心件为毛坯，通过减小壁厚的方式来增加拉深件高度，拉深过程中筒壁厚度显著变薄。

本章主要讨论圆筒形拉深件的不变薄拉深。

4.1.2 拉深变形过程分析

图4-1所示为无凸缘圆筒形件的拉深工艺过程。圆形平板毛坯3放在凹模4上。上模下行时，先由压边圈2压住毛坯，然后凸模1继续下行，将坯料拉入凹模。拉深完成后，上模回程，拉深件5脱模。

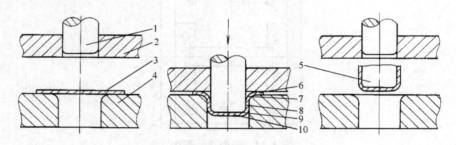

图4-1　拉深工艺过程
1—凸模　2—压边圈　3—毛坯　4—凹模　5—拉深件　6—平面凸缘部分
7—凸缘圆角部分　8—筒壁部分　9—底部圆角部分　10—筒底部分

在拉深过程中，坯料可分为平面凸缘部分、凸缘圆角部分、筒壁部分、底部圆角部分、筒底部分5个区域，如图4-1所示。平面凸缘部分为主要变形区，该部分材料在凸模施加的拉深力作用下，经过凸缘圆角部分流入凸、凹模间隙，构成筒壁。平面凸缘部分在拉深时，材料的应力状态为径向、厚向受拉应力作用，切向受压应力作用；应变状态为径向产生拉伸变形，切向产生压缩变形，厚向产生拉伸变形。筒壁部分为已变形区，在拉深过程中，该部分材料起到向变形区传递拉深力的作用，因而也称为传力区，拉深时可近似认为受单向拉应力作用。筒底部分为非变形区，该部分材料在拉深时受双向拉应力作用，材料厚度将变薄，但变薄量很小，一般只有 1% ~ 3%。凸缘圆角部分、底部圆角部分为平面凸缘部分、筒壁部分、筒底部分之间的过渡区，前者称为第一过渡区，后者称为第二过渡区。

通过网格实验可以直观地观察、分析材料在拉深时的变形情况。在圆形毛坯的表面上画上许多间距都等于 a 的同心圆和分度相等的辐射线，如图 4-2a 所示，这些同心圆和辐射线构成了由扇形圆环单元网格组成的网络。该毛坯拉深成无凸缘圆筒形件后网格的变化情况如图 4-2b 所示。观察网格的变化情况可以发现：圆筒形件筒底部分基本保持原来的形状和尺寸，表明该部分材料无较大的变形；筒壁部分的网格则发生了很大的变化，原来毛坯上的扇形圆环单元网格 F_1 变成了筒壁上的矩形单元网格 F_2，如图 4-2c 所示。单元网格的变形情况为切向产生压缩变形，径向产生拉伸变形，故矩形单元网格的高度 a_i 大于同心圆的间距 a。越靠近筒壁的口部，矩形网格的高度越高，即 $a_5 > a_4 > a_3 > a_2 > a_1 > a$，表明越靠近口部的筒壁材料在拉深时的变形程度越大。

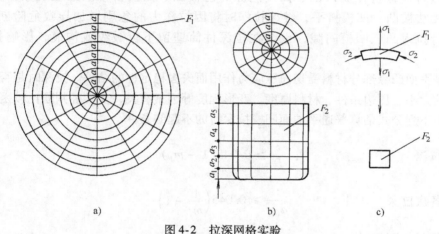

图 4-2　拉深网格实验

拉深后圆筒形件的筒壁厚度和硬度均有一定的变化，如图 4-3 所示。一方面，平面凸缘区材料在流向凸、凹模间隙构成筒壁时，厚度将增加。另一方面，已经构成筒壁的材料在传递拉深力时，厚度将减小。筒壁上部的材料在拉深变形时的增厚量较大，而在传力时的减薄

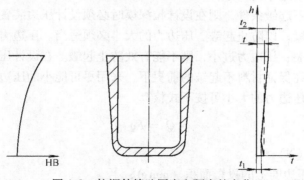

图 4-3　拉深件筒壁厚度和硬度的变化

量较小，其壁厚大于毛坯厚度 t，越靠近口部，壁厚越厚。筒壁下部的材料在拉深变形时的增厚量较小，而在传力时的减薄量较大，其壁厚小于毛坯厚度 t，壁厚最薄处位于筒壁部分和底部圆角部分的交界面附近。由于变形程度不同，筒壁材料的冷作硬化程度也不同，导致筒壁材料的硬度随高度 h 的增加而提高。越靠近口部的材料，变形程度越大，冷作硬化程度越高，其硬度也就越高。

4.1.3　拉深工序的主要工艺问题

在进行拉深时，有许多因素将影响到拉深件的质量，甚至影响到拉深工艺能否顺利完成。常见的拉深工艺问题包括平面凸缘部分的起皱、筒壁危险断面的拉裂、口部或凸缘边缘不整齐、筒壁表面拉伤、拉深件存在较大的尺寸和形状误差等，其中平面凸缘部分的起皱和筒壁危险断面的拉裂是拉深的两个主要工艺问题。

1. 平面凸缘部分的起皱

平面凸缘部分的起皱是指在拉深过程中，该部分材料沿切向产生波浪形的拱起。起皱现象轻微时，材料在流入凸、凹模间隙时能被凸、凹模挤平。起皱现象严重时，起皱的材料无法被凸、凹模挤平，继续拉深时将因拉深力的急剧增加导致危险断面破裂，即使被强行拉入凸、凹模间隙，也会在拉深件筒壁留下折皱纹或沟痕，影响拉深件的外观质量。

起皱是平面凸缘部分材料受切向压应力作用而失去稳定性的结果。拉深时是否产生起皱与拉深力的大小、压边条件、材料厚度、变形程度等因素有关，要准确判断比较困难。生产实际中常用下列公式估算普通平端面凹模拉深时的不起皱条件

首次拉深
$$\frac{t}{D} \geq 0.045(1 - m_1) \tag{4-1}$$

以后各次拉深
$$\frac{t}{d_{i-1}} \geq 0.045\left(\frac{1}{m_i} - 1\right) \tag{4-2}$$

式中　t——材料厚度（mm）；

　　D——毛坯直径（mm）；

　　d_{i-1}——前一次拉深得到的半成品直径（mm）；

　　m_i——本次拉深的拉深系数。

如果不满足上述不起皱条件，则在设计拉深模时必须设计压边装置，通过压边圈的压边力将平面凸缘部分压紧，以防止起皱。压边力的大小必须适当。压边力过大，将导致拉深力过大而使危险断面拉裂；压边力过小，则不能有效防止起皱。在设计压边装置时，应考虑便于调节压边力，以便在保证材料不起皱的前提下，采用尽可能小的压边力。

设计拉深模时，压边力的大小可按下式核算
$$Q = Fq \tag{4-3}$$

式中　Q——压边力（N）；

　　F——毛坯在压边圈上的投影面积（mm^2）；

　　q——单位压边力（MPa），取值可参考表4-1。

表 4-1　单位压边力

材料名称	单位压边力/MPa	材料名称	单位压边力/MPa
铝	0.8～1.2	镀锡钢板	2.5～3.0
纯铜、硬铝（已退火）	1.5～2.0	高合金钢、高锰钢、不锈钢	0.3～0.45
软钢 $t \leqslant 0.5$mm	2.0～2.5	黄铜	2.0～2.5
$t > 0.5$mm	2.5～3.0	高温合金（软化状态）	2.8～3.5

2. 筒壁危险断面的拉裂

筒壁部分在拉深过程中起到传递拉深力的作用，可近似认为受单向拉应力作用。当拉深力过大，筒壁材料的应力达到抗拉强度极限时，筒壁将被拉裂。由于在筒壁部分与底部圆角部分的交界面附近材料的厚度最薄，硬度最低，因而该处是发生拉裂的危险断面，拉深件的拉裂一般都发生在危险断面，如图 4-4 所示。

筒壁危险断面是否被拉裂取决于拉深力的大小和筒壁材料的强度。凡是有利于减小拉深力，提高筒壁材料强度的措施，都有利于防止拉裂的发生。在设计拉深模时，首先应控制材料的变形程度，然后再采取其他各种措施防止危险断面拉裂，详见 4.2 节。

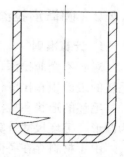

图 4-4　危险断面拉裂

4.2　圆筒形拉深件拉深工艺

4.2.1　拉深件工艺性

1. 拉深件材料

拉深件的材料应具有良好的拉深性能。

材料的硬化指数 n 值越大，径向比例应力 σ_1 / σ_b（径向拉应力 σ_1 与抗拉强度 σ_b 的比值）的峰值越低，则传力区越不易拉裂，拉深性能越好。

材料的屈强比 σ_s / σ_b 越小，则一次拉深允许的极限变形程度越大，拉深性能越好。例如，低碳钢的屈强比 $\sigma_s / \sigma_b \approx 0.57$，其一次拉深允许的最小拉深系数为 $m = 0.48 \sim 0.50$；65Mn 的屈强比 $\sigma_s / \sigma_b \approx 0.63$，其一次拉深允许的最小拉深系数为 $m = 0.68 \sim 0.70$。用于拉深的钢板，其屈强比不宜大于 0.66。

材料的厚向异性指标 $r > 1$ 时，说明材料在宽度方向上的变形比厚度方向上的变形容易，在拉深过程中不易变薄和拉裂。r 值越大，表明材料的拉深性能越好。

2. 拉深件的结构

凸缘与筒壁的转角半径一般取 $r_{d\phi} = (4 \sim 8) t$，至少应保证 $r_{d\phi} \geqslant 2t$。当 $r_{d\phi} < 2t$ 或 $r_{d\phi} < 0.5$mm 时，应先以较大的圆角半径拉深，然后增加整形工序缩小圆角半径。

筒壁与底部的圆角半径一般取 $r_{pg} = (3 \sim 5) t$，至少应保证 $r_{pg} \geqslant t$。当 $r_{pg} < t$ 时，应在拉深后增加整形工序来缩小圆角半径。每整形一次，r_{pg} 可以缩小 1/2。

3. 拉深件的精度

拉深件横断面尺寸的精度一般要求在 IT13 级以下。如高于 IT13 级，应在拉深后增加整形工序或用机械加工方法提高精度。横断面尺寸只能标注外形或内形尺寸之一，不能同时标注内、外形尺寸。

拉深件的壁厚一般都有上厚下薄的现象。如不允许有壁厚不均的现象，则应注明，以便采取后续措施。

拉深件的口部应允许稍有回弹，侧壁应允许有工艺斜度，但必须保证一端在公差范围之内。

多次拉深的拉深件，其内、外壁上，或凸缘表面上应允许留有压痕。

4.2.2 圆筒形拉深件毛坯尺寸的计算

1. 计算准则

对于不变薄拉深，拉深件的平均壁厚与毛坯的厚度相差不大，因此可用等面积条件，即毛坯的表面积和拉深件的表面积相等的条件计算毛坯的尺寸。

毛坯的形状和拉深件的筒部截面形状具有一定的相似性，因此旋转体拉深件的毛坯形状为圆形。毛坯尺寸计算就是确定毛坯的直径。

由于材料存在各向异性，以及材料在各个方向上的流动阻力的不同，毛坯经拉深后，尤其是经多次拉深后，拉深件的口部或凸缘边缘一般都不平齐，需要进行切边。因此，在计算毛坯尺寸时，必须加上一定的切边余量。切边余量的取值见表 4-2 和表 4-3。

表 4-2　无凸缘拉深件的切边余量 δ　　　（单位：mm）

拉深件总高度 H/mm	拉深件相对高度 H/d			
	0.5~0.8	>0.8~1.6	>1.6~2.5	>2.5~4.0
≤10	1.0	1.2	1.5	2.0
>10~20	1.2	1.6	2.0	2.5
>20~50	2.0	2.5	3.3	4.0
>50~100	3.0	3.8	5.0	6.0
>100~150	4.0	5.0	6.5	8.0
>150~200	5.0	6.3	8.0	10.0
>200~250	6.0	7.5	9.0	11.0
>250	7.0	8.5	10.0	12.0

表 4-3　带凸缘拉深件的切边余量 δ　　　（单位：mm）

凸缘直径 d_ϕ/mm	相对凸缘直径 d_ϕ/d			
	≤1.5	>1.5~2	>2~2.5	>2.5
≤25	1.6	1.4	1.2	1.0
>25~50	2.5	2.0	1.8	1.6
>50~100	3.5	3.0	2.5	2.2
>100~150	4.3	3.6	3.0	2.5
>150~200	5.0	4.2	3.5	2.7
>200~250	5.5	4.6	3.8	2.8
>250	6.0	5.0	4.0	3.0

2. 计算方法

（1）查表计算法

常见圆筒形拉深件的毛坯尺寸可查表 4-4 所列公式进行计算。公式中，拉深件高度 H 或凸缘直径 d_ϕ 应包含切边余量。

（2）解析计算法

旋转体拉深件的毛坯尺寸，可根据计算旋转体表面积的定理求得：任何形状的母线，绕轴线旋转一周得到的旋转体的表面积，等于该母线的长度与其重心绕该轴旋转轨迹的长度（即母线重心绕该轴所画出的圆周长）的乘积，即

$$F = 2\pi R_s L \tag{4-4}$$

式中　F——旋转体表面积（mm^2）；

　　　R_s——旋转体母线的重心到旋转轴线的距离（mm）；

　　　L——旋转体母线的长度（mm）。

毛坯的面积与旋转体的表面积相等，则

由

$$\frac{\pi D^2}{4} = 2\pi R_s L$$

得

$$D = \sqrt{8 R_s L} = \sqrt{8 \sum lr} \tag{4-5}$$

式中　l——单元母线的长度（mm）；

　　　r——单元母线的重心到旋转轴的距离（mm）。

表 4-4　圆筒形拉深件毛坯尺寸计算公式

序号	拉深件形状及尺寸	毛坯直径 D/mm
1	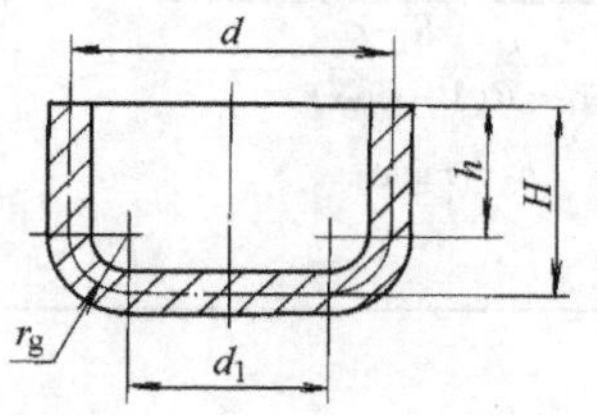	$D = \sqrt{d_1^2 + 4dh + 6.28 r_g d_1 + 8 r_g^2}$ 或 $D = \sqrt{d^2 - 1.72 dr_g - 0.56 r_g^2 + 4dh}$
2	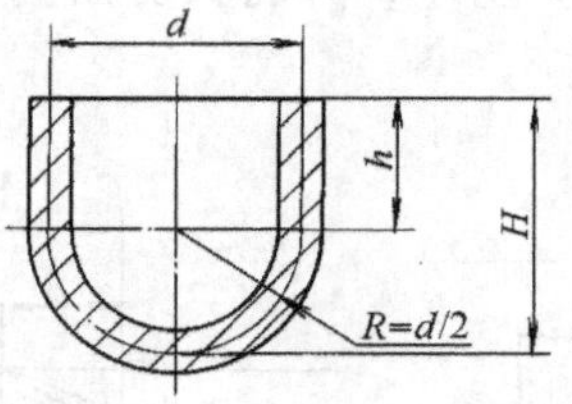	$D = 1.414 \sqrt{d^2 + 2dh}$
3	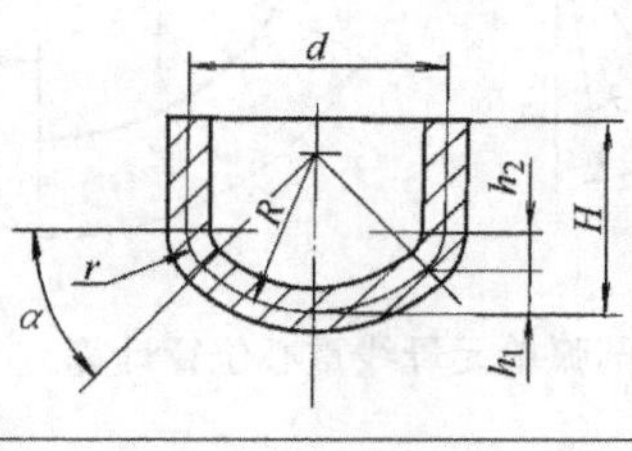	$D = \sqrt{4h_1(2R - d) + (d - 2r)(0.0696 rd - 4h_2) + 4dH}$ $\sin\alpha = \dfrac{\sqrt{R^2 - r(2r - d) - 0.25 d^2}}{R - r}$ $h_1 = R(1 - \sin\alpha)$ $h_2 = r\sin\alpha$

序号	拉深件形状及尺寸	毛坯直径 D/mm
4		$D = \sqrt{d_1^2 + 6.28r_g d_1 + 8r_g^2 + 4dh + 6.28r_\Phi d + 4.56r_\Phi^2 + d_\Phi^2 - d_2^2}$ 或 $D = \sqrt{d_\Phi^2 - 1.72d(r_g + r_\Phi) - 0.56(r_g^2 - r_\Phi^2) + 4dH}$
5		$D = \sqrt{8R^2 + 4dH - 4dR - 1.72dr_\Phi + 0.56r_\Phi^2 + d_\Phi^2 - d^2}$
6		$D = \sqrt{\begin{array}{c}4h_1(2R - d) + (d - 2r)(0.0696r\alpha - 4h_2) + 4d(H - 0.43r_\Phi)\\ + 0.56r_\Phi^2 + d_\Phi^2 - d^2\end{array}}$ $\sin\alpha = \dfrac{\sqrt{R^2 - r(2R - d)} - 0.25d^2}{R - r}$ $h_1 = R(1 - \sin\alpha)$ $h_2 = r\sin\alpha$

用解析法求毛坯尺寸的过程如下。

1）画出拉深件壁厚的轮廓（包括切边余量），如图 4-5 所示，并将其分解为由直线段和圆弧段构成的单元母线。

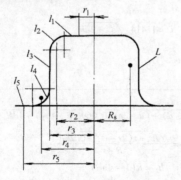

图 4-5　解析计算法计算毛坯尺寸

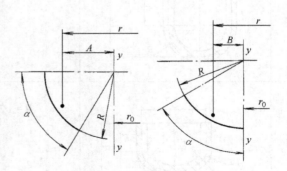

图 4-6　圆弧单元母线重心位置计算

2）找出每一单元的重心。直线段的重心在其中点上；圆弧段的重心可根据图4-6 和下列公式求出

$$A = aR \qquad (4\text{-}6)$$
$$B = bR \qquad (4\text{-}7)$$

式中　A、B——圆弧的重心到 y—y 轴的距离（mm）；

　　　　R——圆弧段的半径（mm）；

　　a、b——系数，可由下列公式求出

$$a = \frac{180\sin\alpha}{\pi\alpha} \qquad (4\text{-}8)$$

$$b = \frac{180(1 - \cos\alpha)}{\pi\alpha} \qquad (4\text{-}9)$$

式中　α——圆弧所对的中心角。

求出 A 或 B 值后，再根据几何关系求出圆弧重心到旋转轴的距离 r。

3）求出各单元母线的长度 l_1、l_2、$\cdots l_n$。

4）求出各单元母线的长度与其重心到旋转轴的距离的乘积的代数和

$$\sum lr = l_1 r_1 + l_2 r_2 + \cdots + l_n r_n \qquad (4\text{-}10)$$

5）求出毛坯的直径

$$D = \sqrt{8 \sum lr} = \sqrt{8(l_1 r_1 + l_2 r_2 + \cdots + l_n r_n)} \qquad (4\text{-}11)$$

4.2.3　圆筒形拉深件的拉深系数和拉深工序尺寸计算

1. 拉深系数

拉深系数是指拉深前后拉深件筒部直径（或半成品筒部直径）与毛坯直径（或半成品直径）的比值。

部分拉深件只需一次拉深就能成形，拉深系数就是拉深件筒部直径 d 与毛坯直径 D 的比值，即

$$m = \frac{d}{D} \qquad (4\text{-}12)$$

部分拉深件需要经过多次拉深才能最终成形，如图4-7 所示，各次拉深的拉深系数分别为

$$m_1 = \frac{d_1}{D}$$

$$m_2 = \frac{d_2}{d_1}$$

$$\cdots\cdots$$

$$m_{n-1} = \frac{d_{n-1}}{d_{n-2}}$$

$$m_n = \frac{d_n}{d_{n-1}}$$

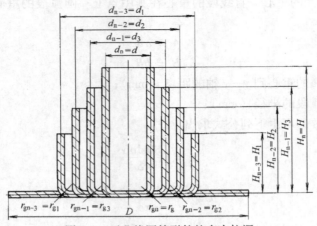

图 4-7 无凸缘圆筒形件的多次拉深

如果第 n 次拉深为最后一次拉深，则

$$m_n = \frac{d_n}{d_{n-1}} = \frac{d}{d_{n-1}}$$

式中 m_1、m_2、$\cdots$、m_{n-1}、m_n——各次拉深的拉深系数；

$\qquad$ d_1、d_2、$\cdots$、d_{n-1}、d_n——各次拉深后的半成品或拉深件筒部直径（mm）；

$\qquad\qquad\qquad\qquad$ D——毛坯直径（mm）；

$\qquad\qquad\qquad\qquad$ d——拉深件筒部直径（mm）。

多次拉深的总拉深系数 m 为

$$m = m_1 m_2 \cdots m_{n-1} m_n = \frac{d_1}{D} \times \frac{d_2}{d_1} \times \cdots \times \frac{d_{n-1}}{d_{n-2}} \times \frac{d_n}{d_{n-1}} = \frac{d_n}{D} = \frac{d}{D} \qquad (4\text{-}13)$$

拉深系数可以用来表示拉深时材料的变形程度。拉深系数 m 的数值越小，则变形程度越大。

从降低拉深件生产成本，提高经济效益出发，在制定拉深工艺时，拉深的次数越少越好，这就希望尽可能地降低每一次拉深的拉深系数。但是，对于某一次拉深而言，拉深系数不能无限制地减小。这是因为，对于某一种材料，当拉深条件一定时，筒壁传力区中所产生的最大拉应力 p_{max} 的数值，是由变形程度即拉深系数的大小决定的。m 值越小，则变形程度越大，p_{max} 值越大。当 m 值减小到某一数值时，将使 p_{max} 值达到危险断面的抗拉强度 σ_b，从而导致危险断面拉裂。通常把某种材料在拉伸时，危险断面濒于拉裂这种极限条件所对应的拉深系数称为这种材料的极限拉深系数（或称为最小拉深系数），记为 m_{min}。

2. 影响极限拉深系数的因素

极限拉深系数的数值，取决于筒壁传力区的最大拉应力和危险断面的强度。凡是能够使筒壁传力区的最大拉应力减小，或使危险断面强度增加的因素，都有利于减小极限拉深系数。

（1）材料的力学性能

材料的力学性能指标中，影响极限拉深系数的主要是材料的强化率（屈强比 σ_s/σ_b、硬化指数 n、硬化模数 D 等）和厚向异性指数（r）。材料的强化率越高（σ_s/σ_b 比值越小，n、

D 值越大），则筒壁传力区最大拉应力的相对值越小，同时材料越不易产生拉伸缩颈，危险断面的严重变薄和拉断相应推迟。因此，强化率越高的材料，其极限拉深系数的数值也就越小。厚向异性指数越大的材料，厚度方向的变形越困难，危险断面越不易变薄、拉断，因而极限拉深系数越小。

（2）拉深条件

1）模具几何参数。凸模圆角半径 r_p 的大小对于筒壁传力区的最大拉应力影响不大，但对危险断面的强度有较大影响。r_p 过小，将使材料绕凸模弯曲的拉应力增加，危险断面的变薄量增加。r_p 过大，将会减小凸模端面与材料的接触面积，使传递拉深力的承载面积减小，材料容易变薄，同时板料的悬空部分增加，易于产生内皱（在拉伸凹模圆角半径 r_d 以内起皱）。

凹模圆角半径 r_d 过小，将使凸缘部分材料流入凸、凹模间隙时的阻力增加，从而增加筒壁传力区的拉应力，不利于减小极限拉深系数。但是 r_d 过大，又会减小有效压边面积，使凸缘部分材料容易失稳起皱。

由于凸缘区材料在流向凸、凹模间隙时有增厚现象，当凸、凹模间隙过小时，材料将受到过大的挤压作用，并使摩擦阻力增加，不利于减小极限拉深系数。但是间隙过大会影响拉深件的精度。

2）压边条件。压边力过大，会增加拉深阻力。但是如果压边力过小，不能有效防止凸缘部分材料起皱，将使拉深阻力剧增。因此，在保证凸缘部分材料不起皱的前提下，尽量将压边力调整到最小值。

3）摩擦和润滑条件。凹模和压边圈的工作表面应比较光滑，并在拉深时用润滑剂进行润滑。在不影响拉深件表面质量的前提下，凸模工作表面可以做得比较粗糙，并在拉深时不使用润滑剂。这些都有利于减小拉深系数。

（3）毛坯的相对厚度 $(t/D) \times 100$

毛坯的相对厚度 $(t/D) \times 100$ 的值越大，则拉深时凸缘部分材料抵抗失稳起皱的能力越强，因而可以减小压边力，减小摩擦阻力，有利于减小极限拉深系数。

（4）拉深次数

由于拉深时材料的冷作硬化使材料的变形抗力有所增加，同时危险断面的壁厚又略有减薄，因而后一次拉深的极限拉深系数应比前一次的大。通常第二次拉深的极限拉深系数要比第一次的大得多，而以后各次则逐次略有增加。

（5）拉深件的几何形状

不同几何形状的拉深件在拉深变形过程中各有不同的特点，因而极限拉深系数也不同。例如，带凸缘拉深件首次拉深的极限拉深系数比无凸缘拉深件首次拉深的极限拉深系数小。

3. 极限拉深系数的确定

各次拉深的极限拉深系数的大小，可以根据筒壁传力区的最大拉应力 p_{max} 和危险断面的抗拉强度 σ_b，用理论公式计算出来。但是，由于影响极限拉深系数的因素很多，这种理论计算不仅麻烦，而且误差较大。实际生产中，通常都是在一定的拉深条件下，通过实验得到材料的极限拉深系数。表4-5、表4-6 为无凸缘圆筒形拉深件各次拉深的极限拉深系数，表4-7 为不锈钢及高温合金的以后各次拉深系数。

表 4-5　圆筒形拉深件的拉深系数（用压边圈时）

各次拉深系数	毛坯相对厚度 $(t/D) \times 100$					
	≤1.5~2	<1.0~1.5	<0.6~1.0	<0.3~0.6	<0.15~0.3	<0.08~0.15
m_1	0.48~0.50	0.50~0.53	0.53~0.55	0.55~0.58	0.58~0.60	0.60~0.63
m_2	0.73~0.75	0.75~0.76	0.76~0.78	0.78~0.79	0.79~0.80	0.80~0.82
m_3	0.76~0.78	0.78~0.79	0.79~0.80	0.80~0.81	0.81~0.82	0.82~0.84
m_4	0.78~0.80	0.80~0.81	0.81~0.82	0.82~0.83	0.83~0.85	0.85~0.86
m_5	0.80~0.82	0.82~0.84	0.84~0.85	0.85~0.86	0.86~0.87	0.87~0.88

注：1. 表中拉深系数适用于 08、10、15Mn 等普通拉深碳钢及软黄铜 H62。对于拉深性能较差的材料，如 20、25、Q215、Q235、硬铝等，取值应比表中数值大 1.5%~2.0%；对于拉深性能更好的材料，如 05、08F 等深拉深钢及软铝等，取值应比表中数值小 1.5%~2.0%。

2. 表中数值适用于未经中间退火的拉深。当采用中间退火工序时，取值可比表中数值小 2%~3%。

3. 凹模圆角半径较大时（$r_d = 8t~15t$），应取表中的较小数值；凹模圆角半径较小时（$r_d = 4t~8t$），应取表中的较大数值。

表 4-6　圆筒形拉深件的拉深系数（不用压边圈时）

各次拉深系数	毛坯相对厚度 $(t/D) \times 100$						
	0.8	1.0	1.5	2.0	2.5	3.0	>3.0
m_1	0.80	0.75	0.65	0.60	0.55	0.53	0.50
m_2	0.88	0.85	0.80	0.75	0.75	0.75	0.70
m_3	—	0.90	0.84	0.80	0.80	0.80	0.75
m_4	—	0.87	0.84	0.84	0.84	0.78	
m_5	—	—	0.90	0.87	0.87	0.87	0.82
m_6	—	—	—	0.90	0.90	0.90	0.85

注：表中取值要求同表 4-5。

表 4-7　不锈钢及高温合金的以后各次拉深系数

材料	有无中间热处理	$m_1 = 0.53$		$m_1 = 0.56$		$m_1 = 0.63$		$m_1 = 0.72$	
		试验值	推荐值	试验值	推荐值	试验值	推荐值	试验值	推荐值
奥氏体型	有	0.70~0.74	0.78~0.81	0.67~0.72	0.76~0.80	0.63~0.69	0.72~0.75	0.62~0.65	0.69~0.72
	无	0.75~0.83	0.86~0.91	0.72~0.80	0.83~0.88	0.70~0.76	0.80~0.83	0.67~0.72	0.76~0.81
铁素体型	有	—	—	0.71~0.74	0.80~0.83	0.67~0.73	0.77~0.80	0.65~0.69	0.74~0.76
	无	—	—	—	—	0.74~0.80	0.84~0.87	0.72~0.77	0.80~0.84

4. 无凸缘圆筒形拉深件的拉深工序尺寸计算

（1）拉深次数

无凸缘拉深件的拉深次数可通过试算法确定。先根据表 4-5 或表 4-6 选取拉深系数，然后根据拉深系数的定义试算各次拉深后的半成品筒部直径，即

$$d_1 = m_1 D; d_2 = m_2 d_1; \cdots\cdots; d_{n-1} = m_{n-1} d_{n-2}; d_n = m_n d_{n-1}$$

逐次计算各次拉深后的筒部直径，直到 $d_n \leqslant d$ 为止，计算的次数 n 即为所需的拉深次数。

拉深次数也可根据拉深件的相对高度 H/d 值由表 4-8 查得。

（2）半成品筒部直径

对试算得到的各次拉深后的直径进行调整，先取 $d_n = d$，然后分别调整 d_{n-1}、$\cdots\cdots$、d_2、

d_1。调整应保证各次拉深的实际拉深系数大于或等于在表4-5、表4-6中所取的数值。

（3）各次拉深后半成品的底部圆角半径

表4-8 圆筒形拉深件拉深次数的确定

拉深次数 \ 相对高度 H/d	毛坯相对厚度 $(t/D) \times 100$					
	1.5 ~ 2.0	1.0 ~ 1.5	0.6 ~ 1.0	0.3 ~ 0.6	0.15 ~ 0.3	0.06 ~ 0.15
1	0.77 ~ 0.94	0.65 ~ 0.84	0.57 ~ 0.70	0.50 ~ 0.62	0.45 ~ 0.52	0.38 ~ 0.46
2	1.54 ~ 1.88	1.32 ~ 1.60	1.10 ~ 1.36	0.94 ~ 1.03	0.83 ~ 0.96	0.70 ~ 0.90
3	2.7 ~ 3.5	2.2 ~ 2.8	1.8 ~ 2.3	1.5 ~ 1.9	1.3 ~ 1.6	1.1 ~ 1.3
4	4.3 ~ 5.6	3.5 ~ 4.3	2.9 ~ 3.6	2.4 ~ 2.9	2.0 ~ 2.4	1.5 ~ 2.0
5	6.6 ~ 8.9	5.1 ~ 6.6	4.1 ~ 5.2	3.3 ~ 4.1	2.7 ~ 3.3	2.0 ~ 2.7

注：凹模圆角半径大时（$R = 8t \sim 12t$），h/d 取大值；凹模圆角半径小时（$R = 4t \sim 8t$），H/d 取小值。

各次拉深后的半成品底部圆角半径按下式计算

$$r_{gi} = r_{pi} + t/2 \tag{4-14}$$

式中 r_{gi}——第 i 次拉深后的半成品底部圆角半径（mm）；

r_{pi}——第 i 次拉深的凸模圆角半径（mm）；

t——材料厚度（mm）。

凸模圆角半径 r_{pi} 的取值见"拉深模工作部分设计"。

各次拉深后半成品的高度，可由求毛坯尺寸的公式演变求得。对于无凸缘拉深件，各次拉深后的半成品高度为

$$H_i = 0.25\left(\frac{D^2}{d_i} - d_i\right) + 0.43\frac{r_{gi}}{d_i}(d_i + 0.32r_{gi}) \tag{4-15}$$

式中 H_i——第 i 次拉深后的半成品高度（mm）；

D——毛坯直径（mm）；

d_i——第 i 次拉深后的半成品筒部直径（mm）；

r_{gi}——第 i 次拉深后的半成品底部圆角半径（mm）。

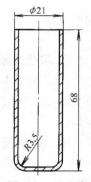

图4-8 无凸缘
圆筒形拉深件

【例4.1】 计算图4-8所示无凸缘圆筒形拉深件的毛坯尺寸和工序尺寸。拉深件材料为08F，板料厚度为1mm。

解：

（1）由图中尺寸得

$$d = 20mm$$
$$r_g = 4mm$$
$$H = 67.5mm$$

（2）确定切边余量

根据 $H = 67.5mm$，$H/d = 67.5/20 \approx 3.4$，查表4-2得切边余量为

$$\delta = 4.5mm$$

末次拉深的高度调整为

$$H = 67.5mm + 4.5mm = 72mm$$

（3）计算毛坯直径

$$D = \sqrt{d^2 - 1.72dr_g - 0.56r_g^2 + 4dH}$$
$$= \sqrt{20^2 - 1.72 \times 20 \times 4 - 0.56 \times 4^2 + 4 \times 20 \times 72}\,\text{mm}$$
$$= \sqrt{6013.44}\,\text{mm} \approx 77\text{mm}$$

（4）确定拉深次数

根据毛坯相对厚度 $(t/D) \times 100 = (1/77) \times 100 \approx 1.3$，查表 4-5 取拉深系数，试算确定拉深次数和各次拉深后的半成品筒部直径

$$d_1 = m_1 D = 0.51 \times 77\text{mm} = 38.3\text{mm} \rightarrow 调整为 \ d_1 = 41\text{mm}$$
$$d_2 = m_2 d_1 = 0.75 \times 38.3\text{mm} = 29.5\text{mm} \rightarrow 调整为 \ d_2 = 31\text{mm}$$
$$d_3 = m_3 d_2 = 0.78 \times 29.5\text{mm} = 23\text{mm} \rightarrow 调整为 \ d_3 = 24.5\text{mm}$$
$$d_4 = m_4 d_3 = 0.80 \times 23\text{mm} = 18.4\text{mm} \rightarrow 调整为 \ d_4 = 20\text{mm}$$

拉深次数为 4 次。

（5）确定各次拉深后的半成品底部圆角半径

取
$$r_{g1} = 7\text{mm}$$
$$r_{g2} = 6\text{mm}$$
$$r_{g3} = 5\text{mm}$$
$$r_{g4} = 4\text{mm}$$

（6）计算各次拉深后的半成品高度

$$H_1 = 0.25\left(\frac{D^2}{d_1} - d_1\right) + 0.43\frac{r_{g1}}{d_1}(d_1 + 0.32r_{g1})$$
$$= 0.25\left(\frac{77^2}{41} - 41\right)\text{mm} + 0.43 \times \frac{7}{41} \times (41 + 0.32 \times 7)\,\text{mm}$$
$$\approx 29.1\text{mm}$$

同理可得
$$H_2 = 43\text{mm}$$
$$H_3 = 57\text{mm}$$

5. 带凸缘圆筒形拉深件的工序尺寸

计算如图 4-9 所示带凸缘圆筒形拉深件。根据相对凸缘直径 d_ϕ/d，带凸缘拉深件可以分为两类：当 $d_\phi/d \leqslant 1.4$ 时，称为窄凸缘圆筒形拉深件；当 $d_\phi/d > 1.4$ 时，称为宽凸缘拉深件。

窄凸缘圆筒形拉深件的拉深方法如图 4-10 所示。前几道工序先拉成无凸缘圆筒形件，

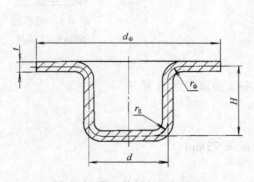

图 4-9 带凸缘圆筒形拉深件

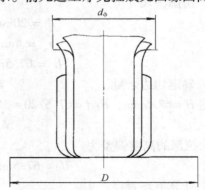

图 4-10 窄凸缘圆筒形拉深件的拉深方法

最后两次拉深拉成口部带有锥度和较大凸缘圆角的带凸缘件，然后再用一道工序将凸缘校平。因此，窄凸缘圆筒形拉深件的拉深工序尺寸计算方法与无凸缘圆筒形拉深件的拉深工序尺寸计算方法基本相同，在此不再赘述。

宽凸缘圆筒形拉深件的常见拉深方法如图 4-11 所示。从变形区材料的变形情况来看，宽凸缘件的拉深与无凸缘件的拉深是相同的，所不同的是宽凸缘件首次拉深时，凸缘部分只有部分材料转化为筒壁。因此，宽凸缘圆筒形拉深件首次拉深的拉深过程和工序尺寸计算与无凸缘圆筒形件的拉深有一定的区别。

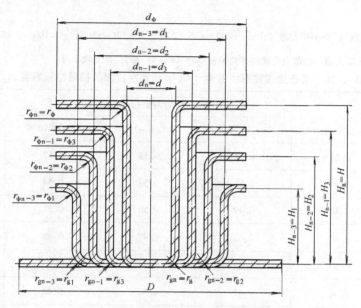

图 4-11　宽凸缘圆筒形拉深件的拉深方法

1）凸缘直径应在首次拉深时确定，以后各次拉深只是将首次拉深拉入凹模的材料作重新分配。

2）带凸缘拉深件首次拉深的变形程度比拉深系数相同的无凸缘件的拉深小，因而允许取更小的拉深系数。表 4-9 和表 4-10 分别为带凸缘圆筒形拉深件首次拉深的最大相对高度和最小拉深系数。

表 4-9　带凸缘圆筒形拉深件首次拉深的最大相对高度 H_1/d_1

凸缘相对直径 d_ϕ/d_1	毛坯相对厚度 $(t/D) \times 100$				
	≤1.5~2.0	<1.0~1.5	<0.6~1.0	<0.3~0.6	<0.15~0.3
≤1.1	0.75~0.90	0.65~0.82	0.57~0.70	0.50~0.62	0.45~0.52
>1.1~1.3	0.65~0.80	0.56~0.72	0.50~0.60	0.45~0.53	0.40~0.47
>1.3~1.5	0.58~0.70	0.50~0.63	0.45~0.53	0.40~0.48	0.35~0.42
>1.5~1.8	0.48~0.58	0.42~0.53	0.37~0.44	0.34~0.39	0.29~0.35
>1.8~2.0	0.42~0.51	0.36~0.46	0.32~0.38	0.29~0.34	0.25~0.30
>2.0~2.2	0.35~0.45	0.31~0.40	0.27~0.33	0.25~0.29	0.22~0.26
>2.2~2.5	0.28~0.35	0.25~0.32	0.22~0.27	0.20~0.23	0.17~0.21

凸缘相对直径 d_ϕ/d_1	毛坯相对厚度 $(t/D) \times 100$				
	≤1.5~2.0	<1.0~1.5	<0.6~1.0	<0.3~0.6	<0.15~0.3
>2.5~2.8	0.22~0.27	0.19~0.24	0.17~0.21	0.15~0.18	0.13~0.16
>2.8~3.0	0.18~0.22	0.16~0.20	0.14~0.17	0.12~0.15	0.10~0.13

注：1. 表中数值适用于 10 号钢。对于比 10 号钢塑性更好的材料，取接近于大的数值；塑性较差的材料，取接近于小的数值。

2. 底部及凸缘的圆角半径大时（由 $\frac{t}{D} \times 100 = 1.5 \sim 2$ 时的 $R = 10t \sim 15t$ 到 $\frac{t}{D} \times 100 = 0.15 \sim 0.3$ 时的 $R = 15t \sim 20t$），H/d 取大值；底部及凸缘的圆角半径小时（$R = 4t \sim 8t$），H/d 取小值。

表 4-10 带凸缘圆筒形拉深件（10 钢）首次拉深的极限拉深系数 m_1

凸缘相对直径 d_ϕ/d_1	毛坯相对厚度 $(t/D) \times 100$				
	≤1.5~2.0	<1.0~1.5	<0.6~1.0	<0.3~0.6	<0.15~0.3
≤1.1	0.51	0.53	0.55	0.57	0.59
>1.1~1.3	0.49	0.51	0.53	0.54	0.55
>1.3~1.5	0.47	0.49	0.50	0.51	0.52
>1.5~1.8	0.45	0.46	0.47	0.48	0.48
>1.8~2.0	0.42	0.43	0.44	0.45	0.45
>2.0~2.2	0.40	0.41	0.42	0.42	0.42
>2.2~2.5	0.37	0.38	0.38	0.38	0.38
>2.5~2.8	0.34	0.35	0.35	0.35	0.35
>2.8~3.0	0.32	0.33	0.33	0.33	0.33

3）首次拉深拉入凹模的材料应比实际需要量多 5%～10%，多拉入的材料在以后各次拉深中逐次返回到凸缘上。

宽凸缘圆筒形拉深件以后各次拉深的工序计算方法与无凸缘圆筒形拉深件基本相同。

【例 4.2】 计算图 4-12 所示带凸缘圆筒形拉深件的毛坯尺寸和半成品工序尺寸。拉深件材料为 08F 钢，厚度 $t = 2$mm。

解：

（1）计算实际拉深的凸缘直径

查表 4-3，取切边余量 $\delta = 2$mm，则实际拉深的凸缘直径为

$$d_\phi = 76\text{mm} + 2 \times 2\text{mm} = 80\text{mm}$$

（2）初算毛坯直径

查表 4-4 序号 4 所示公式，当 $r_g = r_\phi = r$ 时，毛坯直径为

$$D = \sqrt{d_\phi^2 - 3.44rd + 4dH} = \sqrt{80^2 - 3.44 \times 4 \times 28 + 4 \times 28 \times 58}\text{mm} = 113\text{mm}$$

（3）判断能否一次拉深

$$H/d = 60/28 = 2.14$$

$$(t/D) \times 100 = (2/113) \times 100 = 1.77$$

$$d_\phi/d = 80/28 = 2.85$$

查表 4-10 得首次拉深的极限拉深系数为

$$m_{1min} = 0.32$$

该拉深件的实际拉深系数为

$$m = d/D = 28/113 = 0.25$$

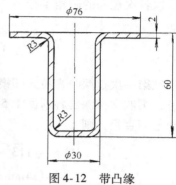

图 4-12　带凸缘
圆筒形拉深件图

由于 $m < m_{1min}$，该拉深件不能一次拉深成形。

（4）确定首次拉深的毛坯和半成品尺寸

首先需要预定首次拉深的拉深系数，然后计算毛坯和半成品尺寸，最后验算首次拉深系数的取值是否合理。

假设取凸缘相对直径 $d_\phi/d = 1.1$，由表 4-10 查出 $m_1 = 0.51$，则首次拉深后的半成品筒部直径为

$$d_1 = m_1 D = 0.51 \times 113mm = 58mm$$

取首次拉深拉入凹模的材料面积比实际需要的面积大 5%，则实际需要的毛坯直径应为

$$D_1 = \sqrt{[113^2 - (80^2 - 36^2)] \times 1.05 + (80^2 - 36^2)}\,mm$$

$$\approx 115mm$$

取 $r_1 = 9.8mm$，则首次拉深后的半成品高度为

$$H_1 = \frac{0.25}{d_1}(D^2 - d_\phi^2) + 0.43(r_{g1} + r_{\phi1}) + \frac{0.14}{d_1}(r_{g1}^2 + r_{\phi1}^2)$$

$$= \left[\frac{0.25}{58}(115^2 - 80^2) + 0.43(9.8 + 9.8) + \frac{0.14}{58}(9.8^2 - 9.8^2)\right]mm$$

$$= 37.9mm$$

验算 m_1 的选择是否合理。

根据 $d_\phi/d_1 = 80/58 = 1.38$、$(t/D) \times 100 = 1.77$ 查表 4-9，得首次拉深允许的最大相对高度 H_1/d_1 值为 0.67，而实际的相对高度为

$$\frac{H_1}{d_1} = \frac{37.9}{58} = 0.65 < 0.7$$

验算结果表明，首次拉深系数 $m_1 = 0.51$ 是合理的。如果实际的相对高度大于或远远小于表 4-9 中查得的首次拉深允许的最大相对高度，则表明 m_1 的选择不合理，需要调整 m_1 后重新计算。

（5）确定以后各次拉深的工序尺寸

查表 4-5，选取 m_2、m_3、……，试算并确定半成品的筒部直径

$$d_2 = m_2 d_1 = 0.74 \times 58mm = 42.9mm \rightarrow 调整为 d_2 = 43.5mm$$

$$d_3 = m_3 d_2 = 0.76 \times 42.9mm = 32.6mm \rightarrow 调整为 d_3 = 34mm$$

$$d_4 = m_4 d_3 = 0.79 \times 32.6mm = 25.8mm \rightarrow 调整为 d_4 = 28mm$$

拉深次数为 4 次。

取各次拉深的圆角半径为

$$r_2 = r_{g2} = r_{\phi2} = 5.4\text{mm}$$

$$r_3 = r_{g3} = r_{\phi3} = 4.6\text{mm}$$

$$r_4 = r_{g4} = r_{\phi4} = 4\text{mm}$$

在第一次拉深时多拉入凹模的5%材料中，在第二次拉深时将2%的材料返回到凸缘上，第三、第四次拉深再各返回1.5%。为便于计算，令 D_2、D_3 分别为第二次、第三次拉深的假想毛坯直径，则

$$D_2 = \sqrt{113^2 - [(80^2 - 36^2)] \times 1.03 + (80^2 - 36^2)}\text{mm}$$

$$\approx 114\text{mm}$$

$$D_3 = \sqrt{[113^2 - (80^2 - 36^2)] \times 1.015 + (80^2 - 36^2)}\text{mm}$$

$$\approx 113\text{mm}$$

以后各次拉深的高度分别为

$$H_2 = \frac{0.25}{43.5}(114^2 - 80^2)\text{mm} + 0.86 \times 5.4\text{mm} = 42.5\text{mm}$$

$$H_3 = \frac{0.25}{34}(113^2 - 80^2)\text{mm} + 0.86 \times 4.6\text{mm} = 50.8\text{mm}$$

4.2.4 拉深力计算

圆筒形拉深件的拉深力常用下列经验公式计算

首次拉深 $\qquad\qquad P = K_1\pi d_1 t\sigma_b$ $\qquad\qquad$ (4-16)

以后各次拉深 $\qquad\qquad P = K_2\pi d_i t\sigma_b$ $\qquad\qquad$ (4-17)

式中 $\quad P$——拉深力（N）；

$\quad d_1$、d_i——第一次、以后各次拉深后的筒部直径（mm）；

$\qquad t$——材料厚度（mm）；

$\qquad \sigma_b$——材料的强度极限（MPa）；

$\quad K_1$、K_2——修正系数，查表4-11。

表 4-11 修正系数 K_1、K_2

拉深系数 m_1	0.55	0.57	0.60	0.62	0.65	0.67	0.70	0.72	0.75	0.77	0.80	—	—	—
K_1	1.00	0.93	0.86	0.79	0.72	0.66	0.60	0.55	0.50	0.45	0.40	—	—	—
拉深系数 m_n	—	—	—	—	—	—	0.70	0.72	0.75	0.77	0.80	0.85	0.90	0.95
K_2	—	—	—	—	—	—	1.0	0.95	0.90	0.85	0.80	0.70	0.60	0.50

使用单动压力机进行拉深时，滑块上除了要承受拉深力 P 外，同时还要承受压边力 Q，有时还要承受一些其他作用力。在设计拉深模具时，应以拉深工艺总力 P_Σ 作为选择压力机规格的依据。拉深工艺总力可用下式计算

$$P_\Sigma = P + Q + \cdots \qquad\qquad (4\text{-}18)$$

由于拉深工艺的压力行程通常都大于压力机的公称压力行程，因而在选择压力机规格时，

应校核压力机的行程负荷曲线，即保证拉深工艺总力的变化曲线被包络在压力机的行程负荷曲线以下。

实际生产中，常按下列经验公式选择压力机的规格

浅拉深时　　　$P_\Sigma \leqslant (0.7 \sim 0.8)P_g$

深拉深时　　　$P_\Sigma \leqslant (0.5 \sim 0.6)P_g$

式中　P_Σ——拉深工艺总力（kN）；

　　　P_g——压力机公称压力（kN）。

4.2.5　带料级进拉深

筒部直径 $d \leqslant 50mm$，厚度 $t \leqslant 2mm$，大批量生产的多工序拉深件可以采用带料级进拉深。这种拉深方法的特点是生产率高，但模具结构复杂。由于带料级进拉深不能进行中间退火，因此要求拉深件材料必须具有优良的拉深性能。常用于带料级进拉深的材料有 08F、10F 钢；H62、H68 黄铜；纯铜；3A21 软铝等。

带料级进拉深可分为整带料级进拉深和带料切口级进拉深两种。图 4-13a 所示为整带料级进拉深，图 4-13b、c 所示为带料切口级进拉深。

整带料级进拉深时，相邻两个拉深件之间相互牵连，材料的纵向流动比较困难，变形程度大时容易拉破。为了避免拉破，每次拉深都应采用比单工序拉深大的拉深系数。整带料级进拉深一般应用于 $(t/D) \times 100 > 1$、$d_\phi/d = 1.1 \sim 1.5$、$h/d \leqslant 1$ 时。

带料切口级进拉深是在前后两个拉深件相邻处用切口或切槽将材料切断，以减小相邻两个拉深件在拉深时的相互影响。与整带料级进拉深相比，带料切口级进拉深时材料的纵向较容易，每次拉深可以采用较小的拉深系数（略大于单工序拉深），工步数较少，但材料消耗较多。带料切口级进拉深一般应用于 $(t/D) \times 100 < 1$、$d_\phi/d = 1.3 \sim 1.8$、$h/d > 1$ 时。

选用带料级进拉深时，应审查材料在不进行中间退火时所能达到的最大变形程度，即校核采用级进拉深时材料的极限总拉深系数是否满足拉深件总拉深系数的要求。

拉深件的总拉深系数为

$$m_\Sigma = \frac{d}{D} = m_1 m_2 m_3 \cdots m_n \quad (4\text{-}19)$$

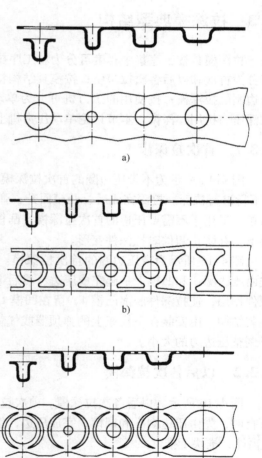

图 4-13　带料级进拉深

式中　　　　d——拉深件筒部直径（mm）；

D——毛坯直径（mm）；

m_1、m_2、m_3…m_n——各次拉深系数。

材料允许的极限总拉深系数参见表 4-12，m_Σ 应大于或等于表中数值。

带料级进拉深的工艺计算从略。

表 4-12　带料级进拉深的总极限拉深系数

材　　料	抗拉强度 σ_b /MPa	相对伸长率 δ （%）	总极限拉深系数		
			不带推件装置		带推件装置
			$t \leqslant 1.0\text{mm}$	$t > 1.0 \sim 2.0\text{mm}$	
08F、10F 钢	300 ~ 400	28 ~ 40	0.40	0.32	0.16
黄铜、纯铜	300 ~ 400	28 ~ 40	0.35	0.28	0.20 ~ 0.24
软铝	80 ~ 110	22 ~ 25	0.38	0.30	0.18 ~ 0.24

4.3　拉深模典型结构

拉深模具按工序集中程度可分为单工序拉深模、复合拉深模和级进拉深模；按工艺顺序可分为首次和以后各次拉深模；按模具结构特点可分为带导柱、不带导柱和带压边圈、不带压边圈的拉深模；按使用的压力机可分为单动压力机（通用曲柄压力机）用拉深模和双动拉深压力机用拉深模。本节讨论单动压力机上使用的单工序和复合拉深模。

4.3.1　首次拉深模

图 4-14 所示为不带压边圈的首次拉深模。工作时，毛坯放置在定位圈 2 内定位，凸模 1 下行进行拉深。拉深完成后，凸模回升，弹性卸料器将拉深件从凸模上卸下。该模具结构简单，适用于不需要压边的首次拉深模。凸模上开设通气孔，目的是便于将拉深件从凸模上卸下，并防止卸件时拉深件变形。

图 4-15 所示为带压边圈的首次拉深模。毛坯放在压边圈 3 的定位孔内，上模下行时，先由压边圈 3 和凹模 1 一起完成压边，然后进行拉深。拉深完成后，上模回升，压边圈 3 起顶件作用，使拉深件脱离凸模 4，留在凹模 1 中的拉深件则由推块 2 推出凹模。该模具采用倒装结构，由安装在下模座上的弹顶器或气垫提供压边力，能够获得较大的压边力，并且便于调整压边力的大小。

4.3.2　以后各次拉深模

图 4-16 所示为以后各次拉深模。前次拉深得到的半成品由压边圈 6 的外圆定位，上模下行时，先由压边圈 6 和凹模 3 完成压边，然后进行拉深。拉深完成后，上模回升，压边圈 6 顶件，推块 1 推件。

4.3.3　落料拉深复合模

图 4-17 所示为落料拉深复合模。条料送进时，由挡料销 1 定位。上模下行，先由凸凹模 2 和落料凹模 6 完成落料，再由凸凹模 2 和拉深凸模 7 完成拉深。拉深时，顶块 5 起到压边圈的

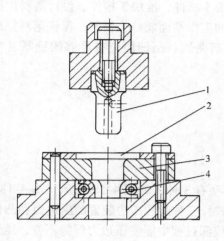

图 4-14　不带压边圈的首次拉深模
1—凸模　2—定位圈
3—凹模　4—弹性卸料环

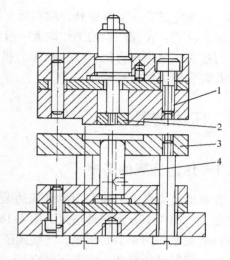

图 4-15　带压边圈的首次拉深模
1—凹模　2—推块　3—压边圈　4—凸模

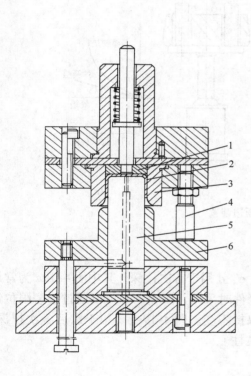

图 4-16　以后各次拉深模
1—推块　2—拉深件　3—凹模
4—限位柱　5—凸模　6—压边圈

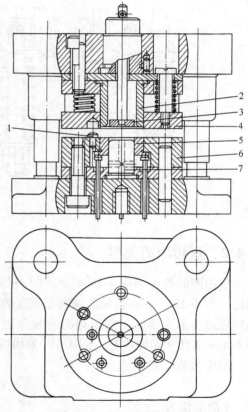

图 4-17　落料拉深复合模
1—挡料销　2—凸凹模　3—推块　4—卸料板
5—顶块　6—落料凹模　7—拉深凸模

113

作用。拉深完成后，上模回升，卸料板 4 卸料，顶块 5 顶件，推块 3 推件。设计落料拉深复合模时应注意：拉深凸模的工作端面一般应比凹模的工作端面低一个料厚，保证落料完成后再进行拉深；选用压力机时应校核压力机的行程负荷曲线；凸凹模应有足够的壁厚（按落料冲孔复合模的要求校核）。

4.4 压边装置

4.4.1 压边装置的类型

在单动压力机上一般采用弹性压边装置，其类型有 3 种，如图 4-18 所示，图 4-18a 为橡胶垫式，图 4-18b 为弹簧垫式，图 4-18c 为气垫式。三种弹性压边装置的压边力和凸模拉深行程的关系如图 4-18d 所示。气垫式压边装置在拉深过程中能使压边力保持不变，压边效果较好，但其结构复杂，需要压缩空气，一般仅在压力机带有气垫附件时才采用。弹簧垫式和橡胶垫式压边装置的压边力随拉深行程的增加而升高，压边效果受到影响，但它们的结构简单，使用方便，在生产中有广泛应用。

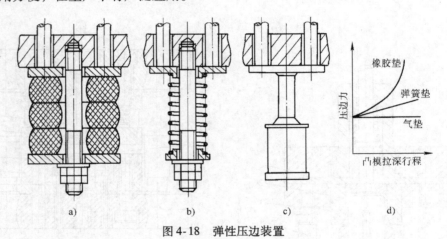

图 4-18 弹性压边装置

4.4.2 压边圈的类型

压边圈的类型如图 4-19 所示。图 4-19a、b、c、d 用于首次拉深，其中图 4-19a 为常用结构，图 4-19b、c 在拉深凸缘宽度很宽的带凸缘件时采用，图 4-19d 可以通过修磨限位钉调整压边力的大小，并使压边力在拉深过程中保持不变。图 4-19e、f 用于以后各次拉深，图 4-19e 采用固定限位柱，图 4-19f 采用可调限位柱。

图中参数 C 的取值为

$$C = (0.2 \sim 0.5)t$$

S 的取值为

拉深铝合金时　　　　$S = 1.1t$

拉深钢时　　　　　　$S = 1.2t$

拉深带凸缘件时　　　$S = t + (0.05 \sim 0.1)$

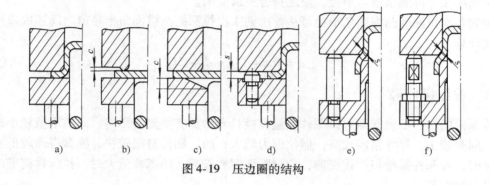

图 4-19　压边圈的结构

4.5　拉深模工作部分设计

4.5.1　拉深模凸、凹模圆角半径

1. 凹模圆角半径 r_d

拉深时，平面凸缘区材料经过凹模圆角流入凸、凹模间隙。如果凹模圆角半径过小，则材料流入凸、凹模间隙时的阻力和拉深力太大，将使拉深件表面产生划痕，或使危险断面破裂；如果凹模圆角半径过大，材料在流经凹模圆角时会产生起皱。

首次拉深的凹模圆角半径 r_{d1}，可根据材料种类和毛坯相对厚度按表 4-13 选用。

以后各次拉深的凹模圆角半径可按下式取值

$$r_{di} = (0.6 \sim 0.8)r_{di-1} \quad (i = 2,3,\cdots,n) \tag{4-20}$$

带凸缘件拉深时，末次拉深的凹模圆角半径一般应根据拉深件凸缘圆角半径确定。当凸缘圆角半径过小时，则应以较大的凹模圆角半径拉深，然后增加整形工序缩小凸缘圆角半径。

表 4-13　首次拉深凹模圆角半径 r_{d1} 　　　　　　（单位：mm）

拉深方式	毛坯相对厚度 $(t/D) \times 100$		
	$\leqslant 1.0 \sim 2.0$	$< 0.3 \sim 1.0$	$< 0.1 \sim 0.3\,^*$
无凸缘件拉深	$(4 \sim 6)\,t$	$(6 \sim 8)\,t$	$(8 \sim 12)\,t$
带凸缘件拉深	$(6 \sim 10)\,t$	$(10 \sim 15)\,t$	$(15 \sim 20)\,t$

注：1. 带"＊"者最好用球面压边圈。

　　2. 对于有色金属取较小值，对于黑色金属取较大值。

2. 凸模圆角半径

凸模圆角半径过小，拉深过程中危险断面容易产生局部变薄，甚至被拉破。凸模圆角半径过大，拉深时底部材料的承压面积小，容易变薄。

首次拉深的凸模圆角半径可等于或略小于首次拉深的凹模圆角半径，即

$$r_{p1} = (0.7 \sim 1.0)r_{d1}$$

末次拉深的凸模圆角半径一般按拉深件底部圆角半径确定，但应满足拉深工艺性要求。当拉深件底部圆角半径过小时，应按拉深工艺性要求确定凸模圆角半径，拉深后通过增加整

形工序缩小拉深件底部圆角半径，使之符合图纸要求。

中间各次拉深的凸模圆角半径可从首次到末次拉深的凸模圆角半径值之间逐次递减，或按下式计算

$$r_{pi-1} = 0.5(d_{i-1} - d_i - 2t) \qquad (4-21)$$

4.5.2 拉深模间隙

拉深模的凸、凹模间隙对拉深件质量和模具寿命都有重要的影响。间隙取值较小时，拉深件的回弹较小，尺寸精度较高，但拉深力较大，凸、凹模磨损较快，模具寿命较低。间隙值过小时，拉深件筒壁将严重变薄，危险断面容易破裂。间隙取值大时，拉深件筒壁的锥度大，尺寸精度低。

无压边装置的拉深模的间隙可按下式取值

$$\frac{Z}{2} = (1 \sim 1.1)t_{max} \qquad (4-22)$$

式中　Z——拉深模的凸、凹模间隙（mm）；

　　　t_{max}——毛坯厚度的上极限尺寸（mm）；

$(1 \sim 1.1)$——系数，对于末次拉深或尺寸精度要求较高的拉深件取较小值，对于首次和中间各次拉深，或尺寸精度要求不高的拉深件取较大值。

有压边装置的拉深模的间隙可按表 4-14 取值。

表 4-14　使用压边圈进行拉深时的凸、凹模单边间隙

总 拉 深 次 数											
1	2		3			4			5		
各次拉深的凸、凹模单边间隙/mm											
1	1	2	1	2	3	1、2	3	4	1、2、3	4	5
$1 \sim 1.1t$	$1.1t$	$1 \sim 1.05t$	$1.2t$	$1.1t$	$1 \sim 1.05t$	$1.2t$	$1.1t$	$1 \sim 1.05t$	$1.2t$	$1.1t$	$1 \sim 1.05t$

4.5.3 拉深凸、凹模工作部分尺寸

末次拉深的凸、凹模工作尺寸，应保证拉深件的尺寸精度符合图纸要求，并且保证模具有足够的磨损寿命。

对于标注外形尺寸的拉深件，如图 4-20a 所示，应当以凹模为基准，先计算确定凹模的工作尺寸，然后通过减小凸模尺寸保证凸、凹模间隙，计算公式如下

$$D_d = (D_{max} - 0.75\Delta)_0^{+\delta_d} \qquad (4-23)$$

$$D_p = (D_{max} - 0.75\Delta - Z)_{-\delta_p}^0 \qquad (4-24)$$

对于标注内形尺寸的拉深件，如图 4-20b 所示，应当以凸模为基准，先计算确定凸模

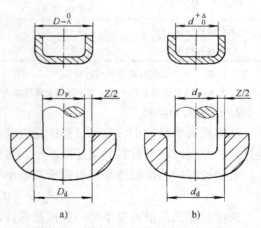

图 4-20　拉深凸、凹模工作尺寸计算

的工作尺寸，然后通过增大凹模尺寸保证凸、凹模间隙，计算公式如下

$$d_p = (d_{min} + 0.4\Delta)_{-\delta_p}^{\quad 0} \tag{4-25}$$

$$d_d = (d_{min} + 0.4\Delta + Z)_{\quad 0}^{+\delta_d} \tag{4-26}$$

对于首次和中间各次拉深，半成品的尺寸无须严格要求，凸、凹模工作尺寸可按下列公式计算

$$D_{di} = D_i{}_{\quad 0}^{+\delta_d} \tag{4-27}$$

$$D_{pi} = (D_i - Z)_{-\delta_p}^{\quad 0} \tag{4-28}$$

式中　D_d、d_d——凹模的公称尺寸（mm）；

　　　D_p、d_p——凸模的公称尺寸（mm）；

　　　D_{max}——拉深件外径的上极限尺寸（mm）；

　　　d_{min}——拉深件内径的下极限尺寸（mm）；

　　　D_i——首次和中间各次拉深半成品的外径的公称尺寸（mm）；

　　　Δ——拉深件的制造公差（mm）；

　　　δ_d、δ_p——凹模和凸模的制造公差（mm），可按表 4-15 取值；

　　　Z——拉深模间隙（mm）。

拉深凹模的工作表面的表面粗糙度应达到 $Ra0.8\mu m$，口部圆角处的表面粗糙度一般要求为 $Ra0.4\mu m$；凸模工作部分的表面粗糙度一般要求为 $Ra0.8 \sim 1.6\mu m$。

表 4-15　拉深凸模和凹模的制造公差　　　　　　　　　（单位：mm）

材料厚度 t /mm	拉深件直径 d/mm					
	≤20		20～100		>100	
	δ_d	δ_p	δ_d	δ_p	δ_d	δ_p
≤0.5	0.02	0.01	0.03	0.02	—	—
>0.5～1.5	0.04	0.02	0.05	0.03	0.08	0.05
>1.5	0.06	0.04	0.08	0.05	0.10	0.06

第5章 其他冷冲压成形工艺与模具设计

5.1 成形工艺与模具设计

成形工艺是指用各种局部变形的方式来改变零件或坯料形状的各种加工工艺方法。成形工序多数是在冲裁、弯曲、拉深、冷挤压之后进行，主要是用于使冲压后的零件经成形工序后达到所要求的形状和尺寸精度要求，从而制出合格的制品零件。

成形工序按塑性变形特点，可分为压缩类成形与拉伸类成形两大类。压缩类成形主要有缩口、外翻边。其特点是：在变形区内的主应力为压应力，材料变厚，易起皱。此类工序的极限变形程度不受材料塑性的限制，而受失稳的限制。拉伸类成形工艺主要有翻孔、内翻边、起伏、胀形等。其特点是：变形区内的主应力为拉应力，材料变薄，易破裂。此类工艺的极限变形程度主要受材料的塑性的限制。

5.1.1 起伏成形工艺与模具设计

局部起伏成形（embossing）是使材料的局部发生拉深而形成部分的凹进或凸出，借以改变零件或坯料形状的一种冷冲压方法。其极限变形程度，主要受材料的塑性、凸模的几何形状和润滑等因素影响。这类成形工艺的主要目的是提高零件的刚性以及使零件美观。起伏成形的零件示意图如图 5-1 所示。

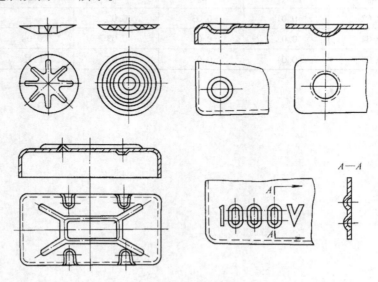

图 5-1 起伏成形的零件示意图

1. 加强肋（beading）

某些大型腹板类板料零件，为了提高其本身强度，一般可在平板上加压加强肋，加强肋的形状如图 5-2 所示。常用加强肋尺寸见表 5-1。

2. 加强窝（swaging）

加强窝可以看成是带有很宽凸缘的低浅空心圆筒形件。由于凸缘很宽，在加强窝成形时凸缘部分不产生明显的塑性流动，主要由凸模下方及其附近的材料参与变形。

压制加强窝时，如果 $\varepsilon > 0.75\delta$，应增加一道工序，先压成球形，再形成加强窝（如图 5-3 所示）。球形面积应比加强窝表面积多 20% 左右，多出部分的材料将在后一成形工序中重新回到凸缘上。加强窝的尺寸和间距见表 5-2。

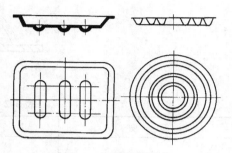

图 5-2 加强肋的形状

表 5-1 加强肋 （单位：mm）

h	s（参考）	R_1	R_2	R_3	t_{max}
1.5	7.4	3	1.5	15	0.8
2	9.6	4	2	20	0.8
3	14.3	6	3	30	1.0
4	18.8	8	4	40	1.5
5	23.2	10	5	50	1.5
7.5	34.9	15	8	75	1.5
10	47.3	20	12	100	1.5
15	72.2	30	20	150	1.5
20	94.7	40	25	200	1.5
25	117.0	50	30	250	1.5
30	139.4	60	35	300	1.5

平面（曲面）形零件

直角形零件

形式1

形式2

形式	1	1	2
L	12	16	30
h	3	5	6.5
R_1	6	8	9
R_2	9	16	22
R_3	5	6.5	8
S（参考）	17.3	28.2	37.3
肋与肋间距	65	75	85

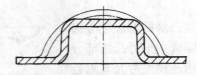

图 5-3 两道工序压成的加强窝

表 5-2 加强窝的尺寸和间距　　　　　　　　　　（单位：mm）

简 图	h	a	D	L	l
			6.5	10	6
			8.5	13	7.5
			10.5	15	9
			13	18	11
			15	22	13
	$2 \sim 2.5t$	$15° \sim 30°$	18	26	16
			24	34	20
			31	44	26
			36	51	30
			43	60	35
			48	68	40
			55	78	45

3. 起伏成形的压力计算

冲压加强肋的变形力 P 按下式计算

$$P = KLt\sigma_b \tag{5-1}$$

式中　P——变形力（N）；

　　　K——系数，等于 $0.7 \sim 1$（加强肋形状窄而深时取大值，宽而浅时取小值）；

　　　L——加强肋的周长（mm）；

　　　t——料厚（mm）；

　　　σ_b——材料的抗拉强度（MPa）。

若在曲柄压力机上用薄料（$t < 1.5$mm）对小制件（面积小于 2000mm^2）压肋或压肋兼校正工序时，变形力按下式计算

$$P = KFt^2 \tag{5-2}$$

式中　K——系数，钢件取 $200 \sim 300$，铜件和铝件取 $150 \sim 200$；

　　　F——成形面积（mm^2）。

4. 百叶窗口的冲压

在一些电子仪器及电机外壳中，为了保证良好的散热，往往都设有百叶窗口，如图 5-4 所示。

百叶窗口零件的成形方法是使凹模的一边刃口将材料切开，而凸模其余部分则将材料拉深成形，因而形成一面切口，一面成形。一般可用钢制冲模（图 5-5）或铅基凸模冲模（图 5-6）成形。

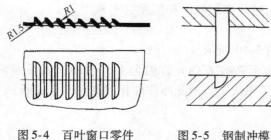

图 5-4 百叶窗口零件

图 5-5 钢制冲模

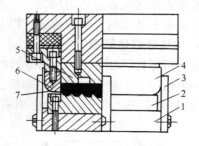

图 5-6 铅基冲模

1—底板 2—凹模 3—定位块

4—零件 5—连接块 6—挡板 7—上模座

5.1.2 圆柱形空心毛坯的胀形

胀形是将空心件或管状毛坯沿径向往外扩张的冲压工序。用这种方法可制造如高压气瓶、波纹管、自行车三通接头以及火箭发动机上的一些异形空心件。

根据所用模具的不同可将圆柱形空心毛坯胀形分成两类：一类是刚性凸模胀形（图 5-7）；另一类是软体凸模胀形（图 5-8）。

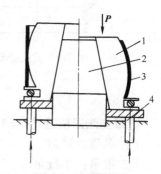

图 5-7 钢模胀形

1—分瓣凸模 2—型芯

3—零件 4—气垫顶杆

1. 刚性凸模胀形

图 5-7 为刚性分瓣凸模胀形结构示意图。当锥形铁心块将分块凸模向四周胀开，使空心件或管状坯料沿径向向外扩张，胀出所需凸起曲面。分块凸模数目越多，所得到的工件精度越高，但也很难得到很高精度的制件；且由于模具结构复杂，制造成本高，胀形变形不均匀，不易胀出复杂形状，所以在生产中常用软模进行胀形。

2. 软模胀形

图 5-8 为软模胀形的结构示意图，图 5-8a 是橡胶凸模胀形（rubber forming），图 5-8b 是倾注液体法胀形（fluid forming），图 5-8c 是充液橡胶囊法胀形。胀形时，毛坯放在凹模内，利用介质传递压力，使毛坯直径胀大，最后贴靠凹模成形。

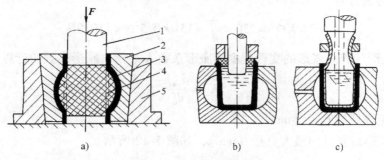

a) b) c)

图 5-8 软体凸模胀形

1—胀形凸模 2—胀形凹模 3—工件 4—橡胶块 5—凹模固定圈

软模胀形的优点是传力均匀、工艺过程简单、生产成本低、制件质量好，可加工大型零件。软模胀形使用的介质有橡胶、PVC塑料、石蜡、高压液体和压缩空气等。

3. 波纹管零件胀形

波纹管零件（图5-9）液压胀形的方法如图5-10所示。

一般情况下，根据材料的可塑性，波纹管成形系数K的允许值为1.3~1.5；如果K>1.5，波纹管会产生细颈。因此必须采用中间工序退火，以消除冷作硬化现象，便于成形。

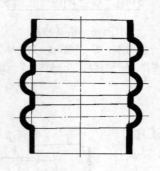

图5-9 波纹管零件

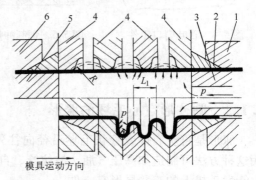

图5-10 波纹管零件液压胀形
1—定模板 2—弹性夹头 3—型胎
4—梳形管 5—芯棒 6—动模板

4. 罩盖胀形模设计示例

工件名称：罩盖

生产批量：中批量

材　　料：10钢

料　　厚：0.5mm

工件简图：如图5-11所示。

（1）工件的工艺性分析

由工件简图（图5-11）可知，其侧壁是由空心毛坯胀形而成，底部由起伏成形。

（2）工艺计算

1）底部起伏成形计算。计算起伏成形的许用高度，由手册可查得许用成形高度$H = 0.15$，$d = 2.25$mm。此值大于工件底部起伏成形的实际高度，所以可一次起伏成形。

起伏成形力的计算

$$P = KFt^2 = 250 \times \frac{\pi}{4} \times 15^2 \times 0.5^2 \text{N} = 11039 \text{N}$$

2）侧壁胀形计算。胀形的变形程度用胀形系数K表示。胀形系数的计算

$$K = \frac{d_{max}}{d_0} \tag{5-3}$$

式中　d_0——毛坯原始直径（mm）；

d_{max}——胀形后制件的最大直径（mm），如图5-12所示。

因此得：$K = \dfrac{d_{max}}{d_0} = \dfrac{46.8}{39} = 1.2$

由表 5-3 查得极限胀形系数为 1.24，因此该工件可一次胀形成形。

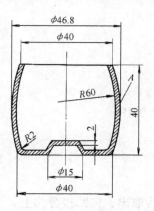

图 5-11　罩盖零件图

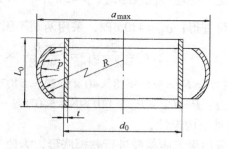

图 5-12　胀形后制件最大直径

表 5-3　极限胀形系数和切向许用伸长率

材　料		厚度/mm	极限胀形系数 K_p	切向许用伸长率 $\delta_\theta \times 100$
铝合金 3A21-M		0.5	1.25	25
纯铝	1070A、1060A（L1、L2）	1.0	1.28	25
	1050A、1035（L3、L4）	1.5	1.32	32
	1200、8A06（L5、L6）	2.0	1.32	32
黄铜	H62	0.5~1.0	1.35	35
	H68	1.5~2.0	1.40	40
低碳钢	08F	0.5	1.20	20
	10、20	1.0	1.24	24
不锈钢		0.5	1.26	26
1Cr18Ni9Ti		1.0	1.28	28

3）胀形毛坯的计算。胀形时为了增加材料在圆周方向的变形程度，减小材料的变薄，毛坯两端一般不固定，使其自由收缩，因此毛坯长度 L_0 应比制件长度增加一定的收缩量。可按下式近似计算

$$L_0 = L[1 + (0.3 \sim 0.4)\delta_\theta] + \Delta h \tag{5-4}$$

式中　L——制件母线长度（mm）；

δ_θ——制件切向最大伸长率 $\left[\delta_\theta = \dfrac{d_{max} - d_0}{d_0}\right]$；

Δh——修边余量，约取 10~20mm。

计算胀形前工件的原始长度 L_0，其中 L 为 $R60$ 一段圆弧的长，则 $L = 40.8$mm。

$$\delta_\theta = \frac{d_{max} - d_0}{d_0} = \frac{46.8 - 39}{39} = 0.2$$

Δh 取 3mm，则得 $L_0 = L(1 + 0.35\delta_\theta) + \Delta h = 40.8(1 + 0.35 \times 0.2)$ mm + 3mm = 46.66mm。L_0 取整为 47mm。

4）侧壁胀形力计算。软模胀形圆柱形空心件时，所需的单位压力 p 分下面两种情况

123

计算。

两端不固定，允许毛坯轴向自由收缩时：$p = \dfrac{2t}{d_{max}}\sigma_b$ (5-5)

两端固定，毛坯不能收缩时：$p = 2\sigma_b\left(\dfrac{t}{d_{max}} + \dfrac{t}{2R}\right)$ (5-6)

由手册可查得：$\sigma_b = 430\text{MPa}$，采用两端不固定，则

$$p = \frac{2t}{d_{max}}\sigma_b = \frac{2 \times 0.5}{46.8} \times 430\text{MPa} = 9.2\text{MPa}$$

胀形力：$P = Fp = \pi \times 46.8 \times 40 \times 9.2\text{N} = 54078\text{N}$

总成形力：$P = P_{起} + P_{胀} = 11039\text{N} + 54078\text{N} = 65.117\text{kN}$

（3）模具结构设计

胀形模采用聚氨脂橡胶进行软模胀形，为便于工件成形后取出，将凹模分为上、下两部分，上、下模用止口定位，单边间隙取 0.05mm。侧壁靠橡胶的胀开成形，底部靠压包凸、凹模成形，凹模上、下两部分在模具闭合时靠弹簧压紧。胀形模如图 5-13 所示。

模具闭合高度为 202mm，所需压力约 67kN，因此，选用设备时以模具尺寸为依据，选用 250kN 开式可倾压力机。

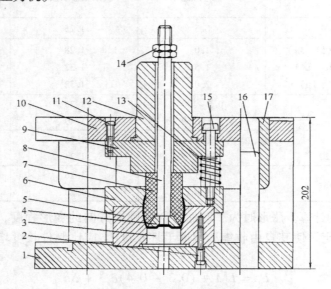

图 5-13 罩盖胀形模装配图

1—下模座 2、11—螺钉 3—压包凸模 4—压包凹模 5—胀形下模 6—胀形上模
7—聚氨酯橡胶 8—拉杆 9—上固定板 10—上模板 12—模柄 13—弹簧
14—螺母 15—拉杆螺钉 16—导柱 17—导套

5.1.3 翻孔和翻边

翻孔是指沿内孔周围将材料翻成侧立凸缘的冲压工序；翻边是指沿外形曲线周围将材料翻成侧立短边的冲压工序，如图 5-14 所示。

1. 内孔翻边（hole-flanging）

（1）内孔翻边的变形特点及变形系数

内孔翻边主要的变形是坯料受切向和径向拉伸，越接近预孔边缘变形越大，因此，内孔翻边的失败往往是边缘拉裂，拉裂与否主要取决于拉伸变形的大小。内孔翻边的变形程度用翻边系数 K_0 表示。

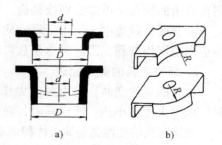

$$K_0 = \frac{d_0}{D} \qquad (5-7)$$

即翻边前预孔的直径 d_0 与翻边后的平均直径 D 的比值。K_0 值越小，则变形程度越大。圆孔翻边时孔边不破裂所能达到的最小翻边系数称为极限翻边系数。K_0 可从表 5-4 中查得。

图 5-14　翻边形式
a) 内孔翻边　b) 外缘翻边

表 5-4　各种材料的翻边系数

经退火的毛坯材料	翻 边 系 数	
	K_0	K_{max}
镀锌钢板（白铁皮）	0.70	0.65
软　钢　$t = 0.25 \sim 2.0$mm	0.72	0.68
$t = 3.0 \sim 6.0$mm	0.78	0.75
黄　铜　$t = 0.5 \sim 6.0$mm	0.68	0.62
铝　　　$t = 0.5 \sim 5.0$mm	0.70	0.64
硬铝合金	0.89	0.80
钛合金 TA1（冷态）	$0.64 \sim 0.68$	0.55
TA1（加热 $300 \sim 400$℃）	$0.40 \sim 0.50$	
TA5（冷态）	$0.85 \sim 0.90$	0.75
TA5（加热 $500 \sim 600$℃）	$0.65 \sim 0.70$	0.55
不锈钢、高温合金	$0.65 \sim 0.69$	$0.57 \sim 0.61$

极限翻边系数与许多因素有关，主要如下。

1）材料的塑性。塑性好的材料，极限翻边系数小。

2）孔的边缘状况。翻边前孔边缘断面质量好、无撕裂、无毛刺，则有利于翻边成形，极限翻边系数就小。

3）材料的相对厚度。翻边前预孔的孔径 d_0 与材料厚度 t 的比值 d_0/t 越小，则断裂前材料的绝对伸长可大些，故极限翻边系数相应小。

4）凸模的形状。球形、抛物面形和锥形的凸模较平底凸模有利，故极限翻边系数相应小些。

（2）非圆孔翻边

非圆孔翻边的变形性质比较复杂，它包括有圆孔翻边、弯曲、拉深等变形性质。对于非圆孔翻边的预孔，可以分别按翻边、弯曲、拉深展开，然后用作图法把各展开线光滑连接。

在非圆孔翻边中，由于变形性质不相同（应力应变状态不同）的各部分相互毗邻，对翻边和拉深均有利，因此翻边系数可取圆孔翻边系数的 85% ~ 90%。

2. 螺纹底孔的变薄翻边

材料的竖边变薄，是由拉应力作用使材料自然变薄，是翻边的自然现象。当工件很高时，也可采用减小凸、凹模间隙，强迫材料变薄的方法，以提高生产率和节约材料。

螺纹底孔的变薄翻边属于体积成形，其基本形式如图5-15所示。凸模的端头做成锥形（或抛物线形），凸、凹模之间的间隙小于材料厚度，翻边时孔壁材料变薄而高度增加。

对于低碳钢、黄铜、纯铜及铝，翻边预孔直径为

$$d_0 = (0.45 \sim 0.5)d_1 \tag{5-8}$$

翻边孔的外径为

$$d_3 = d_1 + 1.3t \tag{5-9}$$

翻边高度为

$$h = \frac{t(d_3^2 - d_0^2)}{d_3^2 - d_1^2} + (0.1 \sim 0.3) \tag{5-10}$$

凹模圆角半径一般取 $r = (0.2 \sim 0.5)t$，但不小于 0.2mm。

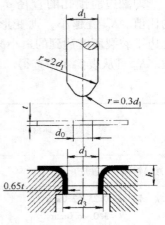

图 5-15　小孔翻边模

3. 外缘翻边（flanging）

外凸的外缘翻边，其变形性质、变形区应力状态与不用压边圈的浅拉深一样，如图5-16a 所示，变形区主要为切向压应力，变形过程中材料易于起皱。

内凹的外缘翻边，其特点近似于内孔翻边，如图5-16b 所示，变形区主要为切向拉伸变形，变形过程中材料易于边缘开裂。从变形性质来看，复杂形状零件的外缘翻边是弯曲、拉深、内孔翻边等的组合。

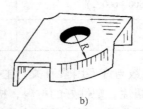

a)　　　　　　　　　　　　　　　　　b)

图 5-16　外缘翻边

外凸的外缘翻边变形程度 $E_凸$ 的计算式为

$$E_凸 = \frac{b}{R + b} \tag{5-11}$$

内凹的外缘翻边变形程度 $E_凹$ 的计算式为

$$E_凹 = \frac{b}{R - b} \tag{5-12}$$

外缘翻边的极限变形程度可参考表5-5。

表 5-5 外缘翻边允许的极限变形程度

材料名称及牌号	$E_凸$（%）		$E_凹$（%）	
	橡胶成形	模具成形	橡胶成形	模具成形
铝合金 1035（软）（L4M）	25	30	6	40
1035（硬）（L4Y1）	5	8	3	12
3A21（软）（LF21M）	23	30	6	40
3A21（硬）（LF21Y1）	5	8	3	12
5A02（软）（LF2M）	20	25	6	35
5A03（硬）（LF3Y1）	5	8	3	12
2A12（软）（LY12M）	14	20	6	30
2A12（硬）（LY12Y）	6	8	0.5	9
2A11（软）（LY11M）	14	20	4	30
2A11（硬）（LY11Y）	5	6	0	0
黄铜 H62 软	30	40	8	45
H62 半硬	10	14	4	16
H68 软	35	45	8	55
H68 半硬	10	14	4	16
钢 10	—	38	—	10
120	—	22	—	10
12Cr18Mn9Ni5N（12Cr18Ni9）软	—	15	—	10
12Cr18Mn9Ni5N（12Cr18Ni9）硬	—	40	—	10

4. 固定套翻边模设计实例

工件名称：固定套

生产批量：中批量

材　　料：08 钢

料　　厚：1mm

工件简图：如图 5-17 所示

（1）工件工艺性分析

由工件简图可知，ϕ40mm 处由内孔翻边成形，ϕ80mm 是圆筒形拉深件，可一次拉深成形。工序安排为落料、拉深、冲预孔、翻边等。翻边前为 ϕ80mm、高 15mm 的无凸缘圆筒形工件，如图 5-18 所示。

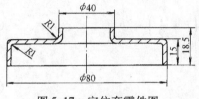

图 5-17　定位套零件图

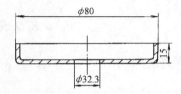

图 5-18　翻边前工序图

（2）固定套翻边件工艺计算

1）平板毛坯内孔翻边时预孔直径及翻边高度。在内孔翻边工艺计算中有两方面内容；

一是根据翻边零件的尺寸，计算毛坯预孔的尺寸 d_0；二是根据允许的极限翻边系数，校核一次翻边可能达到的翻边高度 H（图5-19）。

内孔的翻边预孔直径 d_0 可以近似地按弯曲展开计算

$$d_0 = D_1 - \left[\pi\left(r + \frac{t}{2} \right) + 2h \right] \qquad (5\text{-}13)$$

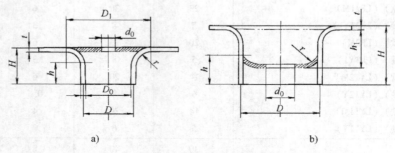

图5-19 内孔翻边尺寸计算

a）平板毛坯翻边 b）在拉深件底部翻边

本例可认为是平板毛坯内孔翻边，已知 $D = 39\text{mm}$，$H = 4.5\text{mm}$，则

$$D_1 = D + 2r + t = （39 + 2 \times 1 + 1）\text{ mm} = 42\text{mm}$$
$$h = H - r - t = （4.5 - 1 - 1）\text{ mm} = 2.5\text{mm}$$

得 $d_0 = D_1 - \left[\pi\left(r + \frac{t}{2} \right) + 2h \right]$

$$= 42\text{mm} - \left[\pi\left(1 + \frac{1}{2} \right) + 2 \times 2.5 \right]\text{mm}$$

$$= 32.3\text{mm}$$

内孔的翻边极限高度为

$$H_{\max} = \frac{D}{2}(1 - K_{0\min}) + 0.43r + 0.72t \qquad (5\text{-}14)$$

若在拉深件的底部冲孔翻边，其工艺计算过程是，先计算允许的翻边高度 h，然后按零件的要求高度 H 及 h 确定拉深高度 h_1 及预孔直径 d_0。允许的翻边高度为

$$h = \frac{D}{2}(1 - K_0) + 0.57\left(r + \frac{t}{2} \right) \qquad (5\text{-}15)$$

预孔直径 d_0 为

$$d_0 = K_0 D \text{ 或 } d_0 = D + 1.14\left(r + \frac{t}{2} \right) - 2h \qquad (5\text{-}16)$$

拉深高度为

$$h_1 = H - h + r \qquad (5\text{-}17)$$

2）计算翻边系数。

$$K_0 = \frac{d_0}{D} = \frac{32.3}{39} = 0.828$$

由表 5-4 可查得低碳钢的极限翻边系数为 0.65，小于所需的翻边系数，所以该零件可一次翻边成形。

3）计算翻边力。由附录 A 查得 $\sigma_s = 200\text{MPa}$

$$P = 1.1\pi(D - d_0)t\sigma_s = 1.1 \times \pi(39 - 32.3) \times 1 \times 200\text{kN} = 4.628\text{kN}$$

（3）翻边模（flanging die）结构设计

内孔翻边模的结构与一般拉深模相似，所不同的是翻边凸模圆角半径一般较大，经常做成球形或抛物面形，以利于变形。图 5-20 是几种常见圆孔翻边模的凸模形状和尺寸，其中图 5-20a 可用于小孔翻边（竖边内径 $d \leqslant 4\text{mm}$）；图 5-20b 用于竖边内径 $d \leqslant 10\text{mm}$ 的翻边；图 5-20c 适用于 $d \geqslant 10\text{mm}$ 的翻边；图 5-20d 可对不用定位销的任意孔翻边。对于平底凸模一般取 $r_{凸} \geqslant 4t$。

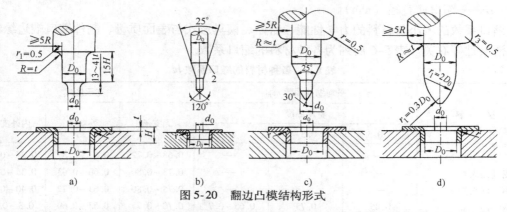

a)　　　　　　　b)　　　　　　　c)　　　　　　　d)

图 5-20　翻边凸模结构形式

本例中为便于坯件定位，翻边模采用倒装结构，使用大圆角圆柱形翻边凸模，坯件孔套在定位销上定位，靠标准弹顶器压边，采用打料杆打下工件，选用后侧滑动导柱、导套模架。翻边模如图 5-21 所示。

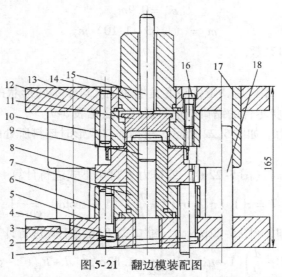

图 5-21　翻边模装配图

1—卸料螺钉　2—顶杆　3、16—螺钉　4、13—销钉　5—下模座　6—翻边凸模固定板
7—翻边凸模　8—托料板　9—定位钉　10—翻边凹模　11—打件器　12—上模座
14—模柄　15—打料杆　17—导套　18—导柱

129

根据模架尺寸和闭合高度选用 250kN 双柱可倾式压力机。

5.1.4 缩口

缩口是将空心件或管子的敞口处加压缩小的冲压工序。例如，炮弹和子弹壳等成形时均需采用缩口工序。

1. 缩口变形程度

缩口的极限变形程度主要受失稳条件的限制，缩口变形程度用缩口系数 m 表示。

$$m = \frac{d}{D} \tag{5-18}$$

式中　d——缩口后直径（mm）；

D——缩口前直径（mm）。

缩口系数的大小与材料的力学性能、料厚、模具形式与表面质量、制件缩口端边缘情况及润滑条件等有关。表 5-6 所列为各种材料的缩口系数。

表 5-6　各种材料的缩口系数 m

材　　料	平均缩口系数 $m_{均}$			支承形式		
	材料厚度			无支承	外支承	内外支承
	~0.5	>0.5~1	>1			
铝	—	—	—	0.68~0.72	0.53~0.57	0.27~0.32
硬铝（退火）	—	—	—	0.73~0.80	0.60~0.63	0.35~0.40
硬铝（淬火）	—	—	—	0.75~0.80	0.63~0.72	0.40~0.43
软钢	0.85	0.75	0.65~0.7	0.70~0.75	0.55~0.60	0.3~0.35
黄铜 H62，H68	0.85	0.7~0.8	0.65~0.7	0.65~0.70	0.50~0.55	0.27~0.32

当工件需要进行多次缩口时，其各次缩口系数的计算为

首次缩口系数　　　　　　　　$m_1 = 0.9 m_{均}$　　　　　　　　　　　　　　　(5-19)

以后各次缩口系数　　　　　　$m_n = (1.05 \sim 1.10) m_{均}$　　　　　　　　　(5-20)

式中　$m_{均}$——平均缩口系数。

2. 缩口工艺计算

1）缩口坯料尺寸。缩口后，工件高度发生变化。对于不同形状的缩口零件，其计算方法也有所不同。各种形状零件的缩口前坯料展开方法见表 5-7。

2）缩口所需的压力。如图 5-22 所示，根据缩口成形时坯料所处的状态，分为无支承和有支承两类。

在无支承进行缩口时（图 5-22a），缩口力 F 可用下式进行计算

$$F = k\left[1.1\pi D t_0 \sigma_b \left(1 - \frac{d}{D}\right)(1 + \mu\cot\alpha)\frac{1}{\cos\alpha}\right] \tag{5-21}$$

在有支承进行缩口时（图 5-22b、c），缩口力 F 可用下式进行计算

$$F = k\left\{1.1\pi D t_0 \sigma_b \left(1 - \frac{d}{D}\right)(1 + \mu\cot\alpha)\frac{1}{\cos\alpha} + 1.82\sigma_b' t_1^2 \left[d + R_{凹}(1 - \cos\alpha)\right]\frac{1}{r_{凹}}\right\} \tag{5-22}$$

式中　t_0——缩口前料厚（mm）；

t_1——缩口后料厚（mm）；

D——缩口前直径（mm）；

d——工件缩口部分直径（mm）；

μ——工件与凹模间的摩擦因数；

σ_b——材料抗拉强度；

α——凹模圆锥半角；

k——速度系数，用普通压力机时，$k=1.15$；

$R_凹$——凹模圆角半径（mm）。

表 5-7　缩口坯料计算公式

简　图	计　算　公　式
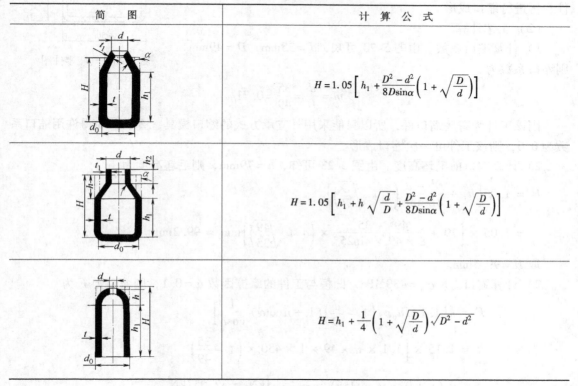	$$H=1.05\left[h_1+\frac{D^2-d^2}{8D\sin\alpha}\left(1+\sqrt{\frac{D}{d}}\right)\right]$$
	$$H=1.05\left[h_1+h\sqrt{\frac{d}{D}}+\frac{D^2-d^2}{8D\sin\alpha}\left(1+\sqrt{\frac{D}{d}}\right)\right]$$
	$$H=h_1+\frac{1}{4}\left(1+\sqrt{\frac{D}{d}}\right)\sqrt{D^2-d^2}$$

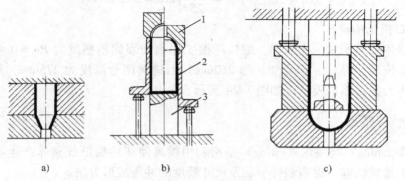

图 5-22　缩口模结构

a）无支承缩口成形　b）外支承缩口成形　c）内外支承缩口成形

1—凹模　2—外支承　3—下支承

3. 气瓶缩口模设计示例

工件名称：气瓶

生产批量：中批量

材料：08 钢

料厚：1mm

工件简图：如图 5-23 所示。

（1）工件工艺性分析

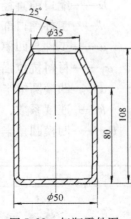

图 5-23 气瓶零件图

气瓶为带底的筒形缩口工件，可采用拉深工艺制成圆筒形件，再进行缩口成形。

（2）工艺计算

1）计算缩口系数。由图 5-23 可知，$d = 35\text{mm}$，$D = 49\text{mm}$，则缩口系数为

$$m = \frac{d}{D} = \frac{35}{49} = 0.71$$

因该工件为有底缩口件，所以只能采用外支承方式的缩口模具，查表 5-8 得许用缩口系数为 0.6，则该工件可一次缩口成形。

2）计算缩口前毛坯高度。由图 5-23 可知，$h = 79\text{mm}$，则毛坯高度为

$$H = 1.05 \left[h_1 + \frac{D^2 - d^2}{8D\sin\alpha} \left(1 + \sqrt{\frac{D}{d}} \right) \right]$$

$$= 1.05 \times \left[79 + \frac{49^2 - 35^2}{8 \times 49 \times \sin 25°} \times \left(1 + \sqrt{\frac{49}{35}} \right) \right] \text{mm} = 99.2\text{mm}$$

取 $H = 99.5\text{mm}$。

3）计算缩口力。$\sigma_b = 430\text{MPa}$，凹模与工件的摩擦因数 $\mu = 0.1$，则缩口力 F 为

$$F = k \left[1.1\pi D t_0 \sigma_b \left(1 - \frac{d}{D} \right) (1 + \mu\cot\alpha) \frac{1}{\cos\alpha} \right]$$

$$= 1.15 \times \left[1.1 \times \pi \times 49 \times 1 \times 430 \times \left(1 - \frac{35}{49} \right) \right.$$

$$\left. \times (1 + 0.1 \times \cot 25°) \times \frac{1}{\cos 25°} \right] \text{kN} = 32.057\text{kN}$$

（3）缩口模结构设计

缩口模采用外支承式一次成形，缩口凹模工作表面表面粗糙度为 $Ra = 0.4\mu\text{m}$，采用后侧导柱、导套模架，导柱、导套加长为 210mm。因模具闭合高度为 275mm，则选用 400kN 开式可倾式压力机。缩口模结构如图 5-24 所示。

5.1.5 校平与整形

校平（flattening）与整形（sizing）是指利用模具使坯件局部或整体产生不大的塑性变形，以消除平面度误差，提高制件形状及尺寸精度的冲压成形方法。

1. 校平与整形的工艺特点

校平与整形允许的变形量很小，因此必须使坯件的形状和尺寸与制件非常接近。校平和整形后制件精度较高，因而对模具成形部分的精度要求也相应提高。

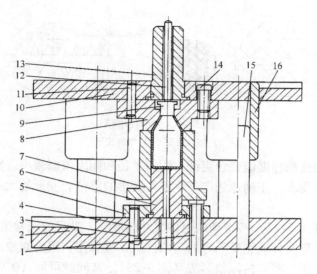

图 5-24 气瓶缩口模装配图

1—顶杆 2—下模座 3、14—螺钉 4、11—销钉 5—下固定板 6—垫板 7—外支撑套
8—凹模 9—口型凸模 10—上模座 12—打料杆 13—模柄 15—导柱 16—导套

校平与整形时，应使坯件内的应力、应变状态有利于减少卸载后由于材料的弹性变形而引起制件形状和尺寸的弹性恢复。

由于校平与整形需要在曲柄压力下死点进行，因此对设备的精度、刚度要求高，通常在专用的精压机上进行。若采用普通压力机，则必须设有过载保护装置，以防止设备损坏。

2. 校平

校平多用于冲裁件，以消除冲裁过程中拱弯造成的不平。对薄料、表面不允许有压痕的制件，一般采用平面校整模（图 5-25）。对较厚的普通制件，一般采用齿形校平模（图 5-26）所示。

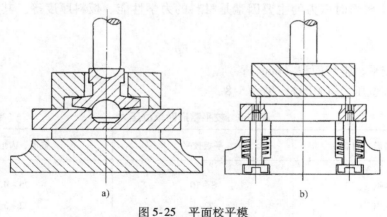

图 5-25 平面校平模

a）上模浮动式 b）下模浮动式

3. 整形

整形一般用于弯曲、拉深成形工序之后。整形模与一般成形模具相似，只是工作部分的

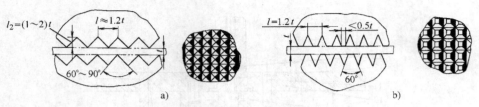

图 5-26　齿形校平模

a）细齿校平　b）粗齿校平

定形尺寸精度高，表面粗糙度值要求更低，圆角半径和间隙值都较小。整形时，必须根据制件形状的特点和精度要求，正确地选定产生塑性变形的部位、变形的大小和恰当的应力、应变状态。

弯曲件的镦校（图 5-27）所得到的制件尺寸精度高，是目前经常采用的一种校正方法。但是，对于带有孔的弯曲件或宽度不等的弯曲件，不宜采用，因为镦校时易使孔产生变形。

拉深件的整形采用负间隙拉深整形法（图 5-28），其间隙可取（0.90 ~ 0.95）t（t 为料厚）。可把整形工序与最后一道拉深工序结合成一道工序完成。

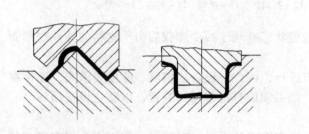

图 5-27　弯曲件的镦校

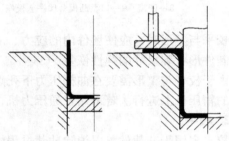

图 5-28　负间隙拉深整形法

4. 校平、整形力的计算

影响校平与整形时压力的主要因素是材料的力学性能、板料厚度等。其校平、整形力 P 为

$$P = Fp \tag{5-23}$$

式中　F——校平、整形面积（mm^2）；

p——单位压力（MPa），见表5-8。

表 5-8　校平整形时单位压力　　　　　　　　　（单位：MPa）

校平（整形）材料	平板校平	整形、齿形校平
软钢	8 ~ 10	25 ~ 40
软铝	2 ~ 4	2 ~ 5
硬铝	5 ~ 8	30 ~ 40
软黄铜	5 ~ 8	10 ~ 15
硬黄铜	8 ~ 10	50 ~ 60

5.1.6 压印

压印是将材料放在上、下模之间，在压力作用下使材料厚度发生变化，并将挤压处的材料充满在有起伏细纹的模具型腔凸、凹处，而在工件表面得到形状起伏鼓凸及字样或花纹的一种成形方法。如目前使用的硬币、纪念章等。

压印工作大多数在封闭的型腔内进行，以免金属受压后被挤出模外，如图 5-29 所示。而对于较大的压印工件，可利用敞开的模腔压制，如图 5-30 所示。

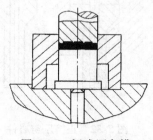

图 5-29　闭式压印模

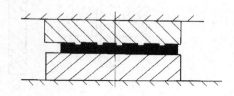

图 5-30　开式压印模

5.2　冷挤压

冷挤压是机械制造工艺中的少、无屑加工工艺之一。它是将冷挤压模具装在压力机上，利用压力机简单的往复运动，使金属在模腔内产生塑性变形，从而获得所需要的尺寸、形状及一定性能的机械零件。冷挤压是在室温条件下进行的，不需要对毛坯进行加热。冷挤压加工可以在冷挤压压力机上进行，也可以在普通机械压力机（冲床）、液压机、摩擦压力机或高速锤上进行。

5.2.1　冷挤压方法

1. 正挤压（forward- extrusion）

正挤压时，金属的流动方向与凸模的运动方向相同。图 5-31 所示是正挤压实心工件的情形，它的加工过程是：先将毛坯放在凹模内，凹模底部有一个大小与所制零件外径相同的孔，然后用凸模去挤压毛坯。在挤压时由于凸模压力的作用，使金属达到塑性状态，产生塑性流动，强迫金属从凹模的小孔中流出，从而制成所需要的零件。一般说来，正挤压可以制造各种形状的实心工件（采用实心毛坯），也可以制造各种形状的管子，如图 5-32 所示，和弹壳类零件——采用空心毛坯或杯形毛坯。

2. 反挤压（backward- extrusion）

反挤压时，金属的流动方向与凸模的运动方向相反。图 5-33 所示是反挤压空心杯形工件的情形，它的加工过程是：把扁平的毛坯放在凹模底上，凹模与凸模在半径方向上的间隙等于杯形零件的壁厚。当凸模向毛坯施加压力时，金属便沿凸模与凹模之间的间隙向上流动，从而制成所需要的空心杯形零件。

3. 复合挤压

复合挤压时，毛坯上一部分金属的流动方向与凸模的运动方向相同，而另一部分金属的流动方向则相反。图5-34所示为复合挤压工作的情况。用复合挤压的方法,可以制造各种带有突起的复杂形状的空心工件。

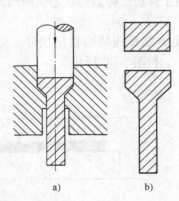

图 5-31 正挤压实心件
a) 挤压示意图 b) 毛坯与挤压零件

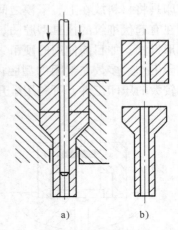

图 5-32 正挤压空心件
a) 挤压示意图 b) 毛坯与挤压零件

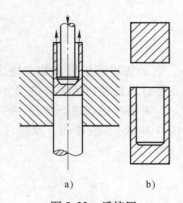

图 5-33 反挤压
a) 挤压示意图 b) 毛坯与挤压零件

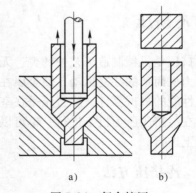

图 5-34 复合挤压
a) 挤压示意图 b) 毛坯与挤压零件

4. 径向挤压

径向挤压时,金属的流动方向与凸模的运动方向垂直,采用实心毛坯或管状毛坯挤压制成盘类零件或内壁有凸出要求的零件,如图5-35,图5-36所示。

5.2.2 采用冷挤压必须解决的主要问题

冷挤压时,为了使被挤压的材料产生塑性变形流动,模具须承受巨大的反作用力。为顺利实施冷挤压工艺,必须考虑和解决以下几方面的问题。

① 选用适合于冷挤压加工的材料。

② 采用正确、合理的冷挤压工艺方案。

③ 选用合理的毛坯软化热处理方案。

④ 采用合理的毛坯表面处理方法及选用最理想的润滑剂。

⑤ 设计并制造适合冷挤压特点的模具结构,保证成品达到所要求的质量,同时还应保证

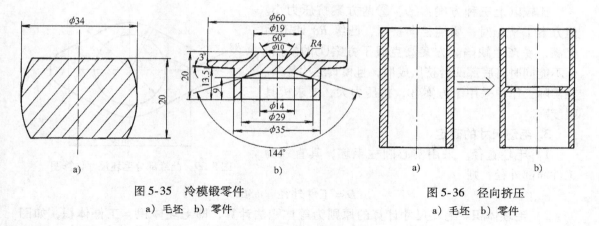

图 5-35 冷模锻零件
a) 毛坯 b) 零件

图 5-36 径向挤压
a) 毛坯 b) 零件

模具有较长的工作寿命、较高的生产率和安全可靠。

⑥ 选择合适的冷挤压模具材料及其加热方法。

⑦ 选择适合于冷挤压工艺特点的机器与设备。

5.2.3 冷挤压设计实例

冷挤压如图 5-37 所示大功率电容器外壳,材料为纯铝(1070A)。

1. 冷挤压工艺性分析

根据零件工作图结构形状分析,该零件不能用冷挤压成形的方法完全成形。2×φ3.5 孔应采用成形后再加工。φ31 阶梯孔不利于挤压成形,应后加工。将该零件改造成挤压成形形状如图 5-38。

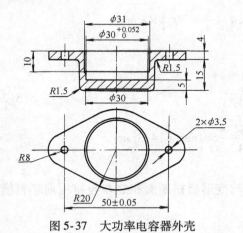

图 5-37 大功率电容器外壳

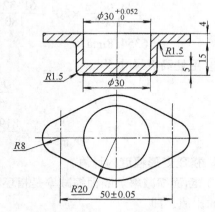

图 5-38 挤压成形形状

2. 冷挤压工艺方案的确定

图 5-38 工件的挤压成形方案可有以下几种。

① 采用圆柱毛坯,径向挤压成形凸缘部分,反挤压成筒部。

② 采用圆柱毛坯,预成形为杯形,正挤压达到工件要求。

③ 采用圆柱毛坯,复合挤压一次成形。

比较以上三种方案：①、②两方案挤压力小。但方案①挤压时，属纯径向挤压，凸缘 R8 处不易充满，易产生缺陷。方案②克服了方案①的缺点，但不能同时将底部凹台挤压成形，且模具结构复杂。在实际工作中采用了方案③，挤压力大，要求模具强度高。

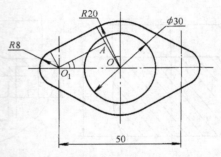

图 5-39　凸缘部分毛坯尺寸计算图

3. 毛坯尺寸的确定

1）毛坯直径。采用实心圆柱毛坯，其直径为工件筒部外径，则

$$D = 工件外径 = \phi 36$$

2）毛坯体积。毛坯尺寸计算的原则为等体积法计算，即毛坯体积 = 工件体积，如图 5-39 所示。

① 工件筒部体积

$$V_1 = (36^2 \times 15 - 30^2 \times 15)\frac{\pi}{4} \text{mm}^3 = 8194.5 \text{mm}^3$$

② 筒部凸缘部分体积（图 5-39）

$$\angle AO_1O = \arcsin\frac{12}{25} = 28.68°$$

$$AO_1 = \frac{12}{\tan 28.68°} = 21.9 \text{mm}$$

$$V_2 = \left\{ \left[\frac{1}{2}(12 \times 21.9) + 21.9 \times 8 \right. \right.$$

$$\left. \left. + \frac{28.68° \pi}{180°} \times 20^2 + \frac{61.32° \pi}{180°} \times 8^2 \right] \times 4 - \frac{\lambda}{4} \times 30^2 \right\} \times 4 \text{mm}^3$$

$$= 6354.8 \text{mm}^3$$

③ 毛坯高度尺寸 H

$$\frac{D^2 \pi}{4} H = V_1 + V_2 \tag{5-24}$$

$$H = \frac{V_1 + V_2}{D^2 \pi} \times 4 = \frac{8195.4 + 6354.2}{36^2 \times 3.14} \times 4 \text{mm} = 14.3 \text{mm}$$

4. 挤压变形程度的计算

1）断面缩减率。断面缩减率是指坯料挤压前与变形后横断面积之差与挤压前坯料横断面积的比值，即

$$\varepsilon_F = \frac{F_{坯} - F_{件}}{F_{坯}} \times 100\% \tag{5-25}$$

式中　ε_F——断面缩减率；

　　$F_{坯}$——变形前的坯料横断面积（mm^2）；

　　$F_{件}$——变形后的零件横断面积（mm^2）。

从上式可以看出，断面缩减率 ε_F 越大，表示冷挤压工序前后变形越大，反之则变形程度越小。

2）挤压比。挤压前后坯料断面面积之比称为挤压比 G，即

$$G = \frac{F_{坯}}{F_{件}} \tag{5-26}$$

3）对数挤压比。取挤压比的对数称为对数挤压比 φ，即

$$\varphi = \ln G = \ln \frac{F_{坯}}{F_{件}} \tag{5-27}$$

各种挤压方法变形程度的计算方法见表 5-9。

表 5-9　各种挤压方法变形程度的计算方法

挤压方式	工件形式	简　图	计　算　公　式		
			断面缩减率	挤压比	对数挤压比
正挤压	正挤压实心件	坯料	$\varepsilon_F = \dfrac{d_0^2 - d_1^2}{d_0^2} \times 100\%$	$G = \dfrac{d_0^2}{d_1^2}$	$\varphi = \ln \dfrac{d_0^2}{d_1^2}$
	正挤压空心件	坯料	$\varepsilon_F = \dfrac{d_0^2 - d_1^2}{d_0^2 - d_2^2} \times 100\%$	$G = \dfrac{d_0^2 - d_2^2}{d_1^2 - d_2^2}$	$\varphi = \ln \dfrac{d_0^2 - d_2^2}{d_1^2 - d_2^2}$
反挤压	反挤压筒形件	坯料	$\varepsilon_F = \dfrac{d_1^2}{d_0^2} \times 100\%$	$G = \dfrac{d_0^2}{d_0^2 - d_1^2}$	$\varphi = \ln \dfrac{d_0^2}{d_0^2 - d_1^2}$

本实例采用端面缩减率 ε_F 计算挤压变形程度。径向挤压部分的变形程度 ε_F 为

$$\varepsilon_F = \frac{F_0 - F_1}{F_0} \times 100\% = \frac{\dfrac{36^2 \pi}{4} - 2295.5}{\dfrac{36^2 \pi}{4}} \times 100\% = -56.1\%$$

F_1 的计算见毛坯计算部分；ε_F 为负值时说明挤压变形方向是离心的形式；反挤压部分的变形程度 ε'_F 为

$$\varepsilon'_F = \frac{F_0 - F_1}{F_0} \times 100\% = \frac{\dfrac{36^2 \pi}{4} - \left(\dfrac{36^2 \pi}{4} - \dfrac{30^2 \pi}{4}\right)}{\dfrac{36^2 \pi}{4}} \times 100\% = 69.4\%$$

由计算可知，该零件的挤压变形（$\varepsilon'_F > \varepsilon_F$）以反挤压变形为主。核算能否挤压成形可查表 5-10。

表 5-10　有色金属一次挤压的许用变形程度

金属名称	断面缩减率 ε_F（%）		备　注
铅、锡、锌、铝、防锈铝、无氧铜等软金属	正挤	95～99	低强度的金属取上限，高强度的金属取下限
	反挤	90～99	
硬铝、纯铜、黄铜、镁	正挤	90～95	
	反挤	75～90	

铝的反挤压一次挤压的许用变形程度［ε_F］ = 90%～99%，计算的 ε'_F = 69.4% ≪［ε_F］，故可一次挤压成形。

5. 冷挤压力的计算

冷挤压力的计算是设计模具结构，确定模具材料的重要依据。冷挤压力的大小受被挤压材料性能、变形程度的大小、挤压方式、模具几何形状和毛坯相对高度 H/D 的影响。实际工作中以查图表确定为主。

（1）有色金属单位挤压力 p 的确定

有色金属单位挤压力 p 应根据 ε'_F 和相对毛坯高度 H/D 确定。可查图 5-40 和图 5-41。

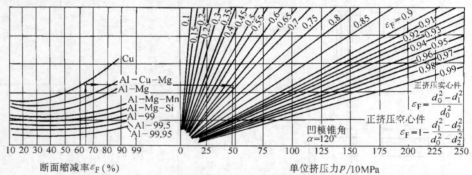

图 5-40　有色金属正挤压时单位挤压力计算图

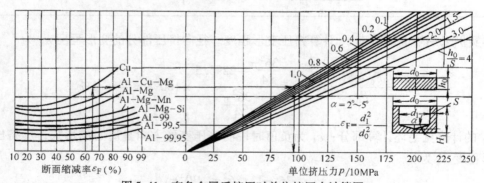

图 5-41　有色金属反挤压时单位挤压力计算图

有色金属单位挤压力 p 的查图步骤如下。

① 根据不同的挤压方式和计算的断面缩减率 ε_F，在图 5-40 或图 5-41 的对应图上确定

ε_F 的位置。

② 由 ε_F 点向上作垂线与被挤压材料曲线相交一点。

③ 由该点向右图作水平线与右图代表 ε_F 的斜线相交一点,在该点向下作垂线与横轴交点即为单位挤压力 p。

实例中零件的单位挤压力,根据 $\varepsilon'_F = 69.4\%$ 和 $h/d = 0.4$,查图 5-41 反挤压部分,查得 p 约为 300MPa。

(2) 黑色金属挤压力 p 的确定

黑色金属挤压力 p 的确定可查图 5-42 ~ 图 5-44。

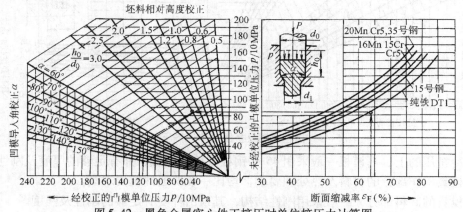

图 5-42 黑色金属实心件正挤压时单位挤压力计算图

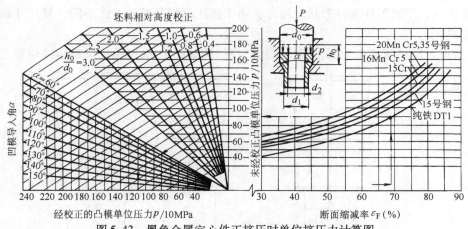

图 5-43 黑色金属空心件正挤压时单位挤压力计算图

6. 模具设计

(1) 冷挤压模具的特点

冷挤压模具的结构并不复杂,但由于冷挤压时单位挤压力很大,因此模具的强度、刚度及耐用度等方面均比一般冲模高。其主要特点如下。

1) 模具的工作部分与上、下底板之间一般都设有足够的支承面与足够厚度的淬硬垫板,以防止由于受力过大而被冲裂或使工作部分相对移动。

2) 模具的工作部分如凸模、凹模都采用光滑的圆角过渡,以防止由于应力集中而导致其本身的损坏。

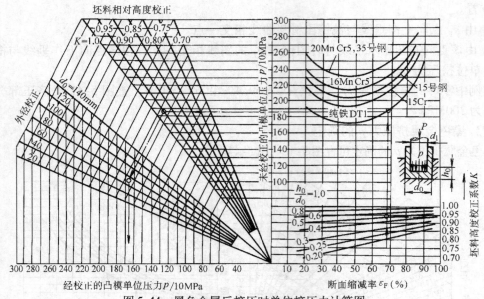

坯料相对高度校正

20MnCr5,35号钢

16MnCr5

15号钢

15Cr

纯铁DT1

图 5-44　黑色金属反挤压时单位挤压力计算图

3）冷挤压的上、下模板一般采用 45 号钢板或铸钢制成，并有足够的厚度及刚性。

4）模具工作部分的材料及热处理要求，均比一般普通冲模要求高。

5）模具的卸料部分，一般采用刚性结构，其顶出杆要有足够的刚性及强度。

（2）主要工作零件结构设计

冷挤压凸、凹模工件部分形状及尺寸，由于挤压材料及挤压方式不同，其尺寸确定方法也有所差异。

1）凸模。反挤压黑色金属常用反挤压凸模结构如图 5-45 所示。反挤压纯铝常用凸模结

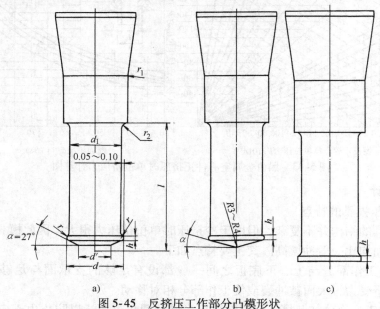

a)　　　　　　　b)　　　　　　c)

图 5-45　反挤压工作部分凸模形状

a）锥形带平底的凸模　b）尖角锥形凸模　c）平底凸模

构如图 5-46 所示。当挤压纯铝薄壁件，凸模工作部分长度较长时，为增加凸模的稳定性，可将凸模下端面开出工艺凹模槽，如图 5-47 所示。实例用凸模结构，根据工件特点和挤压工艺特点并考虑实际工作情况，设计成如图 5-48 所示的形状。

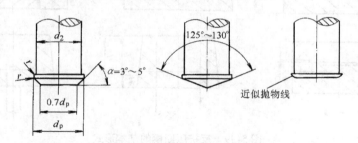

图 5-46　有色金属反挤压凸模

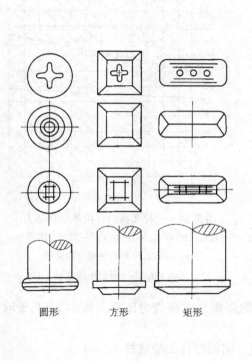

图 5-47　凸模工作端面工艺凹槽的形状

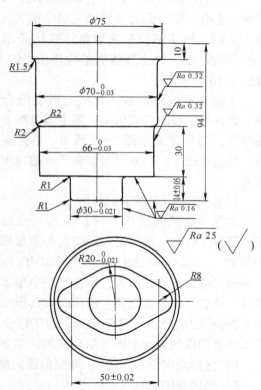

材料：Cr12MoV；热处理 60 ~ 64HRC

图 5-48　挤压凸模

2）凹模。反挤压常用凹模结构如图 5-49 所示。

$$h = h_0 + r + R_d + (2 \sim 3) \tag{5-28}$$

式中　h_0——毛坯高度。

$$H = (2.5 \sim 4.0)h$$

$$R_d = 2 \sim 3$$

$$r = (0.1 \sim 0.2)D_a > 0.5$$

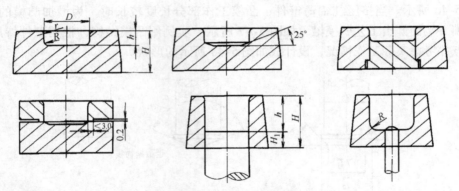

图 5-49 反挤压凹模的基本形式

凹模的结构总体可分为整体式和预应力组合凹模。组合凹模可分为两层和三层结构式。在实际工作时，挤压凹模是选取整体式还是组合式（是两层或三层），主要依据单位挤压力的大小，如图 5-50 所示。

Ⅰ区为整体式区域，Ⅱ区为两层组合式区域，Ⅲ区为三层组合式区域。图中横坐标 a 为总直径比，符号含义如图 5-46 所示。根据实践经验，总直径比 $a = 4 \sim 6$ 时对提高凹模的强度比较显著。

（3）实例用凹模结构设计

本实例是径向挤压和反挤压的复合加工工序。模具工作时，凸模进入凹模后必须形成封闭的模腔。本实例单位挤压力为 300MPa，按图 5-50 确定应为整体式凹模，但在生产中整体式凹模极易开裂，这主要是复合挤压时模具形成封闭

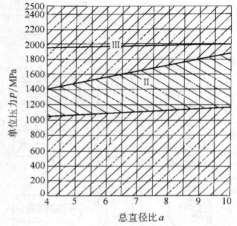

图 5-50 三种凹模的许用单位挤压力

总直径比 a：$a_{41} = d_4/d_1$（对三层组合凹模）

$a_{31} = d_3/d_1$（对两层组合凹模）

$a_{21} = d_2/d_1$（对整体式凹模）

的型腔挤压力远远大于查表数值，故实际设计为两层组合式预应力凹模。如图 5-51 所示预应力组合凹模的设计步骤（结合实例）如下。

1）选择确定总直径比 a。根据前面的推荐值，实例组合凹模选择 $a_{31} = 4$。

2）确定各图的直径。

① 外圆外径 d_3，由步骤 1），已知 $a_{31} = 4$。

$$a_{31} = \frac{d_3}{d_1} = 4$$

$$d_3 = a_{31}d_1 = 4 \times 66\text{mm} = 264\text{mm}$$

d_3 取 260mm

② 内圆半径 d_2

$$d_2 = a_{21} \times d_1$$

a_{21} 根据 a_{31} 的取值，查图 5-52。

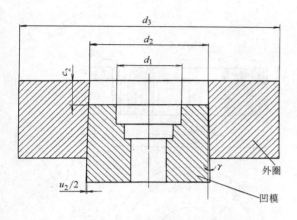

图 5-51　实用两层组合凹模结构

c_2—轴向过盈量　u_2—径向过盈量

γ—装配斜角　取 $\gamma = 0.5°$

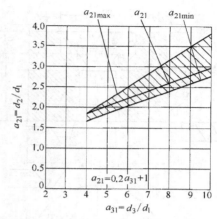

图 5-52　两层组合
凹模的 a_{31} 与 a_{21} 的关系

由图 5-52，取 $a_{21} = 1.8$

$$d_2 = a_{21} \times d_1 = 1.8 \times 66\text{mm} = 118.8\text{mm}$$

取 $d_2 = 120\text{mm}$

$$u_2 = \beta_2 d_2 \qquad c_2 = \delta_2 d_2$$

3）确定组合凹模的轴向、径向过盈量 c_2 和 u_2。β_2、δ_2 为过盈量系数，可由图 5-53 和图 5-54 查得

$$\beta_2 = 0.008 \qquad \delta_2 = 0.16$$

则　　$u_2 = \beta_2 d_2 = 0.008 \times 120\text{mm} = 0.96\text{mm}$

　　　$c_2 = \delta_2 d_2 = 0.16 \times 120\text{mm} = 19.2\text{mm}$

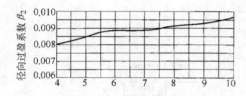

图 5-53　两层组合凹模径向过盈系数 β_2

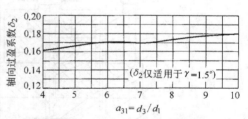

图 5-54　两层组合凹模轴向过盈系数 δ_2

4）确定凹模各图结构尺寸。在制造时，将过盈量加在外圈内径上。凹模内圈尺寸由前面计算 a_2 取 120mm，结构尺寸小端取 120mm，因装配压合的需要取 1.5°斜度。大端直径为 124.2mm。外圈内径 $D_2 = (124.2 - 0.96)\text{mm} = 123.6\text{mm}$。其他结构尺寸见凹模工作图5-55 和外圈工作图 5-56 所示。

（4）模具结构

顶件块如图 5-57 所示。

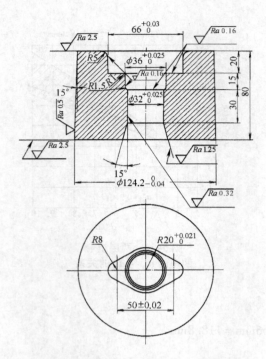

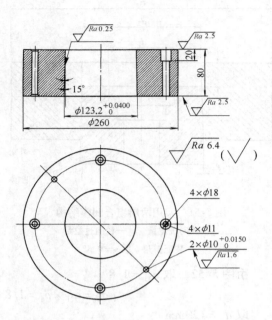

材料：Cr12MoV；热处理：58~62HRC

图 5-55　凹模内圈零件图

材料：40Cr；热处理：45~47HRC

图 5-56　组合凹模外圈

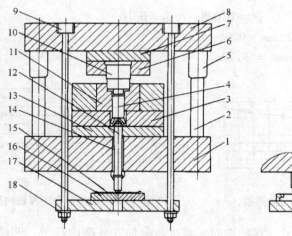

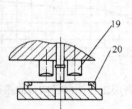

图 5-57　冷挤压模具总装图

1—下模座　2—导柱　3—空心垫板　4—顶件块　5—导套　6—凸模固定板　7、13—垫板　8—上模座　9—拉杆
10—凸模　11—组合凹模内圈　12—顶杆　14、15—弹簧　16—防滑垫　17—拉板　18—垫圈　19—螺栓　20—限位柱

第6章 塑料与塑料成型工艺

6.1 塑料及塑料制品

1. 塑料及其分类

塑料是指以高分子合成树脂为主要成分，在一定的温度、压力等条件下具有可塑性和流动性，可利用模具成型的一类有机合成材料。

根据组成成分的不同，塑料可分为简单组分塑料和复杂组分塑料。简单组分塑料仅在合成树脂中加入少量的着色剂、润滑剂等助剂，如聚甲基丙烯酸甲酯（有机玻璃）、聚苯乙烯等，或仅是某种单一的合成树脂，如聚四氟乙烯。复杂组分塑料除了合成树脂外，为改变塑料的性能还加入了若干添加剂，如填料、增塑剂、稳定剂和固化剂等。

根据受热特性，塑料可分为热塑性塑料和热固性塑料。热塑性塑料是指在特定的温度范围内能反复加热软化熔融、冷却硬化定型的塑料。这类塑料的树脂分子常为线型或支链型结构，在成型加工时一般只有物理变化而无化学变化。常用的热塑性塑料有聚乙烯、聚氯乙烯、聚苯乙烯、聚丙烯、ABS、聚酰胺、聚甲醛、聚碳酸酯、聚苯醚、聚砜、氯化聚醚、聚甲基丙烯酸甲酯和氟塑料等。热固性塑料是指在初次受热到一定温度时能软化熔融，可塑制成型，继续加热或加入固化剂后即硬化定型的塑料。这类塑料的树脂分子最初也是线型结构，成型加工时由于受热或受到固化剂的作用，分子链之间产生化学键结合，即发生交联反应，分子结构逐渐转化为网型结构，最终转变为体型结构。热固性塑料在成型过程中，既有物理变化，又有化学变化，成型后再次加热时不会再度软化熔融。常用的热固性塑料有酚醛塑料、环氧树脂、氨基塑料、有机硅塑料等。

2. 塑料的特性和应用

塑料有以下主要特性。

① 密度小，质量轻。塑料的密度一般在 $(0.9 \sim 2.3) \times 10^3 kg/m^3$，约为铝的 $1/2$，钢的 $1/3$。

② 化学稳定性高。某些塑料的耐腐蚀性优异。

③ 一般塑料都有良好的电绝缘性。有些塑料具有优良的光、电、声、磁特性。

④ 大部分塑料的摩擦因数低，有些塑料有很好的自润滑性能。

⑤ 塑料的来源丰富，价格低廉，可以使用高效率的工艺方法进行成型加工。

塑料的这些优异特性使其在许多领域得到了广泛的应用，例如：在各种产品中用塑料制造结构零件，能够全面减轻产品自重；在机械装置中制造轴承和传动零件，能降低磨损和噪声；在电气产品中用作绝缘材料；在化工装备中用于制造各种耐腐蚀零、部件等。

3. 塑料制品

塑料制品一般可以分为塑件、塑料型材和其他塑料制品三类。

塑件是指具有特定的使用功能和结构形状，成型后一般不需加工或只作少量修饰加工就能投入使用的塑料制品，它是一种最常见的塑料制品。

塑料型材是指按一定的截面形状和尺寸规格成型加工后供应市场，用户在使用时一般还需作切割或其他加工的一类定尺塑料制品。常用的塑料型材有实心型材、管类型材、异形截面型材和共挤复合型材四类。

除了塑件和塑料型材外，还有一些其他塑料制品。例如：塑料丝、绳、网；塑料纤维及其纺织物；塑料薄膜及其制品，如塑料袋、胶粘带；玻璃钢（玻璃纤维增强塑料）制品。

我国常用塑料品种的性能及用途分别见表 6-1 和表 6-2。

表 6-1　常用热塑性塑料的性能及用途

塑料名称	基本特性	主要用途	成型特点
聚乙烯 （PE）	聚乙烯树脂无毒、无味，呈白色或乳白色，是柔软、半透明的大理石状粒料，为结晶型塑料。密度为 0.19~0.96g/cm³ 时，有一定的机械强度，但和其他塑料相比机械强度低，表面硬度差。聚乙烯的绝缘性能优异，且介电性能与温度、湿度无关，是最理想的高频绝缘材料。常温下聚乙烯不溶于任何一种已知的溶剂，并耐稀硫酸、稀硝酸和任何浓度的其他酸及各种浓度的碱、盐溶液。一般高压聚乙烯的使用温度约为80℃，低压聚乙烯为100℃左右。聚乙烯能耐寒，在 -60℃时仍有较好的力学性能，-70℃时仍有一定的柔软性	低压聚乙烯可用于制造塑料管、塑料板、塑料绳以及承载能力不高的零件，如齿轮、轴承等；中压聚乙烯最适宜的成型方法有高速吹塑成型，可制造瓶类、包装用的薄膜以及各种注射成型制品和旋转成型制品，也可用作电线电缆；高压聚乙烯常用于制作塑料薄膜（理想的包装材料）、软管、塑料瓶以及电气工业的绝缘零件和包覆电缆外皮等	聚乙烯的成型收缩率范围及收缩值大，易产生缩孔；在流动方向与垂直方向上的收缩差异较大，方向性明显，易产生变形、翘曲，并使塑件浇口周围部位的脆性增加；应控制模温，保持冷却均匀、稳定；冷却速度慢，必须充分冷却，模具要设有冷却系统；流动性好且对压力变化敏感，宜用高压注射，料温均匀，填充速度应快，保压充分。质软易脱模，塑件有浅的侧凹槽时可强行脱模
聚丙烯 （PP）	聚丙烯无色、无味、无毒。外观似聚乙烯，但比聚乙烯更透明。密度仅为 0.90~0.91g/cm³。它不吸水，光泽好，易着色。定向拉伸后聚丙烯可制作铰链，有特别高的抗弯曲、疲劳强度。聚丙烯熔点为 164~170℃，耐热性好，能在100℃以上的温度下进行消毒灭菌，其最高使用温度可达150℃；最低使用温度为 -15℃，低于 -35℃时会脆裂。因不吸水，聚丙烯的绝缘性能不受湿度的影响。但在氧、热、光的作用下极易降解、老化，所以必须加入防老化剂	聚丙烯可用作各种机械零件，如法兰、接头、泵叶轮、汽车零件和自行车零件。还可用作水、蒸气、各种酸碱物质等的输送管道以及化工容器的衬里、表面涂层。可制造盖和本体合一的箱壳，各种绝缘零件，并可用于医药工业中	成型收缩范围大，易发生缩孔、凹痕及变形；聚丙烯热容量大，注射成型模具必须设计能充分进行冷却的冷却回路；聚丙烯成型的适宜模温为80℃左右，不可低于50℃，否则会造成成型塑件表面光泽差或产生熔接痕等缺陷。但温度过高会产生翘曲现象
聚氯乙烯 （PVC）	聚氯乙烯是世界上产量最大的塑料品种之一。聚氯乙烯树脂为白色或浅黄色粉末，形同面粉，造粒后为透明块状。纯聚氯乙烯的密度为1.49g/cm³，加入了增塑剂和填料等的聚氯乙烯塑件的密度一般在1.15~2.00g/cm³范围内。总的来说，聚氯乙烯有较好的电气绝缘性能。其使用温度一般在 -15~55℃之间	由于聚氯乙烯的化学稳定性高，所以可用于防腐管道、管件、输油管、离心泵、鼓风机等。聚氯乙烯的硬板广泛用于化学工业上制作各种储槽的衬里、建筑物的瓦楞板、门窗结构、墙壁装饰物等建筑用材。由于电气绝缘性能优良而在电气、电子工业中，用于制造插座、插头、开关、电缆。在日常生活中，用于制造凉鞋、雨衣、玩具以及人造革等	聚氯乙烯的流动性差，过热时容易分解放出氯化氢。所以聚氯乙烯中必须加入稳定剂和润滑剂，并严格控制成型温度及熔料的滞留时间；成型温度范围小，必须严格控制料温，模具应有冷却装置；因为聚氯乙烯的耐热性和导热性不好，所以不能用一般的注射成型机成型，用一般的注射机时需将料筒内的物料温度加热到166~193℃，但这样做会引起热分解，因此应使用带预塑化装置的螺杆式注射机；模具浇注系统应粗短，进料口截面宜大；模具应有冷却装置，型腔表面要镀铬

148

塑料名称	基本特性	主要用途	成型特点
聚苯乙烯（PS）	聚苯乙烯无色透明、有光泽、无毒无味，落地时发出清脆的金属声，密度为 1.054g/cm³。聚苯乙烯有优良的电性能和一定的化学稳定性，能耐碱、硫酸、磷酸、10%~30%的盐酸、稀醋酸及其他有机酸，但不耐硝酸及氧化剂；对水、乙醇、汽油、植物油及各种盐溶液也有足够的抗蚀能力。聚苯乙烯能溶于苯、甲苯、四氯化碳、氯仿、酮类和脂类等。聚苯乙烯的着色性能优良，能染成各种鲜艳的色彩；但耐热性低，热变形温度一般为70~98℃，只能在不高的温度下使用	聚苯乙烯在工业方面用作仪表外壳、灯罩、化学仪器零件、透明模型等。在电气方面用作良好的绝缘材料、接线盒、电池盒等。在日用品方面广泛用于包装材料、各种容器、玩具等	聚苯乙烯性脆易裂，易出现裂纹，因此成型塑件的脱模斜度不宜过小，顶出要均匀；由于聚苯乙烯的热膨胀系数高，塑件中不宜有嵌件，同时塑件壁厚应均匀，否则会因热膨胀系数相差太大而导致开裂；流动性优良，且模具中大多采用点浇口形式，所以应注意模具间隙，防止飞边。宜用高料温、高模温、低注射压力成型并延长注射时间，以防止缩孔及变形，降低内应力；但料温过高，容易出现银丝；料温低或脱模剂多，则易使塑件的透明性差
丙烯腈-丁二烯-苯乙烯共聚物（ABS）	ABS是由丙烯腈、丁二烯、苯乙烯三种单体共聚而成的。ABS价格便宜，原料易得，是目前产量最大、应用范围最广的工程塑料之一。ABS无毒、无味，呈微黄色，成型的塑件有较好的光泽、不透明，密度为 1.02~1.05 g/cm³。ABS既有极好的抗冲击强度（且在低温下也不迅速下降），又有良好的机械强度和一定的耐磨性、耐寒性、耐油性、耐水性、化学稳定性和电气性能。其缺点是耐热性不高，连续工作温度为70℃左右，热变形温度约为93℃	ABS在机械工业上用来制造齿轮、泵叶轮、轴承、把手、管道、电机外壳、仪表壳、仪表盘、水箱外壳、蓄电池槽、冷藏库和冰箱衬里等。汽车工业上用ABS制造汽车挡泥板、扶手、热空气调节导管、加热器等，还可用ABS夹层板制小轿车车身。ABS还可用来制作电器零件及壳体、文教体育用品、玩具、食品包装容器、农药喷雾器及家具等	ABS易吸水，使成型塑件表面出现斑痕、云纹等缺陷。因此，成型加工前应进行干燥处理；ABS在升温时黏度增高，黏度对剪切速率的依赖性很强，因此模具设计中大都采用点浇口形式，成型压力较高，塑件上的脱模斜度宜稍大；易产生熔接痕，模具设计时应注意尽量减小浇注系统对料流的阻力；在正常的成型条件下，壁厚、熔料温度对收缩率影响极小。要求塑件精度高时，模具温度可控制在50~60℃；要求塑件光泽和耐热时，模具温度应控制在60~80℃。ABS比热容低，塑化效率高，凝固也快，故成型周期短
聚甲基丙烯酸甲酯（PMMA）	聚甲基丙烯酸甲酯俗称有机玻璃，是一种透明塑料，具有高度的透明性和优异的透光性，透光率达92%，优于普通硅玻璃。有机玻璃可制成棒、管、板等型材，也可制成粉状物，供模塑成型加工。有机玻璃轻而坚韧，密度为1.18g/cm³，比普通硅玻璃轻一半，机械强度为普通硅玻璃的10倍以上。它容易着色，有较好的电气绝缘性能。化学性能稳定，能耐一般的化学腐蚀，也能溶于芳烃、氯代烃等有机溶剂。在一般条件下尺寸较稳定。其最大缺点是表面硬度低，容易被硬物擦伤拉毛	主要用于制造要求具有一定透明度和强度的防震、防爆和观察等方面的零件，如飞机和汽车的窗玻璃、飞机罩盖、油杯、光学镜片、透明模型、透明管道、车灯灯罩、油标及各种仪器零件，也可用作绝缘材料、广告铭牌等	为了防止塑件产生气泡、混浊、银丝和发黄等缺陷，影响塑件质量，原料在成型前要很好地干燥；为了得到良好的外观质量，防止塑件表面出现流动痕迹、熔接痕和气泡等不良现象，一般采用尽可能低的注射速度；模具浇注系统对料流的阻力应尽可能小，并应制作出足够的脱模斜度

塑料名称	基本特性	主要用途	成型特点
聚酰胺 （PA）	聚酰胺俗称尼龙。尼龙是含有酰胺基的线型热塑性树脂，尼龙是这一类塑料的总称。根据所用原料的不同，常见的尼龙品种有尼龙 1010、尼龙 610、尼龙 66、尼龙 6、尼龙 9、尼龙 11 等。尼龙有优良的力学性能，抗拉、抗压、耐磨。其抗冲击强度比一般塑料有显著提高，其中尼龙 6 更优。作为机械零件材料，表面硬度很大，摩擦系数小，故具有十分突出的耐磨性和自润滑性能，它的耐磨性高于一般用作轴承材料的铜、铜合金、普通钢等，同时尼龙还具有良好的消音效果。尼龙耐碱、弱酸，但强酸和氧化剂能腐蚀尼龙。尼龙本身无毒、无味、不霉烂。其热稳定性较差，一般只能在 80～100℃以下的温度使用	由于尼龙有较好的力学性能，被广泛地应用在工业上制作各种机械、化学和电气零件，如轴承、齿轮、滚子、辊轴、滑轮、泵叶轮、风扇叶片、蜗轮、高压密封扣圈、垫片、阀座、输油管、储油容器、绳索、传动带、电池箱、电器线圈等零件	尼龙吸水性强，常常因吸水而引起尺寸变化，成型加工前必须进行干燥处理，成型后要进行调湿处理；尼龙的热稳定性差，干燥时最好采用真空干燥法；尼龙成型收缩范围及收缩率大，方向性明显，壁厚和浇口厚度对成型收缩影响很大，所以塑件壁厚要均匀，防止产生缩孔、凹痕、变形，一模多件时，应注意使浇口厚度均匀化；成型时要排除的热量多，模具上应设计冷却均匀的冷却回路；熔融状态的尼龙热稳定性较差，易发生降解使塑件性能下降，因此不允许尼龙在高温料筒内停留时间过长。熔融黏度低、流动性良好，容易产生飞边，故模具必须选用最小间隙
聚甲醛 （POM）	聚甲醛是继尼龙之后发展起来的一种性能优良的热塑性工程塑料。其性能不亚于尼龙，而价格却比尼龙低。聚甲醛表面硬而滑，呈淡黄色或白色，薄壁部分呈半透明。有较高的抗拉、抗压性能和突出的耐疲劳强度，特别适合于作长时间反复承受外力的齿轮材料。聚甲醛尺寸稳定、吸水率小，具有优良的减摩、耐磨性能。能耐扭变，有突出的回弹能力，可用于制造塑料弹簧制品。常温下一般不溶于有机溶剂，能耐醛、酯、醚、烃及弱酸、弱碱，耐汽油及润滑油性能也很好，但不耐强酸。有较好的电气绝缘性能。其缺点是成型收缩率大，在成型温度下的热稳定性较差	甲醛特别适合于制作轴承、凸轮、滚轮、辊子、齿轮等耐磨传动零件，还可用于制造汽车仪表板、化油器、各种仪器外壳、罩盖、箱体、化工容器、泵叶轮、鼓风机叶片、配电盘、线圈座、各种输油管、塑料弹簧等	聚甲醛成型收缩率大。熔点明显（153～160℃），熔体黏度低，黏度随温度变化不大，在熔点上下聚甲醛的熔融或凝固十分迅速，熔融速度快有利于成型，缩短成型周期，但凝固速度快会使熔料结晶速度快，塑件容易产生熔接痕等缺陷。所以，注射速度要快，注射压力不宜过高；聚甲醛摩擦因数低、弹性高，浅侧凹槽可采用强制脱出，塑件表面可带有皱纹花样；聚甲醛热稳定性差，加工温度范围窄，所以要严格控制成型温度，以免引起温度过高或在允许温度下长时间受热而引起分解；冷却凝固时要排除热量多，因此模具上应设计均匀冷却的冷却回路
聚碳酸酯 （PC）	聚碳酸酯是一种性能优良的热塑性工程塑料，它在工程技术中的应用广泛，仅次于聚酰胺。密度为 1.20 g/cm³，本色微黄，加点淡蓝色后，得到无色透明塑件，可见光的透光率接近 90%。它韧而刚，抗冲击性在热塑性塑料中名列前茅。抗蠕变、耐磨、耐热、耐寒。脆化温度在 -100℃以下，长期工作温度达 120℃。聚碳酸酯吸水率较低，并能在较宽的温度范围内保持较好的电性能	在机械上主要用作各种齿轮、蜗轮、蜗杆、齿条、凸轮、心轴、轴承、滑轮、铰链、螺母、垫圈、泵叶轮、灯罩、节流阀、润滑油输油管、各种外壳、盖板、容器、冷冻和冷却装置零件等。在电气方面，用作电机零件、电话交换器零件、信号用继电器、风扇部件、拨号盘、仪表壳、接线板等	聚碳酸酯虽然吸水性小，但高温时对水分比较敏感，所以加工前必须进行干燥处理，否则会出现银丝、气泡及强度下降现象；聚碳酸酯熔融温度高，熔融黏度大，流动性差，所以，成型时要求有较高的温度和压力，且其熔融黏度对温度比较敏感，所以一般用提高温度的办法来增加融熔塑料的流动性。当冷却速度较快时，其制品容易产生内应力。聚碳酸酯成型收缩小，容易得到精度高的零件。 　　聚碳酸酯可采用注射、挤出、吹塑、真空成型等方法生产塑料制品。注射成型时，浇注系统尺寸应粗大。其制品还应进行退火处理

塑料名称	基本特性	主要用途	成型特点
聚砜 （PSU）	又称聚苯醚砜。呈透明而微带琥珀色，也有的是象牙色的不透明体。具有突出的耐热、耐氧化性能，可在 -100~150℃的范围内长期使用，热变形温度为174℃，有很高的力学性能，其抗蠕变性能比聚碳酸酯还好。还有很好的刚性。其介电性能优良，即使在水和蒸汽中或190℃的高温下，仍保持高的介电性能。聚砜具有较好的化学稳定性，在无机酸、碱的水溶液、醇、脂肪烃中不受影响，但对酮类、氯化烃不稳定，不宜在沸水中长期使用。其尺寸稳定性较好，还能进行一般机械加工和电镀。但其耐气候性较差	聚砜可用于制造精密公差、热稳定性、刚性及良好电绝缘性的电气和电子零件，如断路元件、恒温容器、开关、绝缘电刷、电视机元件、整流器插座、线圈骨架、仪器仪表零件等；可制造需要具备热性能好、耐化学性、持久性、刚性好的零件，如转向柱轴环、电动机罩、飞机导管、电池箱、汽车零件、齿轮、凸轮等	塑件易发生银丝、云母斑、气泡甚至开裂，因此加工前原料应充分干燥；聚砜熔融料流动性差，对温度变化敏感，冷却速度快，所以模具浇口的阻力要小，模具需加热；成型性能与聚碳酸酯相似，但热稳定性比聚碳酸酯差，可能发生熔融破裂；聚砜为非结晶型塑料，因而收缩率较小
聚苯醚 （PPO）	聚苯醚全称为聚二甲基苯醚。这种塑料造粒后呈琥珀色透明的热塑性工程塑料，硬而韧。硬度较尼龙、聚甲醛、聚碳酸酯高。蠕变小，有较好的耐磨性能。使用温度范围宽，长期使用温度为 -127~121℃，脆化温度很低达 -170℃，无载荷条件下的间断使用温度高达205℃。电绝缘性能优良。耐稀酸、稀碱、盐。耐水及蒸汽性能特别优良。吸水性小，在沸水中煮沸仍具有尺寸稳定性，且耐污染、无毒。缺点是塑件内应力大，易开裂，熔融黏度大，流动性差，疲劳强度较低	聚苯醚可用于制造在较高温度下工作的齿轮、轴承、运输机械零件、泵叶轮、鼓风机叶片、水泵零件、化工用管道及各种紧固件、连接件等。还可用于线圈架、高频印制电路板、电机转子、机壳及外科手术用具、食具等需要进行反复蒸煮消毒的器件	流动性差，模具上应加粗浇道直径，尽量缩短浇道长度，充分抛光浇口及浇道；为避免塑件出现银丝和气泡，成型加工前应对塑料进行充分的干燥；宜用高料温、高模温、高压、高速注射成型，保压及冷却时间不宜太长；为消除塑料的内应力，防止开裂，应对塑件进行退火处理
氯化聚醚 （CPT）	氯化聚醚是一种有突出化学稳定性的热塑性工程塑料，对多种酸、碱和溶剂有良好的抗腐蚀性，化学稳定性仅次于聚四氟乙烯（塑料王），而价格比聚四氟乙烯低廉。其耐热性能好，能在120℃下长期使用，抗氧化性能比尼龙高。其耐磨、减摩性比尼龙、聚甲醛还好，吸水率只有 0.01%，是工程塑料中吸水率最小的一种。具有较好的电气绝缘性能，特别是在潮湿状态下的介电性能优异	机械上可用于制造轴承、轴承保持器、导轨、齿轮、凸轮、轴套等。在化工方面，可作防腐涂层、储槽、容器、化工管道、耐酸泵件、阀和窥镜等	塑件内应力小，成型收缩率小，尺寸稳定性好，宜制成精度高、形状复杂、多嵌件的中小型塑件；吸水性小，加工前必须进行干燥处理；模温对塑件影响显著，模温高，塑件抗拉、抗弯、抗压强度均有一定提高，坚硬而不透明，但冲击强度及伸长率下降；成型时有微量氯化氢等腐蚀气体放出

表 6-2　常用热固性塑料的性能及用途

塑料名称	基本特性	主要用途	成型特点
酚醛塑料（PF）	硬化后的酚醛树脂耐矿物油、硫酸、盐酸的作用，但不耐强酸、强碱及硝酸。酚醛树脂本身很脆，呈琥珀玻璃态，表面硬度高，刚度大，尺寸稳定，耐热性好，能在 150～200℃ 的温度范围内长期使用，在 250℃ 以下长期加热只会稍微焦化，所以即使在高温下使用也不软化变形，仅在表面发生烧焦现象。它在水润滑条件下具有很小的摩擦因数。其电绝缘性能优良。酚醛树脂具有很高的黏结能力，有利于制成多种酚醛塑料，也是一种重要的黏结剂。因酚醛树脂很脆，冲击强度差，必须加入各种纤维或粉末状填料后才能获得具有一定性能要求的酚醛塑料	布质及玻璃布酚醛层压塑料可用于制造齿轮、轴瓦、导向轮、无声齿轮、轴承及用于电工结构材料和电气绝缘材料；木质层压塑料适用于制作水润滑冷却下的轴承及齿轮等；石棉布层压塑料主要用于高温下工作的零件。酚醛纤维状压塑料可以加热模压成各种复杂的机械零件和电器零件，具有优良的电气绝缘性能、耐热、耐水、耐磨，可制作各种线圈架、接线板、电动工具外壳、风扇叶片、耐酸泵叶轮、齿轮和凸轮等	酚醛塑料特别适用于压缩成型，还可采用挤出、层压、注射等方法生产塑料制品；成型性能好，但应注意预热和排气，以去除塑料中的水分和挥发物以及固化过程中产生的水、氨等副产物。模温对酚醛塑料的流动性影响较大，一般当温度超过 160℃ 时流动性迅速下降。在硬化时放出大量热，厚壁大塑件内部温度易过高，发生硬化不匀及过热现象
环氧树脂（EP）	环氧树脂是含有环氧基的高分子化合物。未固化之前，是线型的热塑性树脂。只有在加入固化剂（如胺类和酸酐等），交联成不熔的体型高聚物之后，才有作为塑料的实用价值。环氧树脂种类繁多，应用广泛，有许多优良的性能，其最突出的特点是黏结能力很强，是人们熟悉的“万能胶”的主要成分。此外，还耐化学药品、耐热，电气绝缘性能良好，收缩率小，尺寸稳定。与酚醛树脂相比有较好的力学性能。其缺点是耐气候性差、耐冲击性低，质地脆	环氧树脂可用作金属和非金属材料的黏合剂，用于封装各种电子元件。用环氧树脂配以石英粉等可用来浇铸各种模具。还可以作为各种产品的防腐涂料	环氧树脂可涂覆、浇铸、层压、压制和压注等成型方法生产制品。环氧树脂的流动性好，硬化速度快，收缩率小，固化速度快；因为环氧树脂热刚性差，硬化收缩小，难于脱模，所以用于浇铸时，在浇铸前应加脱模剂。硬化时不析出任何副产物，成型时不需排气
氨基塑料	氨基塑料主要由以下两种： （1）脲甲醛塑料（UF） 脲甲醛塑料是脲甲醛树脂和漂白纸浆等制成的压塑粉。具有优良的电绝缘性和耐电弧性，表面硬度较高，着色性好，可染成各种鲜艳的色彩，外观光亮、透明如玉，故又称电玉。耐矿物油、耐霉菌的作用，但耐水性较差，在水中长期浸泡后电气绝缘性能下降。 （2）三聚氰胺-甲醛塑料（MF） 由三聚氰胺-甲醛树脂与石棉滑石粉等制成。其耐水性好，电性能优良，耐热性好，采用矿物填料可在 150～200℃ 的温度范围内长期使用，能耐沸水而且耐茶、咖啡等污染性强的物质。能像陶瓷一样方便地去掉茶渍一类的污染物，且有质量小、不易碎的特点	（1）脲甲醛塑料大量用于压制日用品及电气照明设备的零件、电话机、收音机、钟表外壳、开关插座及电气绝缘零件，还可作为木材胶合剂，制造胶合板和层压塑料。 （2）三聚氰胺-甲醛塑料主要用作餐具、航空茶杯及电器开关、灭弧罩、防爆电器的配件、电动工具绝缘件等。三聚氰胺-甲醛树脂多作为装饰板的黏合剂	氨基塑料常用于压缩、压注成型。压注成型收缩率大；含水分及挥发物多，使用前需预热干燥，成型时有弱酸性分解及水分析出，模具应镀铬防腐，并注意排气；流动性好，硬化速度快。因此，在塑件成型时要注意：预热及成型温度要适当，装料、合模及加工速度要快；带嵌件的塑件易产生应力集中，尺寸稳定性差等现象

6.2 塑料的成型工艺性能

1. 收缩性

成型加工所得的塑料制品，其尺寸总是小于常温下的模具成型尺寸，这种性质称为塑料的收缩性。塑料的收缩性常用收缩率表示。塑料的品种不同，收缩率也不同。制品的形状复杂、壁薄、嵌件数量多且对称分布时，塑料的收缩率较小。成型前对塑料进行预热，降低成形温度，提高注射压力，延长保压时间，能有效减小收缩率。此外，成型方法及模具结构、浇注系统的形式、布局和尺寸等，对塑料的收缩率也有较大的影响。

收缩率是影响塑料制品尺寸精度的主要因素之一，也是模具设计时确定模具成型尺寸的主要参数。一般要求的塑料制品通常只按有关手册或资料大致确定塑料收缩率的大小；精度要求较高的塑料制品应按照实际工艺技术条件精确地测定塑料的收缩率。

2. 流动性

流动性是指成型加工时塑料熔体在一定的温度和压力作用下充满模腔各个部分的能力。塑料的流动性主要取决于它本身的性质。常用热塑性塑料中，流动性较好的有聚乙烯、聚苯乙烯、聚丙烯、聚酰胺、醋酸纤维素等；流动性中等的有 ABS、AS、改性聚苯乙烯、聚甲基丙烯酸甲酯、聚甲醛、氯化聚醚等；流动性较差的有硬聚氯乙烯、聚碳酸酯、聚苯醚、聚砜、氟塑料等。成型工艺技术条件对塑料的流动性也有较大的影响。熔体和模具的温度高、成型压力大，塑料的流动性就好。塑料制品的面积大、嵌件多、有狭窄深槽、壁薄、形状复杂，塑料的流动性就差。降低模腔表面的粗糙度，适当增加模具浇注系统截面尺寸，合理选择浇注系统类型和位置，避免浇口正对型芯，缩短熔体充模流程，都能提高塑料的流动性。

塑料流动性差时，熔体充模能力不足，容易产生制品缺料现象。流动性好时，便于熔体充模，但流动性太好，又会使熔体产生流涎现象或使制品产生飞边，还可能在挤出成型时难以控制制品的截面形状。

3. 结晶性

部分塑料在冷却固化过程中，树脂分子能够有规则地排列，形成一定的晶相结构，这种现象称为塑料的结晶性，具有结晶性的塑料称为结晶型塑料。无结晶现象的塑料称为无定形塑料。常用的结晶型塑料有聚乙烯、聚丙烯、聚酰胺、聚甲醛、氯化聚醚等。常用的无定形塑料有 ABS、AS、聚苯乙烯、聚碳酸酯、聚甲基丙烯酸甲酯、聚砜等。

结晶型塑料一般只能有一定的结晶程度，结晶度的大小与成型工艺条件有关。熔体和模具温度高，熔体冷却速度慢，塑料的结晶度就高；反之，塑料的结晶度就低。结晶度高时，塑料制品的密度大，强度高，耐磨性、耐腐蚀性和电气性能好。结晶度低时，塑料制品的柔软性、透明性好，伸长率大，冲击韧性高。一般而言，结晶型塑料为不透明或半透明的，无定形塑料为透明的，但也有例外情况，如聚 4 - 甲基成烯为结晶型塑料，却有高度的透明性，ABS 为无定形塑料，但并不透明。

4. 吸湿性

吸湿性是指塑料吸附水分的倾向。ABS、聚碳酸酯、聚酰胺、聚甲基丙烯酸甲酯、聚砜、聚苯醚等塑料的吸湿性较高，聚乙烯、聚苯乙烯、聚氯乙烯、聚丙烯、聚甲醛、氯化聚醚等塑料的吸湿性较低。

吸湿性高的塑料如果在成型前吸附了过多的水分，这些水分在成型时会在设备的料筒内挥发成气体，或使塑料发生水解，导致树脂起泡，熔体黏度下降，从而显著降低制品的外观质量和力学性能。因此，这些塑料在成型加工前必须进行干燥处理。

5. 热敏性

热敏性是指某些塑料对热比较敏感，成型时若温度较高，或受热时间过长就会产生变色、降解、分解等现象。具有这种特性的塑料称为热敏性塑料，如聚氯乙烯、聚甲醛、氯乙烯和醋酸乙烯共聚物、聚偏二氯乙烯等。

热敏性塑料的变色、分解会影响制品的外观质量和使用性能，其分解产物尤其是某些气体对人体、设备和模具有较大的损害作用。为了防止热敏性塑料的变色和过热分解，可以采取在塑料中加入稳定剂，合理选择成型设备，正确调节成型温度和成型周期等工艺措施。

6. 应力开裂

有些塑料如聚苯乙烯、聚碳酸酯、聚砜等在成型时容易产生内应力，质地较脆，制品在成型、储存和使用时容易因外力或溶剂的作用而产生开裂。在塑料中加入增强材料（如玻璃纤维）加以改性，对塑料进行干燥处理，提高制品的结构工艺性，增加脱模斜度，合理设计模具浇注系统和推出装置，正确选择和调节成型工艺条件，成型后对制品进行热处理，防止制品与溶剂接触等，都是减少或消除应力开裂的有效途径。

7. 熔体破裂

熔体破裂是指一定熔融指数的塑料熔体，在恒定温度下通过固定截面积的细小孔径（如注射喷嘴孔、挤出口模具间隙等）时，当其流动速度超过某一速度值（称临界速度）时，就会在熔体表面产生横向裂纹。熔体破裂的产生既影响制品的外观质量，又会危及制品的物理、力学性能。容易出现熔体破裂现象的塑料有聚乙烯、聚丙烯、聚碳酸酯、聚砜、聚三氟氯乙烯、聚全氟氯乙烯等。成型加工这些塑料时，应适当放大注射喷嘴孔径或挤出口模间隙，尽可能提高成型温度，特别是喷嘴或口模温度，适当减慢注射或挤出速度。

8. 比容和压缩率

比容是成型加工前单位重量的松散塑料所占的体积。压缩率是指成型加工前的塑料体积和塑料制品体积之比。比容和压缩率表示塑料的松散程度，它们都可以作为设计热固性塑料压缩模和压注模时确定加料腔大小的依据。

9. 固化速度

热固性塑料在成型时，树脂分子从线型结构转化为体型结构的过程称为固化。固化速度慢的塑料成型周期长，生产率低；固化速度快的塑料难以成型大型复杂的制品。固化速度与塑料品种、制品形状和壁厚有关，也与成型工艺条件有关。对塑料进行预热，提高成型温度和压力，延长保压时间，能显著加快固化速度。

上述各性能指标中，用于热塑性塑料的有收缩性、流动性、结晶性、吸湿性、热敏性、应力开裂、熔体破裂等；用于热固性塑料的有收缩性、流动性、比容和压缩率、固化速度等。

6.3 塑件的工艺性

塑件常用注射、压缩、压注等方法成型，其结构和技术要求应满足成型工艺性的要求。

1. 塑件的形状

塑件的形状应尽量简单，结构上应尽量避免与脱模方向垂直的侧壁凹槽或侧孔，以简化模具结构；形状应保证有足够的强度和刚度，防止顶出时塑件变形或破裂。

(1) 塑件的壁厚

塑件的壁厚应厚薄适宜而且均匀。壁厚过小，成型时熔体流动阻力大，充模困难，脱模时塑件容易破损。壁厚过大，不但需要增加成型和冷却时间，延长成型周期，而且容易产生气泡、缩孔、凹痕和翘曲等缺陷。塑件的壁厚一般应在 1~5mm 之间，热塑性塑料易于成型薄壁制件，最小壁厚可达 0.25mm，但一般不宜小于 0.7~0.9mm。壁厚不均，会因冷却或固化速度不均导致收缩不匀，使制件产生缩孔或缩痕，同时容易产生内应力，使制件翘曲变形甚至开裂，如图 6-1 所示。

(2) 圆角

塑件结构上无特殊要求时，不同表面之间的转角应尽可能以半径不小于 0.5~1mm 的圆角过渡，避免出现清角，但在模具分型面处、型芯与型腔结合处或塑件使用性能上要求清角过渡时除外。

(3) 加强肋

加强肋的作用是在不增加塑件壁厚的条件下提高塑件的刚度和强度，沿着料流方向的加强肋还能减小熔料的充模阻力。设置加强肋时，应尽量减少或避免塑料的局部集中，以免产生缩孔或气泡，如图 6-2 所示。

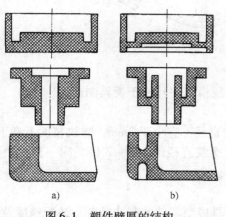

图 6-1　塑件壁厚的结构
a) 不合理结构　b) 合理结构

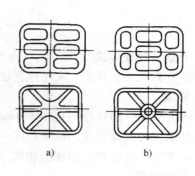

图 6-2　加强肋的形式
a) 形式较差　b) 形式较好

(4) 孔

塑件上各种形状的孔应尽可能开设在不减弱塑件机械强度的部位，其形状也应力求不使模具制造工艺复杂化。孔与孔之间，孔与边缘之间应有足够的壁厚。小直径孔的深度不宜过深，一般不超过孔径的 3~5 倍。

(5) 脱模斜度

为了便于脱模，避免擦伤和拉毛，塑件上平行于脱模方向的表面一般应具有合理的脱模斜度，如图 6-3 所示。塑件内孔的脱模斜度常取 40′~1°30′，外形取 20′~45′，尺寸精度要求高的塑件应控制在公差范围之内。脱模斜度的取向原则是：内孔以小端为准，符合图样要求，斜度由扩大方向获得；外形以大端为准，符合图样要求，斜度由缩小方向获得。

2. 嵌件

塑件中镶嵌的金属或其他材料制作的零件称为嵌件，如图 6-4 所示。嵌件的结构除应保证能与塑件可靠联接外，还应便于嵌件在模具内固定，并能防止漏料或产生飞边。嵌件周围的塑料层应有足够的厚度，以防止因嵌件和塑料的收缩不同而产生的内应力使塑件开裂。

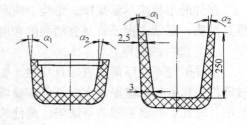

图 6-3　脱模斜度

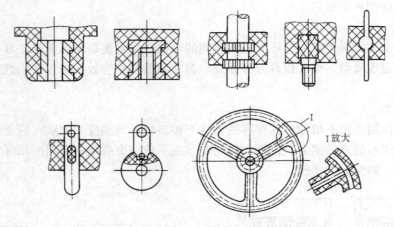

图 6-4　嵌件

3. 花纹、标记和文字

塑件上的花纹、标记、文字应保证易于成型和脱模，并且便于模具制造。

4. 螺纹

塑件上外螺纹的直径不宜小于 4mm，内螺纹的直径不宜小于 2mm，螺纹精度不高于 IT8 级。塑料螺纹与金属螺纹的联结长度一般不宜超过螺纹直径的 1.5～2 倍。同一塑件上有两段同轴螺纹时，应使它们的螺距相等，旋向相同。

5. 尺寸精度

塑料收缩率的波动，成型工艺条件的变化，模具成型零件的制造精度、装配精度及其磨损等，都会影响塑件的精度。因此，塑件的精度一般低于金属件切削加工的精度。

6.4　塑料注射成型工艺与设备

注射成型又称为注射模塑或注塑，主要用于热塑性塑料的成型，也用于少量热固性塑料的成型。

6.4.1　普通注射成型工艺

普通注射成型工艺是在热塑性塑料通用注射机上进行的注射成型工艺，其原理如图 6-5 所示。将塑料加入注射机的料筒内加热塑化成呈黏流态的熔体，然后借助螺杆（或柱塞）

的推力，使熔体以较高的压力和速度经喷嘴和模具浇注系统充满闭合的模具型腔，再经一定时间的冷却使塑料硬化定型后，即可开启模具，取出制品。

通用注射成型的工艺过程主要由合模、加料塑化、注射、保压、制件冷却、开模和制件顶出等环节组成，这些环节相互组合形成一个工作循环，在注射机控制系统控制下可以实现自动或半自动生产。

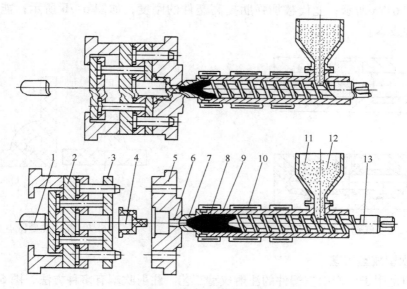

图 6-5　注射成型原理

1—注射机顶杆　2—动模　3—推出机构　4—塑件　5—定模　6—浇注系统
7—喷嘴　8—熔体　9—料筒　10—电加热圈　11—料斗　12—塑料　13—螺杆

6.4.2　特种注射成型工艺

为了满足某些场合的特殊需要，在通用注射成型工艺的基础上进行适当改进，可形成许多特种注射成型工艺，现仅介绍下述 4 种。

1. 热固性塑料注射成型工艺

热固性塑料注射成型需要使用专用的热固性塑料注射机，其原理是将塑料加入注射机料筒内加热到 130℃ 左右，使塑料产生物理变化和缓慢的化学变化而塑化成呈稠胶状的物料，然后由螺杆或柱塞以 120～200MPa 的压力将此物料注射入温度为 170～180℃ 的模具型腔内，在模具的继续加热下，塑料产生快速的化学变化而逐渐固化，经过一定时间使塑件固化定型后即可开模取出塑件。

2. 热流道注射成型工艺

热流道注射成型工艺是利用热流道模具成型塑件的一种注射成型工艺。它与普通注射成型工艺的区别是在注射成型过程中模具浇注系统内的熔料不会凝固，也不随塑件脱模。热流道模具又称为无流道凝料模具，其结构形式按使流道内塑料保持熔融状态的方法有绝热流道、半绝热流道和加热流道三种。聚乙烯、聚丙烯、聚苯乙烯等塑料可选用各种形式的热流道模具成型，聚氯乙烯、ABS、聚甲醛、聚碳酸酯等塑料应选用加热流道式热流道模具成型。

3. 气体辅助注射成型工艺

气体辅助注射成型简称气辅注射成型，其原理如图6-6所示。先将一定量的熔融塑料注射入模具型腔，然后通过流道向模腔内输入惰性压缩气体（N₂），借助气体压力将熔料继续推进，并将注入型腔的熔料吹胀，直至熔料贴满模具型腔的壁面，在塑件内部形成中空的气道。气辅注射成型的优点是：塑件的表面质量较高；能够避免塑件厚薄不均造成的缩痕和翘曲变形，如图6-7a所示；能代替加强肋提高塑件的刚度，如图6-7b所示；能减轻塑件质量，降低塑件成本。

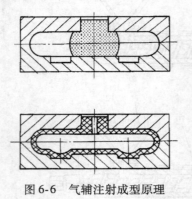

图6-6 气辅注射成型原理

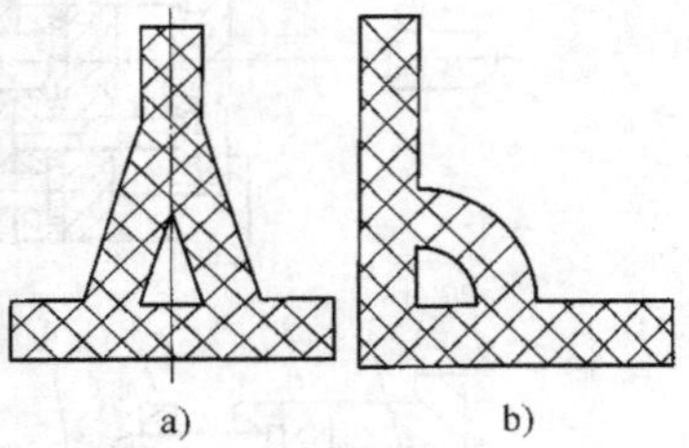

图6-7 气辅成型特点

4. 注射吹塑成型工艺

注射吹塑是用于生产中空塑件的注射成型工艺。注射吹塑有多种方法，图6-8是模芯作回转运动的注射吹塑成型原理：先将熔料注入坯模形成管坯，然后在管坯冷却凝固前打开模具，转动模芯使管坯移至吹塑模腔，合上模具完成吹塑成型。

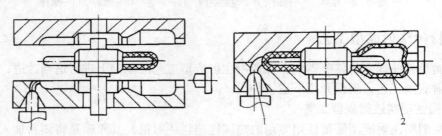

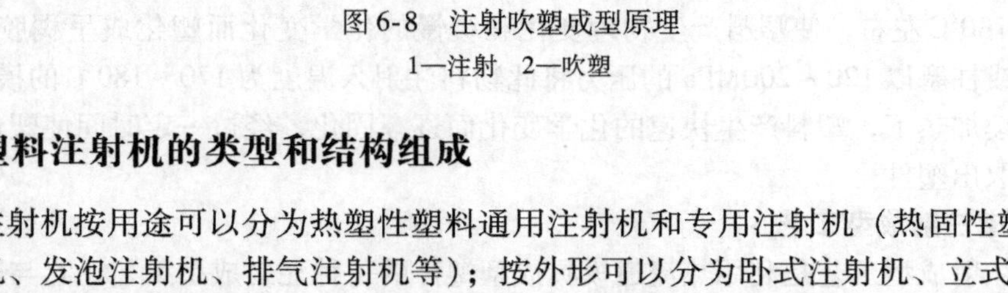

图6-8 注射吹塑成型原理
1—注射 2—吹塑

6.4.3 塑料注射机的类型和结构组成

塑料注射机按用途可以分为热塑性塑料通用注射机和专用注射机（热固性塑料注射机、注射吹塑机、发泡注射机、排气注射机等）；按外形可以分为卧式注射机、立式注射机和直角式注射机；按塑料在料筒内的塑化方式可以分为柱塞式注射机和螺杆式注射机。目前，在生产中应用最为广泛的是卧式螺杆式热塑性塑料通用注射机。

塑料注射机一般由注射装置、合模装置、液压和电气控制系统、机架等四个部分组成。图6-9所示为卧式热塑性塑料通用注射机的外形结构图。

注射装置的作用是：将一定量的塑料加入料筒；将加入料筒内的塑料加热并均匀地塑化

成熔体；以足够的速度和压力将一定量的塑料熔体注射进模具型腔；注射完成后保持一定时间的压力，进行补缩并防止熔体返流。

合模装置的作用是：准确可靠地实现模具的开、合模动作，注射时保证可靠地锁紧模具；开模时保证制件顶出脱模。

液压和电气控制系统的作用是：控制注射机的工作循环过程和成型工艺条件，使注射机按注射工艺预定的动作要求和工作要求准确有效的工作。

机架的作用是将上述三个部分组合在一起，同时作为液压系统的油箱。

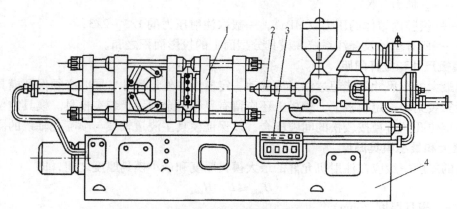

图 6-9　卧式热塑性塑料通用注射机外形结构图
1—合模装置　2—注射装置　3—液压和电气控制系统　4—机架

6.4.4　塑料注射机的规格及其与模具的关系

塑料注射机的规格是指决定注射机加工能力和适用范围的一些主要技术参数，在设计塑料注射模时，应根据实际情况对这些技术参数进行校核。

1. 注射量

注射量是指注射机进行一次注射成型所能注射出熔料的最大容积，它决定了一台注射机所能成型塑件的最大体积。一台注射机的最大注射量受注射成型工艺条件的影响而有一定的波动，因而在实际生产中常用公称注射量或理论注射量来间接表示注射机的加工能力。

公称注射量是指在对空注射条件下，注射螺杆或柱塞作一次最大注射行程时，注射机所能达到的最大注射量，它近似等于注射机实际能够达到的最大注射量。

理论注射量是指注射机在理论上能够达到的最大注射量，它与注射机实际能够达到的最大注射量之间的关系可用下式表示

$$V_g = \alpha V_1 \tag{6-1}$$

式中　V_g——注射机最大注射量（cm^3）；

　　　V_1——注射机理论注射量（cm^3）；

　　　α——射出系数，受注射成型工艺条件的影响，实际生产中常取 $\alpha = 0.7 \sim 0.9$。

注射机的注射量应与塑件的体积相适应，一般用下式校核

$$V \leqslant KV_g \tag{6-2}$$

式中　V——塑件及浇注系统的总体积（cm^3）；

V_g——注射机最大注射量（cm^3）；

K——注射机最大注射量利用系数，一般取 $K=0.8$。

2. 合模力

合模力是指在注射成型时注射机合模装置对模具施加的夹紧力，它在一定程度上决定了注射机所能成型的塑件在分型面上的最大投影面积。

注射机的合模力应大于模腔内塑料熔体的压力产生的胀开模具的力，即

$$F \geqslant p_q A \qquad (6-3)$$

式中　F——合模力（N）；

p_q——模腔内熔体的压力（MPa），一般取注射压力的 $1/3 \sim 2/3$；

A——所有塑件及浇注系统在模具分型面上的投影面积之和。

3. 模板尺寸和拉杆间距

模具最大外形尺寸不能超过注射机的动、定模板的外形尺寸，同时必须保证模具能通过拉杆间距安装到动、定模板上，模板上还应留有足够的余地用于装夹模具。模具定位圈的直径与模板定位孔的直径按较松的间隙配合，以保证模具主浇道轴线与喷嘴孔轴线的同轴度。

4. 最大和最小模具厚度

模具的厚度一般应在注射机允许的最大模具厚度和最小模具厚度之间，即

$$H_{min} \leqslant H \leqslant H_{max} \qquad (6-4)$$

式中　H——模具厚度（mm）；

H_{min}——注射机允许的最小模具厚度（mm）；

H_{max}——注射机允许的最大模具厚度（mm）。

5. 开模行程

注射机的开模行程必须保证模具开启后能顺利取出塑件。不同结构的模具所需开模行程有一定的差异，图 6-10 所示为模具开模行程核算的两个实例，供参考。

对于图 6-10a 所示模具，开模行程 S 按下式校核

$$S \geqslant H_1 + H_2 + (5 \sim 10)\text{mm} \qquad (6-5)$$

对于图 6-10b 所示模具，开模行程 S 按下式校核

$$S \geqslant H_1 + H_2 + H_3 + (5 \sim 10)\text{mm} \qquad (6-6)$$

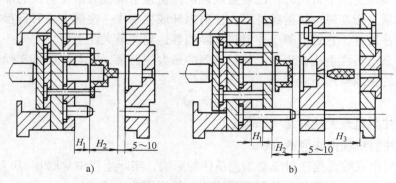

图 6-10　开模行程校核

6. 顶出机构参数

注射机顶出机构的形式有：中心机械顶出，两侧机械顶出；中心液压顶出加两侧机械顶

出。采用中心顶出时，模具应对称固定在注射机动、定模板上，以保证注射机的顶杆顶在模具推板的中心位置上。采用两侧顶出时，应根据顶杆位置确定模具推板尺寸，保证注射机顶杆能够顶到模具推板上。模具动模座板上的顶杆孔直径应大于注射机顶杆直径 1~2mm。

7. 喷嘴头部尺寸

注射机喷嘴的头部尺寸和模具上与之接触的主浇道的口部尺寸如图 6-11a 所示，两者之间应相互吻合，不能出现图 6-11b、c 所示的情形，具体要求如下

$$D_1 = D + (0.5 \sim 1)\text{mm} \tag{6-7}$$

$$R_1 = R + (1 \sim 2)\text{mm} \tag{6-8}$$

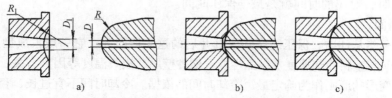

a)   b)   c)

图 6-11　注射机喷嘴头部尺寸和模具主浇道口部尺寸的关系

塑料注射机规格型号的命名尚无统一的标准。旧型号的注射机常用 SYS、XS-Z、XS-ZY 分别表示立式注射机、卧式柱塞式注射机和卧式螺杆式注射机，用公称注射量表示注射机的规格，例如 SYS-30、XS-Z-60、XS-ZY-125A、XS-ZY-250 等，主参数后的字母为改型设计序号。新型号的注射机常用 SZ、SZL、SZG 分别表示卧式注射机、立式注射机和热固性塑料注射机，用理论注射量/合模力表示注射机的规格，例如 SZL-15/30、SZ300/1400、SZG-500/1500 等。

6.4.5　注射成型工艺条件

1. 料筒和喷嘴温度

料筒温度应高于塑料的粘流温度（无定形塑料）或熔点（结晶型塑料）。适当提高料筒温度可以提高熔料的流动性，有利于充模成型，但温度过高易引起塑料的变色、降解和分解。料筒的加热区域一般分为前、中、后三段，靠近喷嘴的为前段，靠近加料口的为后段。三段的加热温度一般是前段最高、中段次之，后段最低，螺杆式注射机也可使前段温度略低于中段温度。注射含水量较大的塑料时，应适当提高后段的温度。

喷嘴的温度应略低于料筒前端的温度。喷嘴温度过高，熔料易产生流涎现象。喷嘴温度过低，喷嘴口的熔料会凝固成冷料，或堵塞喷嘴，或在注射时冷料进入模腔而影响塑件质量。

2. 注射压力与注射速度

螺杆或柱塞在注射时对单位面积的塑料熔体施加的作用力称为注射压力。提高注射压力可以增强熔料的流动能力，增加充模流程。但注射压力过高，易使塑件产生飞边，影响外观质量；塑件冷却后对型芯和型腔的包紧力增加，脱模困难；塑件内部产生较大的内应力，影响其使用性能，甚至会产生应力开裂而成为废品。注射压力过低时，易使熔料充模不足。

螺杆或柱塞在注射时的移动速度称为注射速度。采用慢速注射时，熔料充模速度慢，易因熔体表面凝固使塑件产生凹痕和熔接缝。采用高速注射时，可以提高生产率，同时能减小模腔内的熔料温差，改善压力传递效果，从而得到密度均匀、内应力小的精密制件。但注射

速度过高时，熔料流经浇口等处易产生不规则的流动和烧伤等现象，影响制件表面质量。

3. 保压压力和保压时间

熔料充满模腔后，螺杆或柱塞必须在一定时间内继续保持对料筒内熔料的压力。保压的作用主要是补缩，即在模腔内的塑料熔体冷却收缩后能补充一部分熔料进入模腔，以提高塑件质量。保压压力一般等于注射压力，也可以小于注射压力。保压时间与料温、模温、塑件壁厚、模具浇注系统尺寸大小等有关。保压压力高、时间长，则塑件的密度高，尺寸收缩量小，但是塑件的内应力大，脱模困难。保压时间可以在料筒温度、模具温度和保压压力确定后，通过逐渐增加保压时间，观察塑件尺寸的变化情况加以确定，当保压时间增加到使塑件尺寸趋于稳定时，对应的时间就是最佳保压时间。

4. 冷却时间

冷却时间是指从注射、保压结束到模具开启的这一段时间，它一般占成型周期的70% ~ 80%。冷却时间与塑料冷却速度及结晶性能、塑件壁厚、模具温度等因素有关，一般以塑件脱模时不致引起变形的原则作为确定最短冷却时间的依据。冷却时间不宜过长，否则不但影响生产率，还会导致塑件脱模困难。

5. 螺杆转速与背压

螺杆式注射机在加料塑化时的螺杆转速对塑化的效率和质量有直接影响。提高螺杆转速可以增加塑料前移时的剪切摩擦热，从而提高塑化效率和熔体温度，但是容易引起热敏性塑料的过热分解，或在注射成型熔体黏度高的塑料时造成螺杆传动系统过载。

背压又称为塑化压力，是指在加料塑化过程中螺杆转动后退时料筒前端的熔料所具有的压力。提高背压能够提高熔体的温度及熔体温度的均匀性，有利于色料的均匀混合，有助于排除熔体中的气体，但是背压过高又会导致塑料降解、变色或塑件表面出现银丝。

一般情况下，对于结晶型塑料应取较高的螺杆转速和背压，对于热敏性塑料和熔体黏度高的塑料应取较低的螺杆转速和背压。

6. 模具温度

模具温度及其波动对塑件质量有很大的影响。模具温度过低，导致熔体冷却速度加快，流动性降低，会使塑件轮廓不清晰，表面无光泽，甚至充不满模腔或产生熔接痕。模具温度过低，熔料充模速度又较慢时，还会使塑件内应力增大，容易产生翘曲变形或应力开裂。模具温度过高，则塑件的收缩率大，脱模后塑件的变形大，易影响塑件的形状和尺寸精度。在成型结晶型塑料时，模具温度对结晶度有很大的影响。

注射成型熔体黏度低，流动性好的无定形塑料时，一般要求模具有较低的温度。注射成型熔体黏度高，流动性差的无定型塑料时，一般要求模具有较高的温度，注射成型结晶型塑料时，应根据塑料结晶的要求来确定模具温度。对于温度要求较低的模具，若是成型小型薄壁塑件，可以通过自然冷却保持热平衡，若是成型大型或厚壁塑件，应设置冷却系统进行强制冷却。当模具温度要求在80℃以上时，应设置加热装置对模具进行加热。

7. 加料量与余料

注射成型必须准确控制加料量，并保证每次注射后料筒前端留有一定的余料。加料量过少，则料筒前端的余料不足，会使塑件产生缺料、凹痕、空洞等缺陷。加料量过多，则料筒前端的余料过多，不仅使注射时压力损失增加，还会使塑料在料筒中的停留时间增加，导致变色和分解。余料量一般控制在10 ~ 20mm为宜。

6.5 塑料挤出成型

挤出成型主要用于生产热塑性塑料型材、薄膜、中空制品等塑料制品。

6.5.1 挤出方法和原理

1. 型材挤出成型

以管材挤出成型为例，挤出成型的工艺过程如图 6-12 所示。挤出机螺杆 2 连续转动，料斗 1 中的塑料进入料筒 3 后沿螺旋槽向前输送，并在料筒外电加热器 4 的加热和自身剪切摩擦热的作用下塑化成熔体流入料筒前端，再经过滤网和多孔板 5 进入挤出模 6。熔体在流经挤出模 6 口部的环形缝隙时，被挤压成管状，紧接着进入定型装置（定径套）7 冷却定形，然后再进入冷却水槽 8 中进一步冷却，充分冷却的管子由可调节牵引速度的牵引装置 9 匀速拉出，经切割装置 10 按规定的长度切断，即可获得一定壁厚及一定长度的塑料管材。

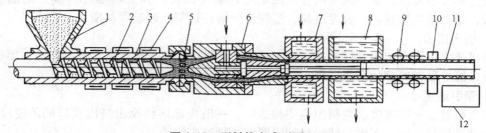

图 6-12　型材挤出成型原理

1—料斗　2—螺杆　3—料筒　4—电加热器　5—滤网和多孔板　6—挤出模　7—定型装置
8—冷却水槽　9—牵引装置　10—切割装置　11—塑料管　12—储料装置

2. 薄膜挤出吹塑成型

薄膜挤出吹塑成型的工艺过程为：挤出机输送的熔融塑料流经挤出模口部缝隙时被挤成圆筒形的薄壁管坯，从挤出模下方的进气口向管坯内充入压缩空气，使管坯横向吹胀成膜管。膜管由牵引辊连续地进行纵向牵拉，在经过冷却风环时受到压缩空气的冷却作用而定型。充分冷却的膜管被导辊压成双折薄膜，通过牵引辊以恒定的线速度进入卷取装置。充入膜管的压缩空气量（压力）应保持恒定，以保证薄膜的厚度和宽度保持不变。

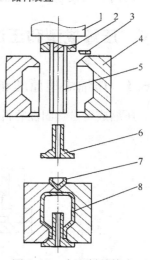

图 6-13　中空制品挤出
吹塑成型原理

1—挤出机　2—挤出模　3—切料刀
4—吹塑模　5—坯料　6—进气管
7—尾料　8—中空制品

3. 中空制品挤出吹塑成型

中空制品的挤出吹塑成型过程如图 6-13 所示。将挤出机挤出的半熔融状态的塑料管坯趁热置于模具中，并立即在管坯中通入压缩空气将其吹胀，使其紧贴于模腔壁上成型，冷却脱模后即得中空制品。

6.5.2 挤出成型设备

挤出成型设备包括主机和辅机两个组成部分。

主机即挤出机，它的作用是完成塑料的加料、塑化和输送工作。挤出工艺最基本和最常用的是单螺杆挤出机。

辅机的作用是将由挤出模挤出的已获得初步形状和尺寸的连续塑料体进行定型，使其形状和尺寸固定下来，再经切割加工等工序，最终成为可供应用的塑料型材或其他塑料制品。挤出成型不同品种的塑料制品需要应用不同种类的挤出辅机，常用的挤出辅机有挤管辅机、挤板辅机、薄膜吹塑辅机等。不同种类的挤出辅机在配置和结构上有很大的差别，但一般均由定型、冷却、牵引、切割、卷取（或堆放）五个环节组成。

6.5.3 管材挤出成型工艺条件

1. 温度

管材挤出成型需要控制的温度有料筒温度和模具温度。料筒与注射成型一样分前、中、后三段分别控制温度，模具通常需分别控制进料端（机头）和出料端（口模）的温度。温度过低，塑料塑化质量差；温度过高，塑料易分解，这都会影响管材质量。

2. 挤出速率

挤出速率主要决定于螺杆转速。提高螺杆转速可以提高挤出速率，增加产量，但螺杆转速过高可能导致塑料塑化质量下降，影响管材质量。

3. 牵引速度

牵引装置的牵引速度应与挤出速率相适应，一般应比熔料流出挤出模口部的速度稍快。牵引速度应保持稳定，否则会使管材的壁厚和直径产生波动。

4. 压缩空气压力

用内压法使管材定径时，压缩空气的压力一般为 0.02~0.05MPa，压力应保持稳定。

6.6 压缩成型和压注成型

6.6.1 压缩成型原理和过程

压缩成型是热固性塑料的主要成型方法之一，其成型原理如图6-14所示。先将塑料加入

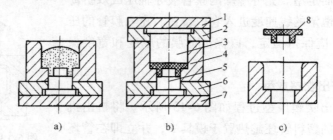

图6-14 压缩成型原理图

1—上垫板 2—凸模固定板 3—凸模 4—凹模
5—型芯 6—型芯固定板 7—下垫板 8—塑件

已经预热至成型温度的模具加料腔内，如图6-14a所示，液压机通过模具上凸模对模腔中的塑料施加很高的压力，使塑料在高温、高压下先由固态转变为黏流态并充满模腔，如图6-14b所示；然后树脂产生交联反应，经一定时间使塑料固化定型后，即可开模取出塑件。如图6-14c所示。

压缩成型的工艺过程一般包含加料、合模、加压、排气、固化、脱模、清理模具、修整塑件等一系列操作，对于带有嵌件的塑件，在加料前还需先安放好嵌件。

6.6.2 压注成型原理和过程

压注成型也是热固性塑料的主要成型方法之一，其成型原理如图6-15所示。先将塑料加入预热到规定温度的模具外加料腔内受热至黏流态，如图6-15a所示；再在柱塞压力的作用下，使黏流态的塑料经过模具浇注系统充满模腔，如图6-15b所示，然后塑料在模腔中继续受高温高压的作用，致使树脂产生交联反应，待固化定型后开模取件，如图6-15c所示。

压注成型的工艺过程与压缩成型的工艺过程略有差异，主要包含安放嵌件、合模、安装外加料圈、加料、安放柱塞、加压充模、卸压排气、加热加压固化、脱模、清理模具、修整制件等操作。

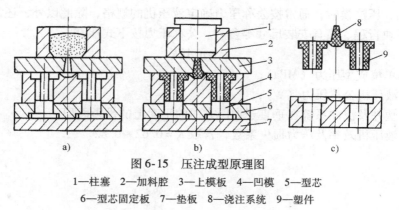

图6-15　压注成型原理图

1—柱塞　2—加料腔　3—上模板　4—凹模　5—型芯
6—型芯固定板　7—垫板　8—浇注系统　9—塑件

6.6.3 成型工艺条件

1. 成型压力

压缩和压注成型的成型压力是指液压机对塑件在垂直于加压方向的平面上的单位投影面积所施加的作用力。成型压力过小时，塑件密度低，容易产生气孔。提高成型压力不仅能够提高塑件密度，而且有利于提高塑料熔融后的流动性，便于熔料充模，同时还能加快树脂交联固化速度。但是，成型压力高，成型时消耗的能量就多，嵌件和模具容易损坏。

2. 成型温度

压缩和压注成型的成型温度通常就是指模具温度。成型温度过高时，塑料熔融后会因固化速度过快而迅速失去流动性，从而导致塑料充模不足。同时，由于塑料中着色剂的分解变质，模腔内的气体无法及时排除，塑件表面和内层固化速度不一致等原因，塑件表面会产生变色、气泡、肿胀和裂纹等缺陷。成型温度过低时，由于固化不够，塑件组织疏松，表面光泽灰暗。同时由于塑件表层固化后不能承受水分和其他挥发物受热后产生的气体的压力，同样会使塑件表面产生肿胀、裂纹等缺陷。

3. 成型时间

成型时间是指从合模加压到开模取件的这一段时间。成型时间与成型温度有关。在成型温度较低时通过提高成型温度可以缩短成型时间，但是成型温度提高到一定程度后，成型时间的缩短就极为有限。例如，酚醛塑料粉压缩成型，成型温度从120℃增加到160℃时，成型时间从20min减少到1min，从160℃增加到180℃时，成型时间基本不变。因此，在保证塑件质量的前提下，应采用较高的成型温度，以缩短成型时间，提高生产率。成型时间不仅与成型温度有关，还受其他因素的影响。对于流动性差，固化速度慢，水分及挥发物含量多，未经预压、预热的塑料，壁厚大的塑件，或在成型压力较小时，成型时间就要求长些。

6.6.4 塑料液压机及其选用

塑料液压机按工作液压缸数量及布置可分为上压式液压机、下压式液压机、上下压式液压机、角式液压机四类。其中用于压缩和压注成型的主要是上压式液压机和下压式液压机。上压式液压机适用于移动式、固定式压缩模和移动式压注模；下压式液压机适用于固定式压注模。

设计压缩、压注模时，通常按公称压力确定液压机的规格，除此以外，还需校核液压机封闭高度、滑块行程、模具安装尺寸等参数。公称压力按下式核算

$$P = p_1 A / K \tag{6-9}$$

式中　　p_1——单位成型压力（MPa）；

　　　　P——液压机公称压力（W）；

　　　　A——塑件及浇注系统在垂直于加压方向的平面上的投影面积；

　　　　K——液压机效率及压力损失系数，常取 $K = 0.62 \sim 0.82$。

第7章　塑料注射模设计

7.1　塑料注射模具概述

7.1.1　注射模的基本概念

注射成型生产中使用的模具叫作注射成型模具，简称注射模。它是热塑性塑料成型加工中常用的一种模具。注射模包括定模和动模两部分。定模安装在注射机的固定模板上，动模安装在注射机的移动模板上，并可随移动模板的移动实现模具的启闭。模具闭合后，动模和定模一起构成模具型腔和浇注系统，注射机即可向模具型腔注入熔融塑料，经冷却型腔内塑件定型后，动模和定模分离，由推出机构将塑件推出，即完成一个生产周期。

7.1.2　注射模的结构组成

注射模的结构形式很多，如图7-1所示，根据注射模各个零部件所起的作用，可将其分成以下几个组成部分。

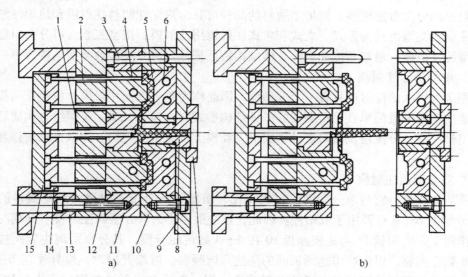

图 7-1　单分型面注射模

a）合模状态　b）开模状态

1—拉料杆　2—推杆　3—带头导柱　4—型芯　5—凹模　6—冷却通道
7—定位圈　8—主流道衬套　9—定模座板　10—定模板　11—动模板
12—支承板　13—垫块（模脚）　14—推杆固定板　15—推板

1）成型零部件。它是决定塑件内外表面几何形状和尺寸的零件，是模具的重要组成部分。如图 7-1 中的凹模 5 和型芯 4。

2）合模导向零件。合模导向零件主要用来保证动、定模合模或模具中其他零部件之间的移动的准确导向，以保证塑件形状和尺寸的精度，并避免损坏成型零部件，如图 7-1 中的带头导柱 3 和导套。

3）浇注系统。浇注系统是指将塑料熔体由注射机喷嘴引向模具型腔的通道，它对熔体充模时的流动特性以及塑件的质量等有着重要的影响。浇注系统由主流道、分流道、浇口及冷料穴组成。

4）推出机构。推出机构是指在开模过程中，将塑件及浇注系统凝料推出的装置。如图 7-1 中的推杆 2、拉料杆 1、推杆固定板 14、推板 15 等。

5）侧向分型抽芯机构。塑件带有侧凹或侧凸时，在开模推出塑件之前，必须把成型侧凹和侧凸的活动型芯从塑件中抽拔出去，实现这类功能的装置就是侧向分型抽芯机构。

6）温度调节系统。为了满足注射工艺对模具温度的要求，需要在模具中设置冷却加热装置，从而对模具进行温度调节。

7）排气系统。在注射过程中必须将型腔内原有的空气和塑料加热后挥发出来的气体排出，以免它们造成成型缺陷。排气结构常在分型面处开设排气槽，也可以利用推杆或型芯与模具的配合间隙来排气。

7.1.3 注射模的分类及典型结构

注射模的分类方法很多，按加工塑料的品种可分为热塑性塑料注射模和热固性塑料注射模；按注射机类型可分为卧式、立式和角式注射机用注射模；按型腔数目可分为单型腔注射模和多型腔注射模；通常是按注射模总体结构特征来分，所分类型及典型结构如下。

（1）单分型面注射模

如图 7-1 所示的注射模只有一个分型面，因此称为单分型面注射模，也叫作两板式注射模。这是注射模中最简单且用得最多的一种结构形式。合模后，动、定模组合构成型腔，主流道在定模一侧，分流道及浇口在分型面上，动模上设有推出机构，用以推出塑件和浇注系统凝料。

（2）双分型面注射模

如图 7-2 所示，它与单分型面注射模相比，增加了一个用于取浇注系统凝料的分型面 A—A，分型面 B—B 打开用于取塑件。因此，该注射模称为双分型面注射模。开模时，在弹簧 7 的作用下，中间板 11 与定模座板 10 在 A—A 处定距分型，其分型距离由定距拉板 8 和限位钉 6 联合控制，以便取出这两板间的浇注系统凝料。继续开模时，模具便在 B—B 分型面分型，塑件与凝料拉断并留在型芯上到动模一侧，最后在注射机的固定顶出杆的作用下，推动模具的推出机构，将型芯上的塑件推出。

这种注射模主要用于点浇口的注射模、侧向分型抽芯机构设在定模一侧的注射模，它们的结构较复杂。

（3）侧向分型抽芯注射模

当塑件上带有侧孔或侧凹时，在模具中要设置由斜导柱或斜滑块等组成的侧向分型抽芯机构，使侧型芯作横向运动。图 7-3 所示为斜导柱侧向分型抽芯的注射模。开模时，在开模

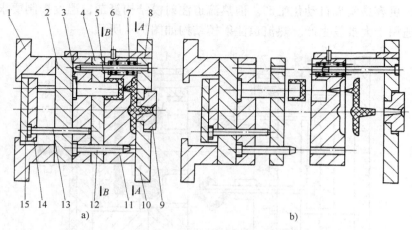

图 7-2 双分型面注射模

a）合模状态 b）开模状态

1—支架 2—支承板 3—凸模 4—推件板 5、12—导柱 6—限位钉 7—弹簧
8—定距拉板 9—主流道衬套 10—定模座板 11—中间板（流道板）
13—推杆 14—推杆固定板 15—推板

力的作用下，定模上的斜导柱 2 驱动动模部分的侧型芯 3 作垂直于开模方向的运动，使其从塑件侧孔中抽拔出来，然后再由推出机构将塑件从主型芯上推出模外。

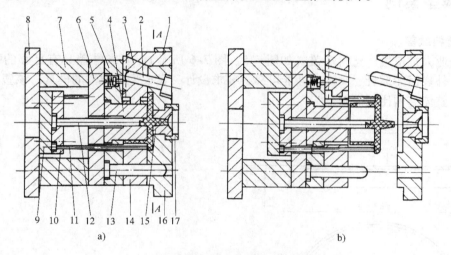

图 7-3 带侧向分型抽芯的注射模

a）合模状态 b）开模状态

1—楔紧块 2—斜导柱 3—侧型芯 4—型芯 5—固定板 6—支承板 7—支架
8—动模座板 9—推板 10—推杆固定板 11—推杆 12—拉料杆 13—导柱
14—动模板 15—主流道衬套 16—定模板 17—定位环

（4）热流道注射模

普通的浇注系统注射模，每次开模取塑件时，都有流道凝料。热流道注射模是在注射成型过程中，利用加热或绝热的办法使浇注系统中的塑料始终保持熔融状态，在每次开模时，只需取出塑件而没有浇注系统凝料。这样就大大地节约了人力物力，且提高了生产率，保证

了塑件质量，更容易实现自动化生产。但热流道注射模结构复杂，温度控制要求严格，模具成本高，故适用于大批量生产。热流道注射模结构如图7-4所示。

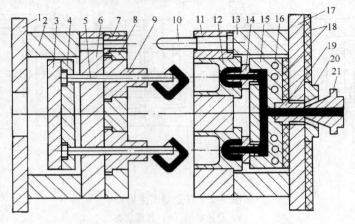

图 7-4　热流道注射模

1—动模座板　2—支架　3—推板　4—推杆固定板　5—推杆　6—支承板　7—导套　8—动模板　9—凸模
10—导柱　11—定模板　12—凹模　13—支架　14—喷嘴　15—热流道板　16—加热器孔道
17—定模座板　18—绝热层　19—主流道衬套　20—定位环　21—注射机喷嘴

7.2　典型案例

1. 塑料端盖

某企业大批量生产塑料端盖（如图7-5、图7-6所示），要求端盖具有足够的强度和耐磨性能，外表面无瑕疵、美观、性能可靠，要求设计一套成型该塑件的模具。该塑件上无内凸结构，整体结构比较简单。

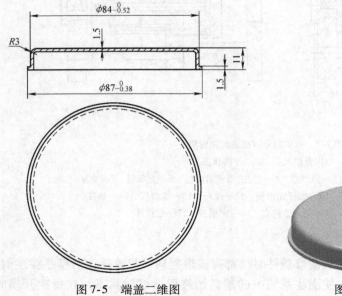

图 7-5　端盖二维图　　　　　　　图 7-6　端盖三维图

技术要求：

材料：ABS

产量：10 万件

未注公差尺寸按 GB/T 14486—2008 中 MT5。

要求塑件表面不得有气孔、熔接痕、飞边等
缺陷。

2. 环形套

该塑件结构中有 6 个孔型结构，其中有一个侧
孔，通过前面所述的设计方案中无法实现侧孔的成
型，因此需要侧向抽芯机构。环形套塑件的三维立
体图如图 7-7 所示，二维工程图及技术要求如图
7-8所示。要求设计该塑件的注塑模具，并编制主
要模具零件的加工工艺。

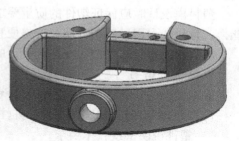

图 7-7　环形套三维立体图

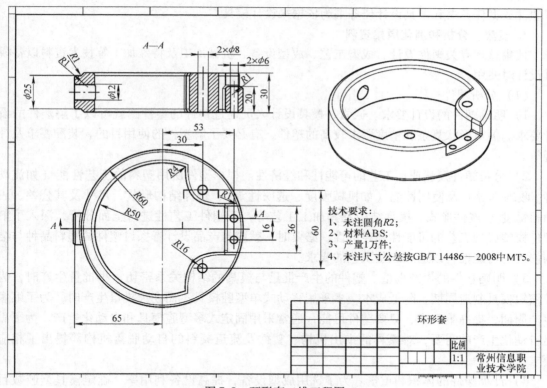

技术要求：
1、未注圆角R2；
2、材料ABS；
3、产量1万件；
4、未注尺寸公差按GB/T 14486—2008中MT5。

			环形套		
				比例	常州信息职
				1:1	业技术学院

图 7-8　环形套二维工程图

7.3　塑料模的设计步骤

在实际生产中，由于塑件结构的复杂程度、尺寸大小、精度高低、生产批量以及技术要
求等各不相同，因此，模具设计是不可能一成不变的，应根据具体情况，结合实际生产条

件，综合运用模具设计的基本原理和基本方法，设计出合理经济的成型模具。

根据塑料模的分类和基本结构可知，塑料模的类型和结构形式很多，但是，各类塑料模的设计是具有共同点的，只要认真掌握这些共同点的基本规律，可以缩短模具设计周期，提高模具设计的水平。

塑料模设计时应保证塑件的质量要求，尽量减少塑件的后加工，模具应具有最大的生产能力，且经久耐用，制造方便，价格便宜。

现就压缩模，压注模和注射模设计的一般程序简述如下。

1. 接受任务书

成型塑件的任务书通常由塑件设计者提出，任务书的内容包括：

1）经过审签的正规塑件图样，并注明所用塑料的型号、颜色和透明度等；

2）塑件说明书或技术要求；

3）塑件的生产数量。

如系仿制，还附有塑件实物。

通常，模具设计任务书由塑件成型工艺人员根据塑件的成型任务书提出，模具设计人员以塑件成型任务书和模具设计任务书为依据来设计模具。

2. 搜集、分析和消化原始资料

搜集整理有关塑件设计、成型工艺、成型设备、机械加工及特殊加工等技术资料以备模具设计时使用。

（1）分析塑件

1）明确塑件的设计要求。通常，模具设计人员通过塑件的零件图就可以了解塑件的设计要求。但对形状复杂和精度要求较高的塑件，有必要了解塑件的使用目的、装配要求及外观等。

2）分析塑件模塑成型工艺的可能性和经济性。根据塑件所用塑料的工艺性能（如流动性、收缩率等）及使用性能（如机械强度、透明性等）、塑件结构形状、尺寸及其公差、表面粗糙度、嵌件形式、模具结构及其加工工艺等，对塑件工艺性进行全面分析，深入了解塑件模塑成型工艺的可能性和经济性。必要时，就应与产品设计者探讨塑件的塑料品种与结构修改的可能性，以适应成型工艺的要求。

3）明确塑件的生产批量。塑件的生产批量与模具的结构关系密切。小批量生产时，为了缩短模具制造周期，降低成本，多采用移动式单型腔模具；而在大批量生产时，为了缩短生产周期，提高生产率，只要塑件可能，通常采用固定式多型腔模具和自动化生产。为了满足自动化生产的需要，对模具的推出机构、塑件及流道凝料的自动脱落机构等提出了相应要求。

4）计算塑件的体积和重量。为了选用成型设备，提高设备利用率，确定模具型腔数目及模具加料腔尺寸等，必须计算塑件的体积和重量。

（2）分析工艺资料

分析工艺资料就是分析工艺任务书提出的成型方法、成型设备、材料型号、模具类型等要求是否合理，能否落实。

（3）熟悉有关参考资料及技术标准

常用的有关参考资料有《塑料材料手册》《成型设备说明书》等，常用的有关技术标准有《机械制图标准》等。

（4）熟悉工厂实际情况

这方面的内容很多，主要是成型设备的技术规范，模具生产车间的技术水平，工厂现有设计参考资料以及有关技术标准等。

3. 设计模塑成型工艺

有些分工比较细致的工厂，模塑成型工艺的设计任务是由专门的塑料成型工艺人员来完成的。模具设计人员也可兼任此项工作。

4. 熟悉成型设备的技术规范

在设计模塑成型工艺中，只是对成型设备的类型、型号等作了粗略的选择，这种选择远远不能满足模具设计的需要。因此，模具设计人员必须熟悉成型设备的有关技术规范。如液压机的标称压力（吨位）、顶出力、顶出杆的最大行程、上压板的行程、上下压板之间的最大开距及最小开距、台面结构及尺寸等。如注射机定位圈的直径、喷嘴前端孔径及球面半径、最大注射量、注射压力、注射速度、锁模力、固定模板与移动模板之间的最大开距及最小开距、它们的面积大小及安装螺孔位置、注射机调距螺母的可调长度、最大开模行程、注射机拉杆的间距、顶出杆直径及其位置、顶出行程等。

5. 确定模具结构

理想的模具结构必须满足塑件的工艺技术要求和生产的经济要求。工艺技术要求是要保证塑件的几何形状、尺寸公差及表面粗糙度；生产经济要求是要使塑件的成本低，生产率高，模具使用寿命长，操作安全方便。在确定模具结构时主要解决以下问题。

1）塑件成型位置及分型面的选择。

2）型腔数目的确定、型腔的布置和流道布局以及浇口位置的设计。

3）模具工作零件的结构设计。

4）侧向分型与抽芯机构的设计。

5）推出机构的设计。

6）拉料杆形式的选择。

7）排气方式的设计。

8）加热或冷却方式、沟槽的形状及位置、加热元件的安装部位的确定。

6. 模具设计的有关计算

1）成型零件的工作尺寸计算。

2）加料腔的尺寸计算。

3）型腔壁厚、底板厚度的确定。

4）有关机构的设计计算。

5）模具加热或冷却系统的有关计算。

7. 模具总体尺寸的确定与结构草图的绘制

在以上模具零部件设计的基础上，参照有关塑料模架标准和结构零件标准，初步绘出模具的完整结构草图，并校核预选的成型设备。

8. 模具结构总装图和零件工作图的绘制

（1）模具总装图的绘制

1）尽可能按1∶1比例绘制，并应符合机械制图国家标准。

2）绘制时先由型腔开始绘制，主视图与其他视图同时画出。为了更好地表达模具中成型塑件的形状、浇口位置等，在模具总图的俯视图上，可将上模或定模拿掉，而只画出下模或动模部分的俯视图。

3）模具总装图应包括全部组成零件，要求投影正确，轮廓清晰。

4）通常将塑件零件图绘制在模具总装图的右上方，并注明名称、材料、收缩率、制图比例等。

5）按顺序将全部零件的序号编出，并填写零件明细表。

标注技术要求和使用说明，标注模具的必要尺寸（如外形尺寸、装配尺寸、闭合尺寸等）。模具的技术要求内容通常是：模具装配工艺要求，使用及装拆方法，试模及检验要求等。

（2）主要零件图的绘制

模具总装图拆画零件图的顺序为：先内后外，先复杂后简单，先成型零件，后结构零件。

1）图形应按需要选择适当比例绘制，要求视图选择合理，投影正确，布置得当，图形清晰。

2）标注尺寸要统一，集中、有序、完整。

3）根据零件的用途，正确标注表面粗糙度。

4）填写零件名称、图号、材料、数量、热处理、表面处理、硬度及图形比例等内容。

9. 校对、审图，最后用计算机出图

1）校对。以自我校对为主，校对的内容是：模具及其零件与塑件图样的关系，成型收缩率的选择，成型设备的选用，模具结构的确定等。

2）审图。审核模具总装图、零件图的绘制是否正确，验算成型零件的工作尺寸、装配尺寸和安装尺寸等。

3）在所有校对、审核正确无误后，用计算机打印出图，或以磁盘或联网的方式将设计结果送达生产部门组织生产。

此外，模具设计人员还应参加模具零件的加工、组装、试模、投产的全过程才算完成任务。

7.4 塑件的工艺性分析

为了保证制造出理想的注射塑件，必须考虑塑件的成型工艺性。塑件的成型工艺性与模具设计有直接的关系，只有塑件的设计能适应成型工艺要求，才能设计出合理的模具结构。这样既能保证塑件顺利成型，防止塑件产生缺陷，又能达到提高生产率和降低成本的目的。

设计塑件时必须充分考虑以下因素。

1）塑料的性能。塑件的尺寸、公差、结构形状应与塑料的物理性能、机械性能和工艺性能等相适应。

2）模具结构及加工工艺性。塑件形状应有利于简化模具结构，还要考虑模具零件尤其是成型零件的加工工艺性。

塑件设计的主要内容是尺寸、公差、表面质量和结构形状。

7.4.1 塑件的尺寸、公差和表面质量

1. 塑件的尺寸

这里的尺寸是指塑件的总体尺寸，塑件的尺寸决定于塑料的流动性。对于流动性差的塑料（如玻璃纤维增强塑料）或薄壁塑件，在注射模塑时，塑件尺寸不宜过大，以免熔体不能完全充满型腔或形成熔接痕而影响塑件质量。模塑件尺寸受到注射机的公称注射量、合模力及模板尺寸的限制。

2. 塑件的公差

模具成型零件的制造误差、装配误差及其使用中的磨损，模塑工艺条件的变化，塑件的形状，脱模斜度及成型后塑件的尺寸变化等因素，都会影响塑件的尺寸公差。因此，塑件的尺寸精度往往不高。

工件尺寸公差应根据 GB/T14486—2008《塑料模塑件尺寸公差》确定，尺寸公差选用见表 7-1。该标准中塑件尺寸公差代号为 MT，公差被分为 7 个精度等级，每一级又可分为 a、b 两部分，其中 a 为不受模具活动部分影响的尺寸的公差，b 为受模具活动部分影响的尺寸的公差。例如，由于受水平分型面溢边厚度的影响，塑件高度方向的尺寸公差选用 b 类。该标准只列出公差值，公称尺寸的上下偏差应根据工程需要分配。

一般情况下，对于塑件上的孔类尺寸公差选用单向正偏差，即取表中数值冠以"＋"号；对于塑件上的轴类尺寸公差选用单向负偏差，即取表中数值冠以"－"号；对于中心距尺寸公差采用双向等值偏差，即取表中数值的一半，再冠以"±"号。

对塑料的精度要求要根据具体情况来分析。塑件的精度越高，模具的制造精度要求也越高，模具的制造难度及成本也越高。常用的塑件公差等级选用与塑件的品种有关，见表7-2。

3. 塑件的表面质量

塑件的表面质量是指塑件的表面缺陷（如斑点、条纹、凹痕、起泡、变色等），表面光泽性和表面粗糙度。表面缺陷与模塑工艺和工艺条件有关，必须避免。表面光泽性和表面粗糙度应根据塑件的使用要求而定，尤其是透明塑件，对光泽性和粗糙度均有严格要求。塑件的表面粗糙度与塑料的品种、成型工艺条件、模具成型零件的表面粗糙度及其磨损情况有关，其中模具成型零件的表面粗糙度是决定塑件表面粗糙度的主要因素。

7.4.2 塑件的几何形状

1. 塑件的形状

塑件的形状必须便于成型以简化模具结构、降低成本、提高生产率和保证塑件的质量。

为了在开模时容易取出塑件，塑件的内外表面的形状应尽量避免侧壁凹槽或与塑件脱模方向垂直的孔，以免采用瓣合分型或侧抽芯等复杂的模具结构。

图 7-9a 所示塑件的侧孔，需要采用侧型芯来成型，并要用斜导柱或其他抽芯机构来完成侧抽芯，这样使模具结构复杂。如改用图 7-9b 所示的结构，即可克服上述缺点。

（单位：mm）

表 7-1 模塑件尺寸公差表（摘自 GB/T 14486—2008）

公差等级	公差种类	>0 ~3	>3 ~6	>6 ~10	>10 ~14	>14 ~18	>18 ~24	>24 ~30	>30 ~40	>40 ~50	>50 ~65	>65 ~80	>80 ~100	>100 ~120	>120 ~140	>140 ~160	>160 ~180	>180 ~200	>200 ~225	>225 ~250	>250 ~280	>280 ~315	>315 ~355	>355 ~400	>400 ~450	>450 ~500	>500 ~630	>630 ~800	>800 ~1000
														基本尺寸															
									标注公差的尺寸公差值																				
MT1	a	0.07	0.08	0.09	0.10	0.11	0.12	0.14	0.16	0.18	0.20	0.23	0.26	0.29	0.32	0.36	0.40	0.44	0.48	0.52	0.56	0.60	0.64	0.70	0.78	0.86	0.97	1.16	1.39
	b	0.14	0.16	0.18	0.20	0.21	0.22	0.24	0.26	0.28	0.30	0.33	0.36	0.39	0.42	0.46	0.50	0.54	0.58	0.62	0.66	0.70	0.74	0.80	0.88	0.96	1.07	1.26	1.49
MT2	a	0.10	0.12	0.14	0.16	0.18	0.20	0.22	0.24	0.26	0.30	0.34	0.38	0.42	0.46	0.50	0.54	0.60	0.66	0.72	0.76	0.84	0.92	1.00	1.10	1.20	1.40	1.70	2.10
	b	0.20	0.22	0.24	0.26	0.28	0.30	0.32	0.34	0.36	0.40	0.44	0.48	0.52	0.56	0.60	0.64	0.70	0.76	0.82	0.86	0.94	1.02	1.10	1.20	1.30	1.50	1.80	2.20
MT3	a	0.12	0.14	0.16	0.18	0.20	0.22	0.26	0.30	0.34	0.40	0.46	0.52	0.58	0.64	0.70	0.78	0.86	0.92	1.00	1.10	1.20	1.30	1.44	1.60	1.74	2.00	2.40	3.00
	b	0.32	0.34	0.36	0.38	0.40	0.42	0.46	0.50	0.54	0.60	0.66	0.72	0.78	0.84	0.90	0.98	1.06	1.12	1.20	1.30	1.40	1.50	1.64	1.80	1.94	2.20	2.60	3.20
MT4	a	0.16	0.18	0.20	0.24	0.28	0.32	0.36	0.42	0.48	0.56	0.64	0.72	0.82	0.92	1.02	1.12	1.24	1.36	1.48	1.62	1.80	2.00	2.20	2.40	2.60	3.10	3.80	4.60
	b	0.36	0.38	0.40	0.44	0.48	0.52	0.56	0.62	0.68	0.76	0.84	0.92	1.02	1.12	1.22	1.32	1.44	1.56	1.68	1.82	2.00	2.20	2.40	2.60	2.80	3.30	4.00	4.80
MT5	a	0.20	0.24	0.28	0.32	0.38	0.44	0.50	0.56	0.64	0.74	0.86	1.00	1.14	1.28	1.44	1.60	1.76	1.92	2.10	2.30	2.50	2.80	3.10	3.50	3.90	4.50	5.60	6.90
	b	0.40	0.44	0.48	0.52	0.58	0.64	0.70	0.76	0.84	0.94	1.06	1.20	1.34	1.48	1.64	1.80	1.96	2.12	2.30	2.50	2.70	3.00	3.30	3.70	4.10	4.70	5.80	7.10
MT6	a	0.26	0.32	0.38	0.46	0.52	0.60	0.70	0.80	0.94	1.10	1.28	1.48	1.72	1.92	2.20	2.40	2.60	2.90	3.20	3.50	3.90	4.30	4.80	5.30	5.90	6.90	8.50	10.60
	b	0.46	0.52	0.58	0.66	0.72	0.80	0.90	1.00	1.14	1.30	1.48	1.68	1.92	2.20	2.40	2.60	2.90	3.20	3.40	3.70	4.10	4.50	5.00	5.50	6.10	7.10	8.70	10.80
MT7	a	0.38	0.46	0.56	0.66	0.76	0.86	0.98	1.12	1.32	1.54	1.80	2.10	2.40	2.70	3.00	3.30	3.70	4.10	4.50	4.90	5.40	6.00	6.70	7.40	8.20	9.60	11.90	14.80
	b	0.58	0.66	0.76	0.86	0.96	1.06	1.18	1.32	1.52	1.74	2.00	2.40	2.60	3.00	3.30	3.50	3.90	4.30	4.70	5.10	5.60	6.20	6.90	7.60	8.40	9.80	12.10	15.00
										未注公差的尺寸允许偏差																				
MT5	a	±0.10	±0.12	±0.14	±0.16	±0.19	±0.22	±0.25	±0.28	±0.32	±0.37	±0.43	±0.50	±0.57	±0.64	±0.72	±0.80	±0.88	±0.96	±1.05	±1.15	±1.25	±1.40	±1.55	±1.75	±1.95	±2.25	±2.80	±3.45
	b	±0.20	±0.22	±0.24	±0.26	±0.29	±0.32	±0.35	±0.38	±0.42	±0.47	±0.53	±0.60	±0.67	±0.74	±0.82	±0.90	±0.98	±1.06	±1.15	±1.25	±1.35	±1.50	±1.65	±1.85	±2.05	±2.35	±2.90	±3.55
MT6	a	±0.13	±0.16	±0.19	±0.23	±0.26	±0.30	±0.35	±0.40	±0.47	±0.55	±0.64	±0.74	±0.86	±1.00	±1.10	±1.20	±1.30	±1.45	±1.60	±1.75	±1.95	±2.15	±2.40	±2.65	±2.95	±3.45	±4.25	±5.30
	b	±0.23	±0.26	±0.29	±0.33	±0.36	±0.40	±0.45	±0.50	±0.57	±0.65	±0.74	±0.84	±0.96	±1.10	±1.20	±1.30	±1.40	±1.55	±1.70	±1.85	±2.05	±2.25	±2.50	±2.75	±3.05	±3.55	±4.35	±5.40
MT7	a	±0.19	±0.23	±0.28	±0.33	±0.38	±0.43	±0.49	±0.56	±0.66	±0.77	±0.90	±1.05	±1.20	±1.35	±1.50	±1.65	±1.85	±2.05	±2.25	±2.45	±2.70	±3.00	±3.35	±3.70	±4.10	±4.80	±5.95	±7.40
	b	±0.29	±0.33	±0.38	±0.43	±0.48	±0.53	±0.59	±0.66	±0.76	±0.87	±1.00	±1.15	±1.30	±1.45	±1.60	±1.75	±1.95	±2.15	±2.35	±2.55	±2.80	±3.10	±3.45	±3.80	±4.20	±4.90	±6.05	±7.50

注：1. a 为不受模具活动部分影响的尺寸公差值；b 为受模具活动部分影响的尺寸公差值。

2. MT1 级为精密级，只有采用严密的工艺控制措施和高精度的模具、设备、原料时才有可能选用。

176

表 7-2　塑件精度等级的选用

| 材料类别 | 材料 名 称 | | 公 差 等 级 | | |
| | 代号 | 模塑件材料 | 标注公差的尺寸 | | 未注公差的尺寸 |
			高精度	一般精度	
一	ABS	丙烯腈/丁二烯/苯乙烯	MT2	MT3	MT5
	AS	丙烯腈/苯乙烯			
	EP	环氧树脂			
	UF/MF	尿醛/三聚氰胺/甲醛塑料（有机物填充）			
	PC	聚碳酸配			
	PA	玻纤填充尼龙			
	PPO	聚苯醚			
	PPS	聚苯硫醚			
	PS	聚苯乙烯			
	PSU	聚砜			
	RPVC	硬聚氯乙烯			
	PMMA	聚甲基丙烯酸甲酯			
	PDAP	聚邻苯二甲酸二烯丙脂			
	PETP	玻纤填充 PETP			
	PBTP	玻纤填充 PBTP			
	PF	无机物填充酚醛塑料			
二	CA	醋酸纤维素	MT3	MT4	MT6
	UF/MF	尿醛/三聚氰胺/甲醛塑料（有机物填充）			
	PA	聚酰胺（无填充）			
	PBTP	聚对苯二甲酸丁二醇酯			
	PETP	聚对苯二甲酸乙二醇酯			
	PE	酚醛塑料（有机物填充）			
	POM	聚甲醛（尺寸 <150mm）			
	PP	聚丙烯（无机物填充）			
三	POM	聚甲醛（尺寸 ≥150mm）	MT4	MT5	MT7
	PP	聚丙烯			
四	PE	聚乙烯	MT5	MT6	MT7
	SPVC	软聚氯乙烯			

图 7-10a 所示的塑件，侧凹必须用镶拼式凸模来成型，否则塑件无法取出。采用镶拼结构不但使模具结构复杂，而且还会在塑件内表面留下镶拼痕迹，使修整困难。在允许的情况下，改用图 7-10b 所示的形状较为合理。

带有整圈内侧凹槽的塑件，如采用组合式型芯，则制造困难。但当内侧凹槽较浅并允许带有圆角时，则可以采用整体式型芯。此时，可利用塑料在脱模温度下具有足够弹性的特性，以强行脱模的方式脱模。如图 7-11a 所示。聚乙烯、聚丙烯等塑件可采用类似的设计，塑件外侧的外凸（或外凹）也可强行脱模，如图 7-11b 所示。但是，大多数情况下塑件的侧向凹凸不可能强制脱模，此时应采用侧向分型抽芯结构的模具。

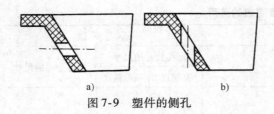

图 7-9 塑件的侧孔

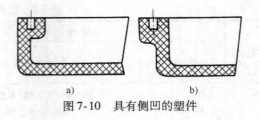

图 7-10 具有侧凹的塑件

2. 塑件的壁厚

塑件的壁厚与使用要求和工艺要求有关。在使用上要求壁厚具有足够的强度和刚度；脱模时能承受脱模机构的冲击和振动；装配时能承受紧固力以及在运输中不变形或损坏。在模塑成型工艺上，塑件壁厚不能过小，否则熔融塑料在模具型腔中的流动阻力加大，尤其是形状复杂和大型的塑件，成型比较困难。塑件壁厚过大，不但造成用料过多而增加成本，而且会给成型工艺带来一定困难。

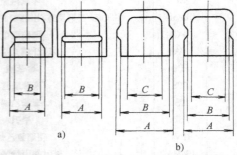

图 7-11 带有整圈内侧凹槽的塑件

热固性塑料的小型塑件，壁厚取 1.5~2.5mm，大型塑件取 3~8mm。热塑性塑料易于成型薄壁塑件，最薄可达 0.25mm，但一般不宜小于 0.6~0.9mm，通常选取 2~4mm。

有了合理的壁厚，还应力求同一塑件上各部位的壁厚尽可能均匀，否则会因固化或冷却速度不同而引起收缩力不一致，结果在塑件内部产生内应力，致使塑件产生翘曲、缩孔、裂纹，甚至开裂等缺陷。第 6 章图 6-1 列举了一些塑件壁厚设计的不合理结构图与合理结构图。

3. 脱模斜度

为了便于塑件脱模，以防脱模时擦伤塑件表面，设计塑件时必须考虑塑件内外表面沿脱模方向均应具有合理的脱模斜度，如第 6 章图 6-3 所示。脱模斜度的大小主要决定于塑料的收缩率、塑件的形状和壁厚以及塑件的部位等。

在通常情况下，脱模斜度为 30′~1°30′，应根据具体情况而定。当塑件有特殊要求或精度要求较高时，应取用较小的斜度，外表面斜度可小至 5′，内表面斜度可小至 10′~20′；塑件上的凸起或加强肋单边应有 4°~5°的斜度；塑件壁厚的应选较大的斜度。在开模时，为了让塑件留在凸模上，内表面的斜度比外表面的小。相反，为了让塑件留在凹模一边，则外表面的斜度比内表面的小。

斜度的取向原则是：内孔以小端为准，符合图样要求，斜度由扩大方向得到；外形以大端为准，符合图样要求，斜度由缩小方向得到。脱模斜度值一般不包括在塑件尺寸的公差范围内，但对塑件精度要求高的，脱模斜度应包括在公差范围内。

4. 塑件的加强肋

为了确保塑件的强度和刚度而又不致于使塑件的壁厚过大，可在塑件的适当位置上设置加强肋。图 7-12b、d 所示塑件，采用了加强肋使塑件壁厚均匀，既省料又提高了强度及刚度，还可避免气泡、缩孔、凹痕、翘曲等缺陷。

大型平面上纵横布置的加强肋能增加塑件的刚性，沿着料流方向的加强肋还能降低塑料的充模阻力。

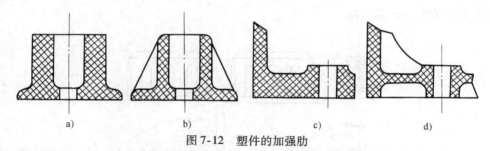

图 7-12 塑件的加强肋

在布置加强肋时，应尽量避免或减少塑料局部集中，否则会产生缩孔和气泡。第 6 章图 6-2 所示为容器的底或盖上加强肋的布置情况，图 7-12a、c 因塑料局部集中，所以不合理；图 7-12b、d 的形式较好。

5. 塑件的支承面

当塑件需要由一个面为支承（或基准面）时，以整个底面作为支承面是不合理的，因为塑件稍有翘曲或变形就会造成底面不平。为了更好地起支承作用，常采用边框支承或底脚支承。

6. 塑件的圆角

带有尖角的塑件，往往会在尖角处产生应力集中，影响塑件强度。为此，塑件除了使用上要求必须采用尖角之处外，其余所有转角处均应尽可能采用圆弧过渡。这样，不仅避免了应力集中，提高了强度，而且还增加了塑件的美观度，有利于塑料充模时的流动。此外，有了圆角，模具在淬火或使用时不致因应力集中而开裂。圆角半径一般不应小于 0.5mm，内壁圆角半径可取壁厚的一半，外壁圆角半径可取 1.5 倍的壁厚。

对于塑件的某些部位如分型面、型芯与型腔配合处等不便作成圆角，则仍采用尖角。

7. 塑件上的孔的设计

塑件上的孔是用模具的型芯成型的，理论上来说，可以成型任何形状的孔，但是形状复杂的孔，其模具制造困难，成本较高。因此，用模具成型的孔，应采用工艺上易于加工的孔。

塑件上常见的孔有通孔、盲孔、形状复杂的孔等，这些孔均应设置在不易削弱塑件强度的地方。在孔之间和孔与边缘之间均应留有足够的距离（一般应大于孔径）。塑件上固定用孔和其他受力孔的周围可设计一凸边来加强，如图 7-13 所示。

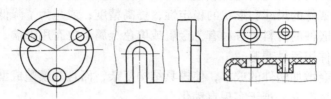

图 7-13 孔的加强

8. 塑件的花纹、标记、符号及文字

塑件上的花纹（如凸纹、凹纹、皮革纹等），有的是使用上的需要，有的是为了装饰。

设计的花纹应易于成型和脱模、便于模具制造。为此，纹理方向应与脱模方向一致。如图 7-14a、d 所示塑件脱模困难，模具结构复杂；图 7-14c 所示的形式其分型面处的飞边不易清除；而图 7-14b、e 所示的形式，则脱模方便，模具结构简单，制造方便，而且分型面处的飞边为一圆形，容易去除。

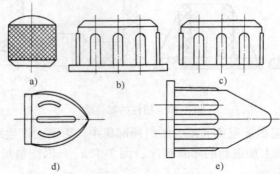

图 7-14　塑件上花纹的设计

塑件上的标记、符号或文字可以做成三种不同的形式。一种为塑件上是凸字，它在模具制造时比较方便，但凸字在塑件抛光或使用过程中容易磨损（图 7-15a）。第二种为塑件上是凹字，它可以填上各种颜色的油漆，使字迹更为鲜明，但由于模具上的字是凸起的，使模具制造困难（图 7-15b）。第三种为凹坑凸字（图 7-15c），此时可用单个凹字模，然后将它镶入模具中，通常为了避免镶嵌痕迹而将镶块周围的结合线作边框。采用这种形式后，塑件上的凸字无论在抛光或使用时都不易因碰撞而损坏。

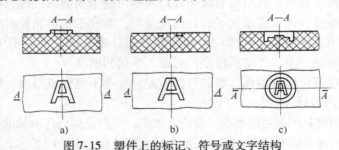

图 7-15　塑件上的标记、符号或文字结构

7.4.3　带嵌件的塑件设计

塑件中镶入嵌件的目的是为了增加塑件局部的强度、硬度、耐磨性、导电性、导磁性等；或是为了增加塑件的尺寸和形状的稳定性，提高精度；或是为了降低塑料的消耗以及满足其他多种要求。嵌件的材料有各种有色金属或黑色金属，也有用玻璃、木材和已成型的塑件等，其中金属嵌件用得最普遍。

采用嵌件一般会增加塑件的成本，使模具结构复杂，而且在模塑成型时因向模具中安装嵌件会降低塑件的生产率，难于实现自动化。

常用的金属嵌件如第 6 章图 6-4 所示。

为了使嵌件牢固固定在塑件中，防止嵌件受力时在塑件内转动或拔出，嵌件表面应加制菱形滚花（图 7-16a）、直纹滚花（图 7-16b）或制成六边形（图 7-16c）、切口、打孔、折弯（图 7-16d、e）、压扁（图 7-16f）等各种形式。

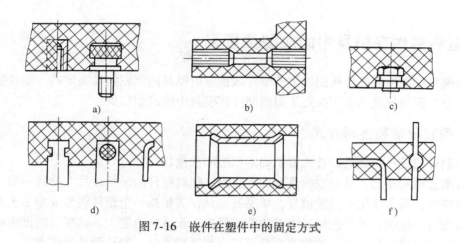

图 7-16　嵌件在塑件中的固定方式

7.4.4　典型案例分析

1. 端盖

如图 7-5、图 7-6 所示，该塑件材料为 ABS 工程塑料，主要用途和特点见表 6-1。端盖塑件总体尺寸是 $\phi87 \times 11$，属于小型塑件。端盖塑件有 5 个尺寸标注公差，分别是 9.50 + 0.16、810 + 0.52、110 − 0.18、840 − 0.52、870 − 0.38。查表 7-1 和表 7-2 可知：9.50 + 0.16、810 + 0.52、110 − 0.18、840 − 0.52 为 MT3 级精度，属于一般精度；870 − 0.38 为 MT2 级精度，属于高精度，在模具设计和制造过程中应保证此尺寸精度要求；其余尺寸未注公差，按 MT5 级精度。端盖塑件表面不得有气孔、熔接痕、飞边等缺陷，表面粗糙度要求不高，可取 $Ra1.6$。形状为回转体壳类零件，整体形状比较简单，无不合理的结构。由分析可知，此塑件可采用注射成型生产。又因产量为 100000 件，属于大批量生产，采用注射成型具有较高的经济效益。塑件壁厚均匀，为 1.5mm，由以上塑件壁厚分析可知，该塑件大于最小壁厚要求。该塑件由于高度较小，可以顺利脱模，所以不需要脱模斜度。塑件顶面内圆角 $R1.5$，外圆角 $R3$，可以提高模具强度、改善熔体的流动情况和便于脱模。端盖塑件不存在加强肋，无支承面和凸台的设计要求，无孔的设计要求，无花纹、标记、符号及文字等的设计要求，无螺纹的设计要求，无嵌件的设计要求，故可以省略此过程的分析计算。

2. 环形套

如图 7-7、图 7-8 所示，该塑件材料为 ABS，主要用途和特点见表 6-1。此塑件所有尺寸未标注公差，按标准 GB/T 14486—2008 中 MT5 级精度。塑件表面不得有气孔、熔接痕、飞边等缺陷，表面粗糙度可取 $Ra1.6$。此塑件总体为环形结构，沿轴线方向有 2 个 $\phi6$ 和 2 个 $\phi8$ 的通孔，大于 ABS 塑料的最小孔尺寸，可以直接模塑成型；在侧壁上有一个凸台，中心是 $\phi12$ 的孔，由于与开模方向垂直，要设置侧抽芯机构。壁厚 3～10.5mm，大于最小壁厚要求。总体尺寸为 $125 \times 120 \times 30$，属于中小型塑件。侧壁无拔模斜度，由于高度较小，可以顺利脱模。塑件边缘 $R1$、$R2$、$R4$ 圆角过渡，可以提高模具强度、改善熔体的流动情况和便于脱模。通过以上分析可知，此塑件可采用注射成型生产。又因产量为 10000 件，属于大批量生产，采用注射成型具有较高的经济效益。

7.5 塑料制件在模具中的成型位置

注射模每一次注射循环所能成型的塑件数量是由模具的型腔数量决定的，型腔数量及排列方式、分型面的位置确定等决定了塑料制件在模具中的成型位置。

7.5.1 型腔数量和排列方式

塑料制件的设计完成后，首先需要确定型腔的数量。

与多型腔模具相比，单型腔模具有如下优点：塑料制件的形状和尺寸始终一致，在生产高精度零件时，通常使用单型腔模具；单型腔模具仅需根据一个塑件调整成型工艺条件，因此工艺参数易于控制；单型腔模具的结构简单紧凑，设计自由度大，其模具的推出机构、冷却系统、分型面设计较方便；单型腔模具还具有制造成本低、制造简单等优点。

对于长期、大批量生产来说，多型腔模具更为有益，它可以提高塑件的生产率，降低塑件的成本。如果注射的塑件非常小而又没有与其相适应的设备，则采用多型腔模具是最佳选择。现代注射成型生产中，大多数小型的塑件成型都采用多型腔模具。

1. 型腔数的确定

在设计时，先确定注射机的型号，再根据所选用的注射机的技术规格及塑件的技术要求，计算出选取的型腔数目；也有根据经验先确定型腔数目，然后根据生产条件，如注射机的有关技术规格等进行校核计算，但无论采用哪种方式，一般考虑的要点如下。

1）塑料制件的批量和交货周期。如果必须在相当短的时间内制造大批量的产品，则采用多型腔模具可提供独特的优越条件。

2）质量的控制要求。塑料制件的质量控制要求是指其尺寸、精度、性能及表面粗糙度等。如前所述，每增加一个型腔，由于型腔的制造误差和成型工艺误差等影响，塑件的尺寸精度就降低约 $4\% \sim 8\%$，因此多型腔模具（$n > 4$）一般不能生产高精度的塑件。高精度的塑件一般宁可一模一件，以保证质量。

3）成型的塑料品种与塑件的形状及尺寸。塑件的材料、形状尺寸与浇口的位置和形式有关，同时也对分型面和脱模的位置有影响，因此确定型腔数目时应考虑这方面的因素。

4）所选用的注射机的技术规格。根据注射机的额定注射量及额定锁模力算出型腔数目。

因此，根据上述要点所确定的型腔数目，既要保证最佳的生产经济性，技术上又要保证产品的质量，也就是应保证塑料制件最佳的技术经济性。

2. 型腔的布局

多型腔模具在一般情况下成型同一尺寸及精度要求的制件。由于型腔的布置与浇注系统布置密切相关，因而型腔的排布在多型腔模具设计中应加以综合考虑。型腔的排布应使每个型腔浇口处有足够压力，以保证塑料熔体同时均匀地充满型腔，使各型腔的塑件内在质量均一稳定。这就要求型腔与主流道之间的距离尽可能最短，同时采用平衡的流道和合理的浇口尺寸以及均匀的冷却等。合理的排布可以避免塑件尺寸的差异、应力形成和脱模困难等问题。该问题将在浇口布置中作详细说明。

7.5.2 分型面的选择

1. 分型面及其基本形式

为了塑件及浇注系统凝料的脱模和安放嵌件的需要，将模具型腔适当地分成两个或更多部分，这些可以分离部分的接触表面，通称为分型面。

在图样上表示分型面的方法是在分型面的延长面上画出一小段直线表示分型面的位置，并用箭头表示开模方向或模板可移动的方向。如果是多分型面，则用罗马数字（也可用大写字母）表示开模的顺序。分型面的表示方法如图7-17所示。

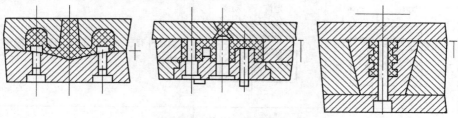

图7-17 分型面的表示方法

分型面应尽量选择平面的，但为了适应塑件成型的需要和便于塑件脱模，也可以采用曲面、台阶面等分型面，其分型面虽然加工较困难，型腔加工却比较容易，如图7-18所示。

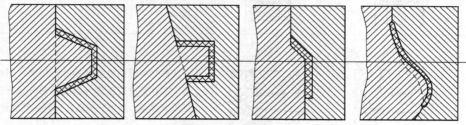

图7-18 分型面的形状

2. 分型面的选择实例

表7-3中列出了几种塑件选择分型面的选择实例，供设计参考。

表7-3 分型面的选择实例

序 号	推 荐 形 式	不 合 理	说 明
1	定模 动模	定模 动模	分型面选择应满足动、定模分离后塑件尽可能留在动模内，因为顶出机构一般在动模部分，否则会增加脱模的困难，使模具结构复杂
2	动模 定模	定模 动模	当塑件是垫圈类、壁较厚而内芯较小时，塑件在成型收缩后，型芯包紧力较小，若型芯设于定模部分，很可能由于型腔加工后光洁度不高，造成工件留在定模上。因此型腔设在动模内，只要采用顶管结构，就可以完成脱模工作

序　号	推 荐 形 式	不 合 理	说　明
3	动模　定模	动模　定模	塑件外形简单，但内形有较多的孔或复杂的孔时，塑件成型收缩后必留在型芯上，这时型腔可设在定模内，只要采用顶板，就可以完成脱模，模具结构简单
4	动模　定模	定模　动模	当塑件有较多组抽芯时，应尽可能避免长端侧向抽芯
5	动模　定模	动模　定模	当塑件有侧向抽芯时，应尽可能放在动模部分，避免定模抽芯
6	动模　定模	动模　定模	头部带有圆弧之类的塑件，如果在圆弧部分型，往往造成圆弧部分与圆柱部分错开，影响表面外观质量，所以一般选在头部的下端分型
7	定模　动模	定模　动模	为了满足塑件同心度的要求，应尽可能将型腔设计在同一块模板上
8	定模　动模	定模　动模	一般分型面应尽可能设在塑料流动方向的末端，以利于排气

7.5.3　典型案例分析

1. 端盖

该塑件的生产批量为 100000 件，属于大批量生产，且塑件精度要求不高，因此应采用一模多腔。为使模具尺寸紧凑，确定型腔数目为一模两腔。

端盖塑件分型面选择如下。

首先确定模具的开模方向为塑件的轴线方向。根据分型面应选择在塑件外形最大轮廓处的原则，此塑件的分型面选在端盖的下底面处，如图 7-19 所示。

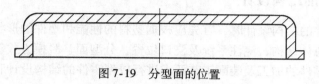

图 7-19 分型面的位置

2. 环形套

根据生产经济性和产品质量的要求，该塑件的型腔数量选择一模两腔，采用平衡布局。该塑件分型面的选择如下。

首先确定模具的开模方向为环形套的轴线方向，根据开槽处的放置位置不同，塑件在模具中的动、定模侧有两种方案：方案一，开槽处朝向定模，如图 7-20 所示；方案二，开槽处朝向动模，如图 7-21 所示。

方案一：环形内部为型芯，其上侧边界沿切线走向，但在开槽处的圆角部分要分割，使得成型零件存在尖角，并且整体性较差。

方案二：开槽处的圆角完全放在动模，整体性较好。

综合以上两种方案，应该选择方案二，即开槽处朝向动模。根据分型面应选择在塑件外形的最大轮廓处，且型腔、型芯体积尽可能大的原则，此塑件的内分型面边界应为上底面与侧面切线，其余四个孔的内分型面在上底面；外分型面的边界主体是下底面与侧面切线，侧面凸台部分边界过凸台中心且适当延长与边界主体过渡，如图 7-22 所示。

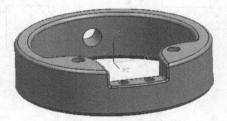

图 7-20 开槽处朝向定模

图 7-21 开槽处朝向动模

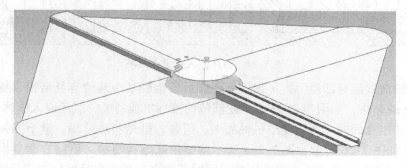

图 7-22 分型面

7.6 成型零件的设计

7.6.1 成型零件的结构设计

在进行成型零件的结构设计时，首先应根据塑料的性能和塑件的形状、尺寸及其他使用要求，确定型腔的总体结构、浇注系统及浇口位置、分型面、脱模方式等，然后根据塑件的形状、尺寸和成型零件的加工及装配工艺要求进行成型零件的结构设计和尺寸计算。

1. 凹模的结构设计

凹模是成型塑件外表面的凹状零件，通常可分为整体式和组合式两大类。

（1）整体式凹模

整体式凹模是由整块钢材直接加工而成的，其结构如图 7-23 所示。这种凹模结构简单，牢固可靠，不易变形，成型的塑件质量较好。但当塑件形状复杂时，其凹模的加工工艺性较差。因此整体式凹模适用形状简单的小型塑件的成型。

（2）组合式凹模

组合式凹模是由两个以上零件组合而成的。这种凹模改善了加工性，减少了热处理变形，节约了模具贵重钢材，但结构复杂，装配调整麻烦，塑件表面可能留有镶拼痕迹，因此，这种凹模主要用于形状复杂的塑件的成型。

组合式凹模的组合形式很多，常见的有以下几种。

1）整体嵌入式组合凹模。对于小型塑件采用多型腔塑料模成型时，各单个凹模一般采用冷挤压、电加工、电铸等方法制成，然后整体嵌入模中，其结构如图 7-24 所示。

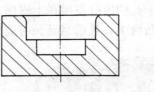
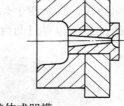

图 7-23　整体式凹模

这种凹模形状及尺寸的一致性好，更换方便，生产率高，可节约贵重金属，但模具体积较大；需用特殊加工法。

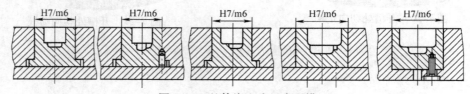

图 7-24　整体嵌入式组合凹模

2）局部镶嵌式组合凹模。为了加工方便或由于型腔某一部位容易磨损，需要更换，则采用局部镶嵌的办法，如图 7-25 所示，此部位的镶件单独制成，然后嵌入模体。

3）镶拼式组合凹模。为了便于机械加工、研磨、抛光和热处理，整个凹模可由几个部分镶拼而成，如图 7-26 所示。图 7-26a 所示的镶拼式结构简单，但结合面要求平整，以防拼缝挤入塑料，飞边加厚，造成脱模困难，同时还要求底板应有足够的强度及刚度，以免变形而挤入塑料；图 7-26b、c 所示的结构，采用圆柱形配合面，塑料不易挤入，但制造比较费时。

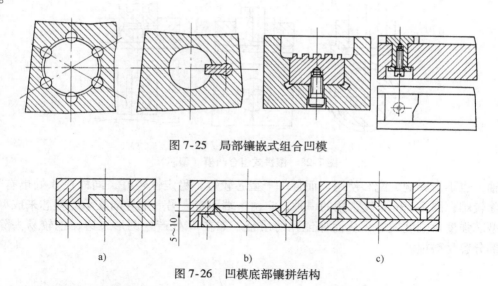

图 7-25　局部镶嵌式组合凹模

图 7-26　凹模底部镶拼结构

2. 凸模和型芯的结构设计

（1）凸模

凸模是指注射模中成型塑件有较大内表面的凸状零件，又称为主型芯。凸模或型芯有整体式和组合式两大类。

图 7-27 所示为凸模结构示意图，其中图 7-27a 为整体式，结构牢固，成型的塑件质量较好，但机械加工不便，优质钢材消耗量较大。此种型芯主要用于形状简单的小型凸模（型芯）；组合式凸模是将凸模（型芯）和模板采用不同材料制成，然后连接成一体，如图 7-27b、c、d 所示的结构。图 7-27b 为通孔台肩式，凸模用台肩和模板相连，再用垫板螺钉紧固，连接比较牢固，是最常用的方法之一。对于

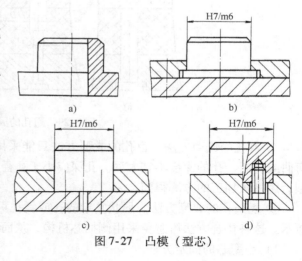

图 7-27　凸模（型芯）

固定部分是圆柱面而型芯有方向性的场合，可采用销钉或键止转定位；图 7-27c 为通孔无台式；图 7-27d 为非通孔的结构。对于形状复杂的大型凸模（型芯），为了便于机械加工，可采用组合式的结构。图 7-28 所示为镶拼式组合凸模（型芯）。

（2）小型芯

小型芯又称为成型杆，它是指成型塑件上较小的孔或槽的零件。

1）孔的成型方法。

① 通孔的成型方法。通孔的成型方法如图 7-29 所示。图 7-29a 由一端固定的型芯来成型，这种结构的型芯容易在孔的一端 A 处形成难以去除的飞边，如果孔较深则型芯较长，容易产生弯曲变形；图 7-29b 由两个直径相差 0.5～1mm 的型芯来成型，即使两个小型芯稍

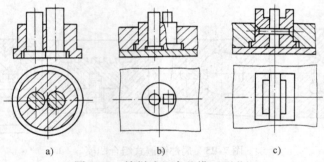

图 7-28　镶拼式组合凸模（型芯）

不同轴，也不会影响装配和使用，而且每个型芯较短，稳定性较好，同样在 A 处也有飞边，且去除较难；图 7-29c 是较常用的一种，它由一端固定，另一端导向支承的型芯来成型，这样的型芯强度及刚度较好，从而保证孔的质量，如在 B 处产生圆形飞边，也较易去除，但导向部分容易磨损。

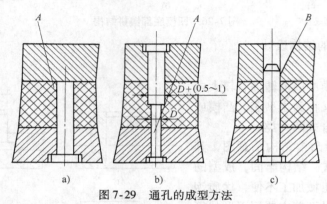

图 7-29　通孔的成型方法

② 盲孔的成型方法。盲孔的成型方法只能采用一端固定的型芯来成型。为了避免型芯弯曲或折断，孔的深度不宜太深。孔深应小于孔径的 3 倍；直径过小或深度过大的孔宜在成型后用机械加工的方法得到。

③ 复杂孔的成型方法。形状复杂的孔或斜孔可采用型芯拼合的方法来成型，如图 7-30 所示。这种拼合方法可避免采用侧抽芯机构，从而使模具结构简化。

2）小型芯的固定方法。

小型芯通常是单独制造，然后嵌入固定板中固定，其固定方式如图 7-31 所示。图 7-31a 是用台肩固定的形式，下面用垫板压紧；如固定板太厚，可在固定板上减少配合长度，如图 7-31b 所示；图 7-31c 是型芯细小而固定板太厚的形式，型芯镶入后，在下端用圆柱垫垫平；图 7-31d 是用于固定板厚而无垫板的场合，在型芯的下端用螺塞紧固；图 7-31e 是型芯镶入后在另一端采用铆接固定的形式。

对于非圆形型芯，为了便于制造，可将其固定部分做成圆形，并采用台阶连接，如图 7-32a 所示。有时仅将成型部分做成异形，其余部分则做成圆形，并用螺母及弹簧垫圈拉紧，如图 7-32b 所示。

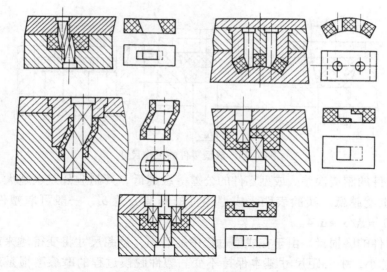

图 7-30 复杂孔的成型方法

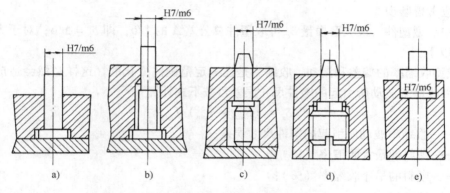

图 7-31 小型芯的固定方式

7.6.2 成型零件工作尺寸的计算

所谓工作尺寸是指成型零件上直接用以成型塑件部分的尺寸，主要有型腔和型芯的径向尺寸，型腔的深度或型芯的高度尺寸、中心距尺寸等（图 7-33）。任何塑件都有一定的尺寸要求，在安装和使用中有配合要求的塑件，其尺寸公差常要求较小。在设计模具时，必须根据塑件的尺寸和公差要求来确定相应的成型零件的尺寸和公差。

1. 影响塑件尺寸公差的因素

影响塑件尺寸公差的因素很多，而且相当复杂，主要因素如下。

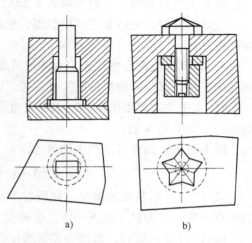

图 7-32 非圆形型芯的固定方式

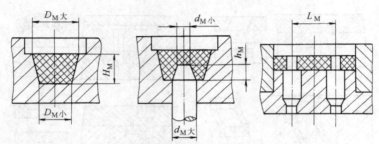

图 7-33　成型零件的工作尺寸

1）成型零件的制造误差。成型零件的公差等级越低，其制造公差也越大，因而成型的塑件公差等级也就越低。实验表明，成型零件的制造公差 δ_z，一般可取塑件总公差 Δ 的 $1/3 \sim 1/4$，即 $\delta_z = \Delta/3 \sim \Delta/4$。

2）成型零件的磨损量。由于在成型过程中的磨损，型腔尺寸将变得越来越大，型芯或凸模尺寸越来越小，中心距尺寸基本保持不变。塑件脱模过程的摩擦磨损是最主要的，因此，为了简化计算，凡与脱模方向相垂直的成型零件表面可不考虑磨损；而与脱模方向相平行的表面应考虑磨损。

对于中小型塑件，最大磨损量 δ_c 可取塑件总公差 Δ 的 $1/6$，即 $\delta_c = \Delta/6$；对于大型塑件则取 $\Delta/6$ 以下。

3）成型收缩率的偏差和波动。收缩率是在一定范围内变化的，这样必然会造成塑件尺寸误差。因收缩率波动所引起的塑件尺寸误差可按下式计算

$$\delta_s = （S_{max} - S_{min}）L_s \qquad (7\text{-}1)$$

式中　δ_s——收缩率波动所引起的塑件尺寸误差；

　　　S_{max}——塑料的最大收缩率（%）；

　　　S_{min}——塑料的最小收缩率（%）；

　　　L_s——塑件尺寸。

据有关资料介绍，一般可取 $\delta_s = \Delta/3$。

设计模具时，可以参照试验数据，根据实际情况，分析影响收缩的因素，选择适当的平均收缩率。

4）模具安装配合的误差。由于模具成型零件的安装误差或在成型过程中成型零件配合间隙的变化，都会影响塑件的尺寸误差。安装配合误差常用 δ_i 表示。

5）水平飞边厚度的波动。水平飞边厚度很薄，甚至没有飞边，所以对塑件高度尺寸影响很小。误差用 δ_f 表示。

综上所述，塑件可能产生的最大误差 δ 为上述各种误差的总和，即

$$\delta = \delta_z + \delta_c + \delta_s + \delta_i + \delta_f \qquad (7\text{-}2)$$

式（7-2）是极端的情况，即所有误差都同时偏向最大值或最小值时得到的，但从概率的观点出发，这种机率接近于零，各种误差因素会互相抵消一部分。

由式（7-2）可知，塑件公差等级往往是不高的。塑件的公差值应大于或等于上述各种因素所引起的积累误差，即

$$\Delta \geqslant \delta \qquad (7\text{-}3)$$

因此，在设计塑件时应慎重决定其公差值，以免给模具制造和成型工艺条件的控制带来困难。一般情况下，以上影响塑件公差的因素中，模具制造误差 δ_z，成型零件的磨损量 δ_c 和收缩率的波动 δ_s 是主要的，而且并不是塑件的所有尺寸都受上述各因素的影响。例如，用整体式凹模成型的塑件，其径向尺寸（宽或长）只受 δ_z、δ_c、δ_s 的影响，而其高度尺寸只受 δ_z、δ_s 的影响。

在生产大尺寸塑件时，δ_s 对塑件公差影响很大，此时应着重设法稳定工艺条件和选用收缩率波动小的塑料，并在模具设计时，慎重估计收缩率作为计算成型尺寸的依据，单靠提高成型零件的制造精度是没有实际意义的，也是不经济的。相反，生产小尺寸塑件时，δ_z 和 δ_c 对塑件公差的影响比较突出，此时应主要提高成型零件的制造精度和减少磨损量。在精密成型中，减小成型工艺条件的波动是一个很重要的问题，单纯地根据塑件的公差来确定成型零件的尺寸公差是难以达到要求的。

2. 成型零件工作尺寸计算方法

成型零件工作尺寸的计算方法一般按平均收缩率、平均制造公差和平均磨损量进行计算。为计算简便，塑件和成型零件均按单向极限将公差带置于零线的一边，以型腔内径成型塑件外径时，规定型腔尺寸表示为 $(L_M)_0^{+\delta_z}$；塑件尺寸表示为 $(L_s)_{-\Delta}^{0}$，如图 7-34a 所示。以型芯外径成型塑件内径时，规定型芯尺寸表示为 $(l_M)_{-\delta_z}^{0}$，塑件内径尺寸表示为 $(l_s)_0^{+\Delta}$，如图 7-34b 所示。计算型腔深度时，以 $(H_s)_0^{+\delta_z}$ 表示型腔深度尺寸，以 $(H_s)_{-\Delta}^{0}$ 表示对应的塑件高度尺寸。计算型芯高度尺寸时，以 $(h_M)_{-\delta_z}^{0}$ 表示型芯高度尺寸，以 $(h_s)_0^{+\Delta}$ 表示对应的塑件上的孔深，如图 7-34b 所示。

3. 型腔和型芯工作尺寸计算

（1）型腔和型芯径向尺寸

1）型腔径向尺寸。已知在规定条件下的平均收缩率 S_{CP}，塑件尺寸 $(L_s)_{-\Delta}^{0}$，磨损量 δ_c，则塑件的平均尺寸为 $L_S - \Delta/2$，如以 $(L_M)_0^{+\delta_z}$ 表示型腔尺寸，则型腔的平均尺寸为 $L_M + \delta_z/2$，型腔磨损量为 $\delta_c/2$ 时的平均尺寸为 $L_M + \delta_z/2 + \delta_c/2$，而

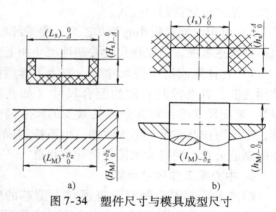

a)　　　　b)

图 7-34　塑件尺寸与模具成型尺寸

$$L_M + \frac{\delta_z}{2} + \frac{\delta_c}{2} = \left(L_S - \frac{\Delta}{2}\right) + \left(L_S - \frac{\Delta}{2}\right)S_{CP}$$

对于中小型塑件，令 $\delta_z = \Delta/3$，$\delta_c = \Delta/6$，并将比其他各项小得多的 $(\Delta/2)S_{CP}$ 略去，则

$$L_M = \left(L_S + L_S S_{CP} - \frac{3}{4}\Delta\right)$$

标注制造公差后，为

$$(L_M)_0^{+\delta_z} = \left(L_S + L_S S_{CP} - \frac{3}{4}\Delta\right)_0^{+\delta_z} \qquad (7-4)$$

2）型芯径向尺寸。对于塑件尺寸 $(l_s)_0^{+\Delta}$，以 $(l_M)_{-\delta_z}^{0}$ 表示型芯尺寸，经过和上面型腔径向尺寸计算类似的推导，可得

$$(l_M)_{-\delta_z}^{\ 0} = \left(L_S + L_S S_{CP} + \frac{3}{4}\Delta \right)_{-\delta_z}^{\ \ 0} \tag{7-5}$$

（2）型腔深度和型芯高度尺寸

1）型腔深度尺寸。塑件高度尺寸 $(H_S)_{-\Delta}^{\ 0}$，以 $(H_M)_0^{+\delta_z}$ 表示型腔深度尺寸，经过推导可得

$$(H_M)_0^{+\delta_z} = \left(H_S + H_S \cdot S_{CP} - \frac{2}{3}\Delta \right)_0^{+\delta_z} \tag{7-6}$$

2）型芯高度尺寸。塑件孔深尺寸 $(h_S)_0^{+\Delta}$，以 $(h_M)_{-\delta_z}^{\ 0}$ 表示型芯高度尺寸，经过推导可得

$$(h_M)_{-\delta_z}^{\ 0} = \left(h_S + h_S \cdot S_{CP} + \frac{2}{3}\Delta \right)_{-\delta_z}^{\ \ 0} \tag{7-7}$$

式（7-4）、式（7-5）、式（7-6）、式（7-7）中

S_{CP}——平均收缩率，$S_{CP} = \dfrac{S_{max} + S_{min}}{2} \times 100\%$；

δ_z——模具制造误差，一般取 $\delta_z = \Delta/3$；

Δ——塑件的公差。

（3）说明

1）成型精度较低的塑件，按上述公式计算而得的工作尺寸，其数值只算到小数点后的第一位，第二位数值四舍五入；成型精度较高的塑件，其工作尺寸的数值要算到小数点后第二位，第三位数值四舍五入。

2）对于收缩率很小的聚苯乙烯、醋酸纤维素等塑料，在用注射模成型薄壁塑件时，可以不必考虑收缩，其工作尺寸按塑件尺寸加上其制造公差即可。

3）在计算成型零件尺寸时，如能了解塑件的使用性能，着重控制它们的配合尺寸（如孔和外框）、装配尺寸等，对其余无关紧要的尺寸简化计算，甚至可按基本尺寸不放收缩，也不控制成型零件的制造公差，则可大大简化设计和制造。

4. 中心距工作尺寸计算

塑件上孔的中心距对应着模具上型芯的中心距；反之，塑件上突起部位的中心距对应着模具上孔的中心距，如图 7-35 所示。

中心距尺寸标准一般采用双向等值公差，设塑件中心距尺寸为 $L_S \pm \Delta/2$，模具中心距尺寸为 $L_M \pm \delta_z/2$。

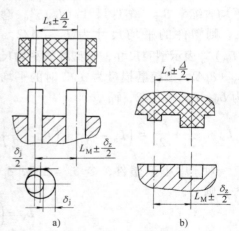

图 7-35　型芯中心距与塑件
对应中心距的关系

影响模具中心距尺寸的因素如下。

1）模具制造公差 δ_z。模具上型芯的中心距取决于安装型芯的孔的中心距。用普通方法加工孔时，制造误差与孔间距离有关，表 7-4 列出了经济制造误差与孔间距之间的关系。在坐标镗床上加工时，轴线位置尺寸偏差不会超过 0.015～0.02mm，并与公称尺寸无关。

表 7-4　孔间距公差

孔间距/mm	制造公差/mm
< 80	± 0.01
80 ~ 220	± 0.02
220 ~ 360	± 0.03

2）若型芯与模具上的孔成间隙配合时，配合间隙 δ_j 也会影响模具的中心距尺寸。对一个型芯来说，当偏移到极限位置时引起的中心距偏差为 $0.5\delta_j$，如图 7-35a 所示。过盈配合的型芯或模具上的孔没有此项偏差。

3）由于工艺条件和塑料变化引起收缩率波动，使中心距尺寸发生变化。

4）假设模具在使用过程中型芯在圆周上系均匀磨损，则磨损不会使中心距发生变化。

由于塑件尺寸和模具尺寸都是按双向等值公差标准，磨损又不会引起中心距尺寸变化，因此塑件基本尺寸 L_S 和模具基本尺寸 L_M 分别是塑件和模具的平均尺寸，故有

$$L_M = L_S + L_S S_{CP}$$

标注制造公差后，则为

$$L_M = (L_S + L_S S_{CP}) \pm \frac{\delta_z}{2} \tag{7-8}$$

5. 型芯（或成型孔）中心到成型面距离尺寸计算

安装在凹模内的型芯（或孔）中心与凹模侧壁距离尺寸和安装在凸模上的型芯（或孔）中心与凸模边缘距离尺寸，都属于这类成型尺寸，如图 7-36 所示。

（1）安装在凹模内的型芯中心与凹模侧壁距离尺寸的计算

由于塑件尺寸和模具尺寸都是按双向等值公差值标注的，所以塑件的平均尺寸为 L_s，模具的平均尺寸为 L_M。在使用过程中，型芯径向磨损并不改变该距离的尺寸，但型腔磨损会使该尺寸发生变化。设型腔径向允许磨损量为 δ_c，则就其一个侧壁与型芯的距离尺寸而言，允许最大磨损量为 δ_c 的 1/2，故该尺寸的平均值为 $L_M + \delta_c/2$。

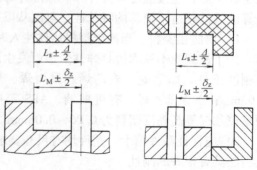

图 7-36　型芯（或成型孔）中心到
成型面的距离

按平均收缩率计算模具基本尺寸如下

$$L_M + \frac{\delta_c}{4} = L_S + L_S S_{CP}$$

整理并标注制造公差

$$L_M = \left(L_S + L_S S_{CP} - \frac{\delta_c}{4} \right) \pm \frac{\delta_z}{2} \tag{7-9}$$

（2）安装在凸模上的型芯（或孔）中心与凸模边缘距离尺寸计算

由于凸模垂直壁在使用中不断磨损，使距离尺寸 L_M 发生变化，凸模壁最大磨损量为允许最大径向磨损量 δ_c 的 1/2，故该尺寸的平均值为 $L_M - \delta_c/4$。

经过类似的推导，可得出按平均收缩率计算的成型尺寸为

$$L_{\mathrm{M}} = \left(L_{\mathrm{S}} + L_{\mathrm{S}} S_{\mathrm{CP}} + \frac{\delta_{\mathrm{c}}}{4} \right) \pm \frac{\delta_{\mathrm{z}}}{2} \qquad (7\text{-}10)$$

由于 $\delta_{\mathrm{c}}/4$ 的数值很小（因为一般 $\delta_{\mathrm{c}} = \frac{1}{6}\Delta$），只有成型精密塑件时才考虑该磨损，对于一般塑件，此类尺寸仍可按中心距工作尺寸计算。

7.6.3 模具型腔侧壁和底板厚度的设计

1. 强度及刚度

塑料模型腔壁厚及底板厚度的计算是模具设计中经常遇到的重要问题，尤其对大型模具更为突出。目前常用的计算方法有按强度和按刚度条件计算两大类，但实际的塑料模却要求既不允许因强度不足而发生明显变形甚至破坏，也不允许因刚度不足而发生过大变形，因此，要求对强度及刚度加以合理考虑。

在塑料注射模注塑过程中，型腔所承受的力是十分复杂的。型腔所受的力有塑料熔体的压力、合模时的压力、开模时的拉力等，其中最主要的是塑料熔体的压力。在塑料熔体的压力作用下，型腔将产生内应力及变形。如果型腔壁厚和底板厚度不够，当型腔中产生的内应力超过型腔材料的许用应力时，型腔即发生强度破坏。与此同时，刚度不足则发生过大的弹性变形，从而产生溢料和影响塑件尺寸及成型精度，也可能导致脱模困难等。可见，模具对强度和刚度都有要求。

对大尺寸型腔，刚度不足是主要矛盾，应按刚度条件计算；对小尺寸型腔，强度不够则是主要矛盾，应按强度条件计算。强度计算的条件是满足各种受力状态下的许用应力。刚度计算的条件则由于模具的特殊性，可以从以下几个方面加以考虑。

1）要防止溢料。当高压塑料熔体注入时，模具型腔的某些配合面会产生足以溢料的间隙。为了使型腔不致因模具弹性变形而发生溢料，应根据不同塑料的最大不溢料间隙来确定其刚度条件。如尼龙、聚乙烯、聚丙烯、聚丙醛等低黏度塑料，其允许间隙为 0.025 ~ 0.03mm；对聚苯乙烯、有机玻璃、ABS 等中等黏度塑料为 0.05mm；对聚砜、聚碳酸酯、硬聚氯乙烯等高黏度塑料为 0.06 ~ 0.08mm。

2）应保证塑件精度。塑件均有尺寸要求，尤其是精度要求高的小型塑件，这就要求模具型腔具有很好的刚性。

3）要有利于脱模。一般来说，塑料的收缩率较大，故多数情况下，当满足上述两项要求时已能满足本项要求。

上述要求在设计模具时，其刚度条件应以这些项中最苛刻者（允许最小的变形值）为设计标准，但也不宜无根据地过分提高标准，以免浪费钢材，增加制造困难。

2. 型腔和底板的强度及刚度计算

一般常用计算法和查表法，圆形和矩形凹模壁厚及底板厚度常用计算公式，型腔壁厚的计算比较复杂且烦琐，为了简化模具设计，一般采用经验数据或查有关表格。

（1）公式计算法

对凹模的侧壁厚和底板的厚度作精确的力学计算是相当困难的，一般在工程设计上常采用表 7-5 所示计算公式来近似地计算凹模的侧壁和底板的厚度。

表 7-5　型腔壁厚及底板厚度计算公式

类型	简图	部位	按强度计算	按刚度计算
圆形凹模 整体式		侧壁	$S \geqslant r\left[\sqrt{\dfrac{[\sigma]}{[\sigma]-2p}}-1\right]$	$S \geqslant 1.15\sqrt[3]{\dfrac{ph_1^4}{E[\sigma]}}$
		底板	$t \geqslant 0.87\sqrt{\dfrac{pr^2}{[\delta]}}$	$t \geqslant 0.56\sqrt[3]{\dfrac{pr^4}{E[\delta]}}$
圆形凹模 组合式		侧壁	$S \geqslant r\left[\sqrt{\dfrac{[\sigma]}{[\sigma]-2p}}-1\right]$	$S \geqslant r\left(\sqrt{\dfrac{1-\mu+\dfrac{E[\delta]}{rp}}{\dfrac{E[\delta]}{rp}-\mu-1}}-1\right)$
		底板	$t \geqslant \sqrt{\dfrac{1.22pr^2}{[\sigma]}}$	$t \geqslant \sqrt[3]{0.74\dfrac{pr^4}{E[\delta]}}$
矩形凹模 整体式		侧壁	当 $\dfrac{H_1}{l}\geqslant 0.41$ 时， $S \geqslant \sqrt{\dfrac{pl^2(1+wa)}{2[\sigma]}}$ 当 $\dfrac{H_1}{l}<0.41$ 时， $S \geqslant \sqrt{\dfrac{3pH_1^2(1+wa)}{[\sigma]}}$	$S \geqslant \sqrt[3]{\dfrac{cpH_1^4}{E[\delta]}}$
		底板	$t \geqslant \sqrt{\dfrac{a'pb^2}{[\sigma]}}$	$t \geqslant \sqrt[3]{\dfrac{c'pb^4}{E[\delta]}}$

类型		简图	部位	按强度计算	按刚度计算
矩形凹模	组合式		侧壁	$S \geqslant \sqrt{\dfrac{pH_1 l^2}{2H\,[\sigma]}}$	$S \geqslant \sqrt[3]{\dfrac{pH_1 l^4}{32EH\,[\delta]}}$
			底板	$t \geqslant \sqrt{\dfrac{3pbL^2}{4B\,[\sigma]}}$	$t \geqslant \sqrt[3]{\dfrac{5pbL^4}{32EB\,[\delta]}}$

式中　S——型腔侧壁厚度，mm；

t——型腔底板厚度，mm；

p——型腔内熔体的压力，MPa；

H_1——承受熔体压力的侧壁高度，mm；

l——型腔侧壁长边长，mm；

E——钢的弹性模量，取 2.06×10^5 MPa；

H——型腔侧壁总高度，mm；

$[\delta]$——允许变形量，mm；

$[\sigma]$——许用应力，MPa；

r——型腔内壁半径；

b——矩形型腔侧壁的短边长，mm；

B——底板总宽度，mm；

L——双模脚间距，mm；

a——矩形成型型腔的边长比，$a = \dfrac{b}{l}$；

c、w——由 H_1/l 决定的系数，查表7-6；

a'——由模脚（垫块）之间距离和型腔短边长度比 $\dfrac{L}{b}$ 所决定的系数，查表7-7；

c'——由型腔长边比 $\dfrac{l}{b}$ 决定的系数，查表7-8。

表7-6　系数 c、w 值

$\dfrac{H_1}{l}$	0.3	0.4	0.5	0.6	0.7	0.8	0.9	1.0	1.2	1.5	2.0
c	0.903	0.570	0.330	0.188	0.117	0.073	0.045	0.031	0.015	0.006	0.002
w	0.108	0.130	0.148	0.163	0.176	0.187	0.197	0.205	0.210	0.235	0.254

表7-7　系数 a' 的值

$\dfrac{L}{b}$	1.0	1.2	1.4	1.6	1.8	2.8	>2.8
a'	0.3078	0.3834	0.4256	0.4680	0.4872	0.4974	0.5000

表7-8　系数 c' 的值

$\dfrac{l}{b}$	1.0	1.1	1.2	1.3	1.4	1.5	1.6	1.7	1.8	1.9	2.0
c'	0.0138	0.0164	0.0188	0.0209	0.0226	0.0240	0.0251	0.0260	0.0267	0.0272	0.0277

（2）查表法

在工厂中，也常用经验数据或者有关表格来进行简化对凹模侧壁和底板厚度的设计。表7-9列举了矩形型腔壁厚的经验推荐数据，表7-10列举了圆形型腔壁厚的经验推荐数据，可供设计时参考。

表7-9　矩形型腔壁厚尺寸　　　　　　　　　　单位：mm

矩形腔内壁短边 b	整体式型腔侧壁厚 S	镶拼式型腔	
		凹模壁厚 S_1	模套壁厚 S_2
40	25	9	22
>40 ~ 50	25 ~ 30	9 ~ 10	22 ~ 25
>50 ~ 60	30 ~ 35	10 ~ 11	25 ~ 28
>60 ~ 70	35 ~ 42	11 ~ 12	28 ~ 35
>70 ~ 80	42 ~ 48	12 ~ 13	35 ~ 40
>80 ~ 90	48 ~ 55	13 ~ 14	40 ~ 45
>90 ~ 100	55 ~ 60	14 ~ 15	45 ~ 50
>100 ~ 120	60 ~ 72	15 ~ 17	50 ~ 60
>120 ~ 140	72 ~ 85	17 ~ 19	60 ~ 70
>140 ~ 160	85 ~ 95	19 ~ 21	70 ~ 80

表7-10　圆形型腔壁厚　　　　　　　　　　单位：mm

圆形型腔内壁直径 $2r$	整体式型腔壁厚 $S = R - r$	组合式型腔	
		型腔壁厚 $S_1 = R - r$	模套壁厚 S_2
0 ~ 40	20	8	18
>40 ~ 50	25	9	22
>50 ~ 60	30	10	25
>60 ~ 70	35	11	28
>70 ~ 80	40	12	32
>80 ~ 90	45	13	35
>90 ~ 100	50	14	40
>100 ~ 120	55	15	45
>120 ~ 140	60	16	48
>140 ~ 160	65	17	52
>160 ~ 180	70	19	55
>180 ~ 200	75	21	58

7.6.4　典型案例分析

1. 端盖

端盖塑件模具的成型零件设计和计算如下。

（1）结构设计

由以上分析可知，型腔和型芯的结构有两种基本形式，即整体式与组合式。考虑到塑件大批量生产，应选用优质模具钢，为节省贵重钢材，型腔和型芯都宜采用组合式结构，此外，组合式结构还可减少热处理变形，利于排气，便于模具的维修。

型芯结构简单，选择通孔台肩式，其结构形式如图7-37所示。型腔尺寸较小、结构简单，适于采用整体嵌入式，为装拆方便，选通孔台肩式，其结构形式如图7-38所示。

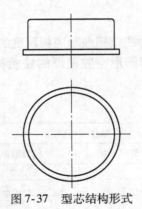

图 7-37　型芯结构形式

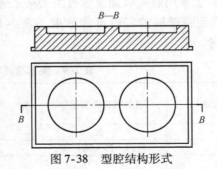

图 7-38　型腔结构形式

（2）工作尺寸计算

对于标注公差的型芯、型腔尺寸，利用前述有关公式进行计算，其余未注公差的尺寸则参照简化公式进行相应计算。查表可知，ABS 的收缩率 $S_{max} = 0.8\%$，$S_{min} = 0.3\%$，可计算其平均收缩率为

$$S_{CP} = \frac{S_{max} + S_{min}}{2} = \frac{0.8\% + 0.3\%}{2} = 0.55\%$$

根据塑件尺寸公差要求，模具的制造公差取 $\delta_z = \Delta/4$。计算端盖模具成型零件的工作尺寸见表 7-11。

表 7-11　型腔、型芯主要工作尺寸计算　　　（单位：mm）

类型	模具零件部位	塑件尺寸	计算公式	计算结果
型腔计算	小端对应的型腔	$84_{-0.52}^{\ 0}$	$(L_M)_0^{+\delta_z} = \left[\ (1 + S_{CP})\ L_S - \dfrac{3}{4}\Delta\ \right]_0^{+\delta_z}$	$84.07_{\ 0}^{+0.13}$
	大端对应的型腔	$87_{-0.38}^{\ 0}$		$87.19_{\ 0}^{+0.09}$
	深度对应的型腔	$11_{-0.18}^{\ 0}$	$(H_M)_0^{+\delta_z} = \left[\ (1 + S_{CP})\ H_S - \dfrac{2}{3}\Delta\ \right]_0^{+\delta_z}$	$10.94_{\ 0}^{+0.05}$
	突沿对应的型腔	1.5	$(H_M)_0^{+\delta_z} = \left[\ (1 + S_{CP})\ H_S\ \right]_0^{+\delta_z}$	$1.51_{\ 0}^{+0.05}$
	圆角对应的型腔	$R3$	$(L_M)_0^{+\delta_z} = \left[\ (1 + S_{CP})\ L_S\ \right]_0^{+\delta_z}$	$3.02_{\ 0}^{+0.05}$
型芯计算	径向的型芯	$81_{\ 0}^{+0.52}$	$(l_M)_{-\delta_z}^{\ 0} = \left[\ (1 + S_{CP})\ l_S + \dfrac{3}{4}\Delta\ \right]_{-\delta_z}^{\ 0}$	$81.84_{-0.13}^{\ 0}$
	高度方向的型芯	$9.5_{\ 0}^{+0.16}$	$(h_M)_{-\delta_z}^{\ 0} = \left[\ (1 + S_{CP})\ h_S + \dfrac{2}{3}\Delta\ \right]_{-\delta_z}^{\ 0}$	$9.66_{-0.04}^{\ 0}$
	圆角对应的型芯	$R1.5$	$(l_M)_{-\delta_z}^{\ 0} = \left[\ (1 + S_{CP})\ l_S\ \right]_{-\delta_z}^{\ 0}$	$1.51_{-0.05}^{\ 0}$

（3）型腔侧壁和底板厚度计算

此模具采用组合式矩形型腔，已知矩形型腔内壁短边 $b = 87$mm，则凹模壁厚 $S_1 = 13 \sim 14$mm，模套壁厚 $S_2 = 40 \sim 45$mm。

查表可知，$L/b = 87/87 = 1.0$，则 $a' = 0.3078$。查表可知，ABS 材料填充型腔时，$p = 30$MPa，为了安全起见，取 $p = 40$MPa。查表可知，$[\sigma] = 300$MPa（常用模具钢的许用应力为 300MPa），带入公式得

$$t \geqslant \sqrt{\frac{a'pb^2}{[\sigma]}} = (0.3078 \times 40/300)^{0.5} \times 87\text{mm} = 18\text{mm}$$

2. 环形套

环形套成型零件的设计如下。

（1）结构设计

同端盖结构设计。

型腔尺寸较小、结构简单，适于采用整体嵌入式，为装拆方便，选通孔嵌入式。其结构形式如图 7-39 所示。

型芯结构简单，选择盲孔嵌入式。其结构形式如图 7-40 所示。

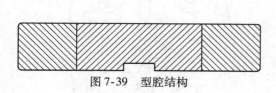

图 7-39　型腔结构

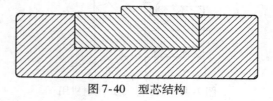

图 7-40　型芯结构

（2）工作尺寸计算

该塑件的所有尺寸都未标注公差，型芯、型腔尺寸按简化公式 $L_M = (L_S + L_S S_{CP})$ 计算。查表可知 ABS 的收缩率 $S_{min} = 0.3\%$，$S_{max} = 0.8\%$，则其平均收缩率 $S_{CP} = (S_{min} + S_{max})/2 = (0.3\% + 0.8\%)/2 = 0.55\%$，制造公差取 IT7 级。

（3）型腔侧壁和底板厚度计算

此模具采用组合式矩形型腔，经查表，已知矩形型腔内壁短边为 120mm，则型腔壁厚 $S_1 = 15 \sim 17$mm，取最大值 17mm；模套壁厚 $S_2 = 50 \sim 60$mm，取最大值 60mm。

对于底板厚度确定，查表可知，$L/b = 135/120 = 1.1$，则 $a' = 0.3834$，已知 $p = 40$MPa，$b = 120$mm，查表可知 $[\sigma] = 300$MPa，带入公式得

$$t \geqslant (a'p/[\sigma])^{0.5}b$$
$$= (0.3834 \times 40/300)^{0.5} \times 120\text{mm}$$
$$= 27\text{mm}$$

7.7　浇注系统的设计

7.7.1　浇注系统的组成及设计基本原则

注射模的浇注系统是指塑料熔体从注射机喷嘴进入模具开始到型腔为止所流经的通道。它的作用是将熔体平稳地引入模具型腔，并在填充和固化定型过程中，将型腔内气体顺利排出，且将压力传递到型腔的各个部位，以获得组织致密、外形清晰、表面光洁和尺寸稳定的塑件。因此，浇注系统设计的正确与否直接关系到注射成型的效率和塑件质量。

浇注系统可分为普通浇注系统和热流道浇注系统两大类。

1. 普通浇注系统的组成

注射模的浇注系统组成如图 7-41 和图 7-42 所示，浇注系统由主流道、分流道、浇口及冷料穴四部分组成。

1）主流道。主流道是指从注射机喷嘴与模具接触处开始，到有分流道支线为止的一段

料流通道。它起到将熔体从喷嘴引入模具的作用，其尺寸的大小直接影响熔体的流动速度和填充时间。

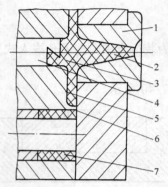

图 7-41　卧式、立式注射机用
模具普通浇注系统
1—主流道衬套　2—主流道　3—冷料穴
4—拉料杆　5—分流道　6—浇口　7—塑件

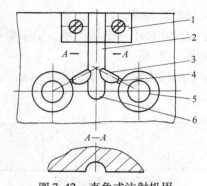

图 7-42　直角式注射机用
模具普通浇注系统
1—主流道镶块　2—主流道　3—分流道
4—浇口　5—模腔　6—冷料穴

2）分流道。分流道是主流道与型腔进料口之间的一段流道，主要起分流和转向作用，是浇注系统的断面变化和熔体流动转向的过渡通道。

3）浇口。浇口是指料流进入型腔前最狭窄部分，也是浇注系统中最短的一段，其尺寸狭小且短，目的是使料流进入型腔前加速，便于充满型腔，且又利于封闭型腔口，防止熔体倒流。另外，也便于成型后冷料与塑件分离。

4）冷料穴。在每个注射成型周期开始时，最前端的料接触低温模具后会降温、变硬，称为冷料，为防止此冷料堵塞浇口或影响制件的质量而设置冷料穴。冷料穴一般设在主流道的末端，有时在分流道的末端也增设冷料穴。

2. 浇注系统设计的基本原则

浇注系统设计是注射模设计的一个重要环节，它直接影响注射成型的效率和质量。设计时一般遵循以下基本原则。

1）必须了解塑料的工艺特性，以便于考虑浇注系统尺寸对熔体流动的影响。

2）排气良好。浇注系统应能顺利地引导熔体充满型腔，料流快而不紊，并能把型腔的气体顺利排出。图 7-43a 所示的浇注系统，从排气角度考虑，浇口的位置设置就不合理，如改用图 7-43b 和图 7-43c 所示的浇注系统设置形式，则排气会良好。

3）防止型芯和塑件变形。高速熔融塑

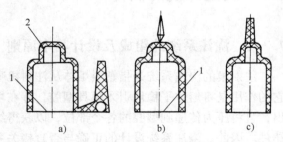

图 7-43　浇注系统与填充的关系
1—分型面　2—气泡

料进入型腔时，要尽量避免料流直接冲击型芯或嵌件，防止型芯及嵌件变形。对于大型塑件或精度要求较高的塑件，可考虑多点浇口进料，以防止浇口处由于收缩应力过大而造成塑件变形。

4）减少熔体流程及塑料耗量。在满足成型和排气良好的前提下，塑料熔体应以最短的流程充满型腔，这样可缩短成型周期，提高成型效果，减少塑料用量。

5）去除与修整浇口方便，并保证塑件的外观质量。

6）要求热量及压力损失最小，浇注系统应尽量减少转弯，采用较低的表面粗糙度，在保证成型质量的前提下，尽量缩短流程，合理选用流道断面形状和尺寸等，以保证最终的压力传递。

3. 普通浇注系统设计

（1）主流道设计

主流道轴线一般位于模具中心线上，与注射机喷嘴轴线重合。在卧式和立式注射机注射模中，主流道轴线垂直于分型面（图7-41），主流道断面形状为圆形。在直角式注射机用注射模中，主流道轴线平行于分型面（图7-42），主流道截面一般为等截面柱形，截面可为圆形、半圆形、椭圆形和梯形，以椭圆形应用最广。主流道设计要点如下。

1）为便于凝料从直流道中拔出，主流道设计成圆锥形（图7-44），锥角 $\alpha = 2° \sim 4°$，通常主流道进口端直径应根据注射机喷嘴孔径确定。设计主流道截面直径时，应注意喷嘴轴线和主流道轴线对中，主流道进口端直径应比喷嘴直径大 $0.5 \sim 1mm$。主流道进口端与喷嘴头部接触的形式一般是弧面。（图7-45）。通常主流道进口端凹下的球面半径 R_2 比喷嘴球面半径 R_1 大 $1 \sim 2mm$，凹下深度约 $3 \sim 5mm$。

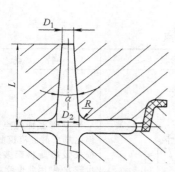

图 7-44　主流道的形状和尺寸

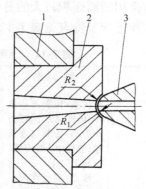

图 7-45　注射机喷嘴与
主流道衬套球面接触（$R_2 > R_1$）
1—定模底板　2—主流道衬套　3—喷嘴

2）主流道与分流道结合处采用圆角过渡，其半径 R 为 $1 \sim 3mm$，以减小料流转向过渡时阻力。

3）在保证塑件成型良好的前提下，主流道的长度 L 尽量短，以减小压力损失及废料，一般主流道长度视模板的厚度，流道的开设等具体情况而定。

4）设置主流道衬套。由于主流道要与高温塑料和喷嘴反复接触和碰撞，容易损坏。所以一般不将主流道直接开在模板上，而是将它单独设在一个主流道衬套中，如图7-46所示。

（2）分流道设计

对于小型塑件单型腔的注射模，通常不设分流道，对于大型塑件采用多点进料或多型腔注射模都需要设置分流道。分流道的要求是：塑料熔体在流动中热量和压力损失最小，同时使流道中的塑料量最少；塑料熔体能在相同的温度、压力条件下，从各个浇口尽可能同时地

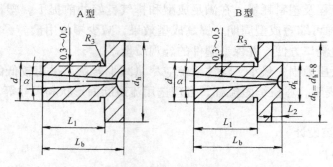

图 7-46 主流道衬套的形式

进入并充满型腔；从流动性、传热性等因素考虑，分流道的比表面积（分流道侧表面积与体积之比）应尽可能小。

1）分流道的截面形状及尺寸。

分流道的形状尺寸主要取决于塑件的体积、壁厚、形状以及所加工塑料的种类、注射速率、分流道长度等。分流道断面面积过小，会降低单位时间内输送的塑料量，并使填充时间延长，塑料常出现缺料、波纹等缺陷；分流道断面面积过大，不仅积存空气增多，塑件容易产生气泡，而且增大塑料消耗量，延长冷却时间。但对注射黏度较大或透明度要求较高的塑料，如有机玻璃，应采用断面面积较大的分流道。

常用的分流道截面形状及特点见表 7-12。

表 7-12 分流道截面形状及特点

截面形状	特 点	截面形状	特 点
圆形截面形状 $D = T_{max} + 1.5$ T_{max}—塑件最大壁厚	优点：比表面积最小，因此阻力小，压力损失小，冷却速度最慢，流道中心冷凝慢，有利于保压 缺点：同时在两半模上加工圆形凹槽，难度大，费用高	梯形截面形状 $b = 4 \sim 12mm$；$h = (2/3)b$；$r = 1 \sim 3$	与 U 形截面特点近似，但比 U 形截面流道的热量损失及冷凝料都多；加工也较方便，因此也较常用
抛物线形截面（或 U 形） $h = 2r$（r 为圆的半径）；$\alpha = 10°$	优点：比表面积值比圆形截面大，但单边加工方便，且易于脱模 缺点：与圆形截面流道相比，热量及压力损失大，冷凝料多，较常用	半圆形和矩形截面	两者的比表面积均较大，其中矩形最大，热量及压力损失大，一般不常用

圆形断面分流道直径 D 一般在 $2 \sim 12mm$ 范围内变动。实验证明，对多数塑料来说，分流道直径在 $5 \sim 6mm$ 以下时，对熔体流动性影响较大，直径在 $8mm$ 以上时，再增大直径，对熔体流动性影响不大。

分流道的长度一般在8～30mm之间，一般根据型腔布置适当加长或缩短，但最短不宜小于8mm，否则，会给塑件修磨和分割带来困难。

2）分流道的布置形式。

分流道的布置形式，取决于型腔的布局，其遵循的原则应是：排列紧凑，能缩小模板尺寸，减小流程，锁模力力求平衡。

分流道的布置形式有平衡式和非平衡式两种，以平衡式布置最佳。

平衡式的布置形式见表7-13，其主要特征是从主流道到各个型腔的分流道，其长度、断面形状及尺寸均相等，以达到各个型腔能同时均衡进料的目的。

表 7-13　分流道平衡式的布置形式

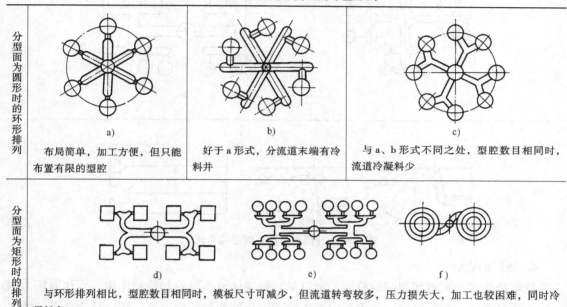

分型面为圆形时的环形排列	a)	b)	c)
	布局简单，加工方便，但只能布置有限的型腔	好于a形式，分流道末端有冷料井	与a、b形式不同之处，型腔数目相同时，流道冷凝料少
分型面为矩形时的排列	d)	e)	f)
	与环形排列相比，型腔数目相同时，模板尺寸可减少，但流道转弯较多，压力损失大，加工也较困难，同时冷凝料多		

分流道非平衡布置形式见表7-14。它的主要特征是各型腔的流程不同，为了达到各型腔同时均衡进料，必须将浇口加工成不同尺寸。同样空间时，比平衡式排列容纳的型腔数目多，型腔排列紧凑，总流程短。因此，对于精度要求特别高的塑件，不宜采用非平衡式分流道。

3）分流道设计要点。

① 分流道的断面和长度设计，应在保证顺利充模的前提下，尽量取小，尤其对小型塑件更为重要。

② 分流道的表面积不必很光，表面粗糙度一般为$1.6\mu m$即可，这样可以使熔融塑料的冷却皮层固定，有利于保温。

③ 当分流道较长时，在分流道末端应开设冷料穴（见表7-13和表7-14），以容纳冷料，保证塑件的质量。

④ 分流道与浇口的连接处要以斜面或圆弧过渡（图7-47），有利于塑件的流动及填充。否则会引起反压力，消耗动能。

表 7-14　分流道非平衡式布置形式

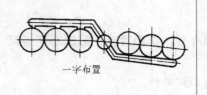

一字布置

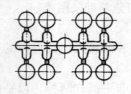

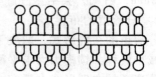

串联布置

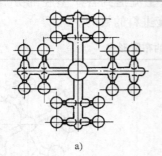

a)

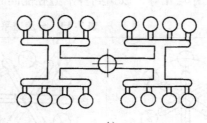

b)

对称布置

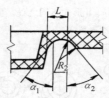

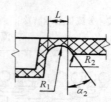

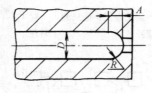

图 7-47　分流道与浇口的连接形式

4. 浇口的设计

浇口是连接分流道和型腔的桥梁。浇口对塑料熔体流入型腔起控制作用。当注射压力撤销后，浇口固化，封锁型腔，使型腔中尚未冷却固化的塑料不会倒流。浇口是浇注系统的关键部分，它对塑件的质量影响很大，一般情况下浇口采用长度很短（0.5 ~ 2mm）而截面很窄的小浇口。小浇口可使塑料熔体产生加速度和较大的剪切热，降低黏度，提高充模能力；小浇口容易冷却固化，缩短模塑周期，防止保压不足而引起的倒流现象；小浇口还便于塑件与废料的分离。

（1）浇口的断面形状及尺寸

浇口的断面形状常用圆形和矩形。浇口的尺寸一般根据经验确定并取其下限，然后在试模过程中，根据需要将浇口加以修正。

1）浇口截面的厚度 h。通常 h 可取塑件浇口处壁厚的 $1/3 ~ 2/3$（或 $0.5 ~ 2mm$）。

2）浇口的截面宽度 b。矩形截面的浇口，对于中小型塑件通常取 $b = (5 ~ 10) h$，对于大型塑件取 $b > 10h$。

3）浇口长度 L。浇口的长度 L 应尽量短，对减小塑料熔体流动阻力和增大流速均有利，通常取 $L = 0.5 ~ 2mm$。

（2）浇口的形式及特点

注射模的浇口形式较多，其形状和安放位置应根据实际需要综合确定。浇口的形式及特点见表7-15。

表 7-15 浇口的形式及特点

序号	浇口形式	简图	特点及应用
1	直接浇口		特点:浇口尺寸较大,流程又短,流动阻力小,进料快,压力传递好,保压、补缩作用强,利于排气和消除熔接痕。但浇口去除困难,且遗留痕迹明显,浇口附近热量集中,冷凝速度慢,故内应力大,且易产生气泡、缩孔等缺陷 应用:适用于成型深腔的壳形或箱形塑件(如盆、桶、电视机后壳等)、热敏性塑料、高黏度塑料及大型塑件。不宜成型平薄塑件及容易变形的塑件
2	盘形浇口或中心浇口		特点:此浇口是沿塑件内孔的整个圆周进料,故进料均匀,流动平稳,排气良好,塑件上无熔接痕。对于图 b、图 c 两种形式,锥形头部的型芯还兼起分流锥的作用。但这种浇口冷凝料多,去除困难 应用:适用于单型腔的圆筒形塑件或中间带孔的塑件
3	轮辐式浇口		特点:该浇口是盘形浇口的一种变异形式。将盘形浇口沿整个圆周进料改成几小段圆弧进料,浇口去除方便,料头少,同时,型芯还可以在对面的模板上定位,但塑件上的熔接痕增多,从而对塑件强度有影响 应用:同盘形浇口
4	爪形浇口		特点:该浇口是轮辐式浇口的一种变异形式。分流道与浇口不在同一平面,在型芯的头部开设几条立体流道,其余部分可起定位作用。因此能更好地保证塑件的同轴度要求,且浇口去除也较方便,但有熔接痕,影响塑件外观质量,浇口开设较困难 应用:主要应用于长筒形件或同轴度要求较高的塑件
5	侧浇口或边缘形浇口	 a)浇口宽 b =(1.5~5)mm b)浇口厚 h =(0.5~2)mm 浇口长 L =(0.7~2)mm	特点:可根据塑件的形状、特点灵活地选择塑件的某个边缘进料,一般开设在分型面上,它能方便地调整熔体充模时的剪切速率和浇口封闭时间。浇口的加工和去除均较方便。但侧浇口注射压力损失大,熔料流速较高,保压补缩作用小,成型壳类件时排气困难,因而易形成熔接痕、缺料、缩孔等 应用:侧浇口能成型各种材料、各种形状的塑件,应用非常广泛,适用于一模多件

序号	浇口形式	简　图	特点及应用
6	扇形浇口	4 3 2 1 1—主流道　2—浇口　3—塑件　4—分型面 浇口尺寸：一般深为 0.5～1mm 或为浇口处 塑件壁厚 1/3～2/3，宽为 6mm	特点：它是侧浇口的变异形式。浇口沿进料方向逐渐变宽，厚度逐渐变薄，因而，沿宽度方向进料较均匀，可降低塑件的内应力和减少空气带入型腔，克服了流纹及定向效应等缺陷，但浇口去除困难，且痕迹明显 应用：常用来成型宽度较大的薄片状塑件及细长件形，但对流程短的效果好，注意选择浇口位置，防止料流导致塑件变形
7	薄片浇口	$A-$ $-A$ $A-A$ 浇口长 $L=0.7～1mm$；浇口厚度一般取 0.25～0.65mm	特点：它是侧浇口的另一种变异形式。塑料通过与塑件进料一侧同宽的浇口呈平行料流均匀地进入型腔，无熔接痕，因而，塑件内应力小，翘曲变形小，排气良好，并减少了气泡及缺料等缺陷。但去除浇口加工量大，且痕迹明显 应用：用于成型板、条之类的大面积扁平塑件，对防止聚乙烯塑件变形更为有效
8	点浇口或 菱形浇口	分型面2　分流道　主流道 浇口　塑件 分型面1 a)　b)　c) R_1 $C0.5～C0.1$ d)　e) $l=0.5～2mm, d=0.5～1.5mm, \alpha=6°～15°, R_1=1.5$ $～3mm, R=0.2～0.5mm, H=1～3mm, L\geqslant(2/3)L_1$	特点：它是一种尺寸很小，截面为圆形的直接浇口的特殊形式。开模时，浇口可以自动拉断，利于自动化操作，浇口去除后残留痕迹小。但注射压力损失大，收缩大，塑件易变形。浇口尺寸太小时，料流易产生喷射，对塑件质量不利 应用：适用于成型熔体黏度随剪切速率提高而明显降低的塑料和黏度较低塑料。对成型流动性差及热敏性塑料、平薄易变形及形状复杂的塑件不利

序号	浇口形式	简　图	特点及应用
9	潜伏浇口或剪切浇口	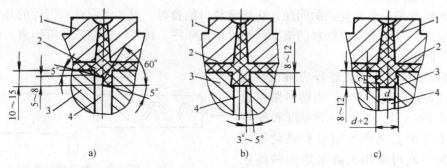a) b)	特点:它是由点浇口演变而来。其进料部分通过隧道可放在塑件的内表面、侧表面或表面看不见的肋、柱上,因而,它除具有点浇口的特点外,比点浇口的制件表面质量更好。这种浇口及流道的中心线与塑件顶出方向有一定的角度,靠顶出时的剪切力作用,使制件与浇口冷凝料分离。这种浇口注射压力损失大,浇口加工困难 应用:主要用于表面质量要求高,大批量生产的多型腔小零件的模具
10	护耳式浇口或分接式浇口	1—护耳　2—主流道　3—分流道　4—浇口 b 为分流道直径,$l = 1.5b$,厚为塑件壁厚的0.9 倍	特点:可以克服小浇口易产生喷射及在浇口附近有较大内应力等缺陷,防止浇口处有脆弱点和破裂。护耳部分视塑件的要求去除或保留,可以保证塑件外观。但护耳去除困难 应用:适用于聚碳酸酯、ABS、有机玻璃、硬聚氯乙烯等流动性差,对应力敏感的塑料

5. 冷料穴和拉料杆的设计

冷料穴是注射成型时,流动熔体前端的冷料头,能避免这些冷料进入型腔影响塑件的质量或堵塞浇口。冷料穴一般都设在主流道的末端,且开在主流道对面的动模板上,直径稍大于主流道大端直径,便于冷料的进入(图7-48)。冷料穴的形式不仅与主流道的拉料杆有关,而且还与主流道中的凝料脱模形式有关。

a)　　　　　　　　b)　　　　　　　　c)

图 7-48　冷料穴
1—主流道衬套　2—浇注系统　3—型腔　4—拉料杆

当分流道较长时,可将分流道的尽头沿料流方向稍作延长而做冷料穴。并非所有的注射模都要开设冷料穴,有时由于塑料的性能和注射工艺的控制,很少有冷凝料产生或是塑件要求不高时可以不设冷料穴。常见的冷料穴及拉料杆的形式有如下几种。

1)钩形(Z形)拉料杆。如图7-48a所示,拉料杆的头部为Z形,伸入冷料穴中,开模时钩住主流道冷凝料并将其从主流道中拉出。拉料杆的固定端装在推杆固定板上,故塑件推出时,冷凝料也被推出,稍作侧移即将塑件连同浇注系统冷凝料一起取下。

2)锥形或沟槽拉料穴。这种拉料穴(图7-48b、c)开设在主流道末端,储藏冷凝料。

207

将拉料穴做成锥形或沟槽形，开模时起拉料作用。这种拉料形式适用于弹性较好的塑料成型。与钩形拉料杆相比，取冷凝料时不需要侧移，适宜自动化操作。对硬质塑料或热固性塑料也可使用，但锥度要小或沟槽要浅。

3）球形头拉料杆。如图 7-49 所示，这种拉料杆头部为球形，开模时靠冷凝料对球形头的包紧力，将主流道冷凝料从主流道中拉出。这种拉料杆常用于弹性较好的塑件并采用推件板脱模的情况，也常用于点浇口冷凝料自动脱落时起拉料作用。球形头拉料杆还适用于自动化生产，但球形头部分加工较困难。

4）分流锥形拉料杆。这种拉料杆的头部做成圆锥形，如图 7-50 所示，为增加锥面与冷凝料间的摩擦力，可采用小锥度或将锥面做得粗糙些。这种拉料杆既起拉料作用，又起分流锥作用。分流锥形拉料杆广泛用于单型腔、中心有孔又要求较高同心度的塑件，如在齿轮模具中经常使用。

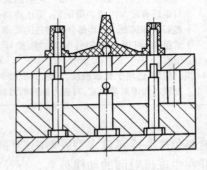
图 7-49　球形头拉料杆

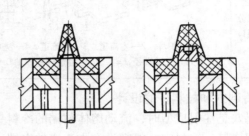
图 7-50　分流锥形拉料杆

6. 浇口位置的选择

浇口的设置是一个很复杂的问题，在确定浇口位置时，设计者应针对塑件的几何形状特征及技术要求，来综合考虑塑料的流动状态、填充顺序、排气、补缩条件等因素。一般应考虑如下几个问题。

1）浇口的尺寸及位置选择应避免料流产生喷射和蠕动（蛇形流）。当塑料熔体通过一个狭小的浇口，进入一个宽度和厚度都较大的型腔时，会产生喷射和蠕动等熔体断裂现象，此时喷出的高度定向的细丝或断裂物会很快冷却变硬，而与后进入型腔的塑料不能很好地熔合，使塑件出现明显的熔接痕，如图 7-51 所示。

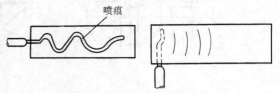
图 7-51　浇口的位置与喷痕

2）浇口应开设在塑件断面较厚的部位，有利于熔体流动和补料。当塑件上壁厚不均匀时，在避免喷射的前提下，应把浇口位置放在厚壁处，这是为了减小料流进口处的压力损耗，保证能在高压下充满模腔；再者，厚壁处往往是最后凝固的地方，易形成缩孔或表面凹陷（图 7-52），而把浇口放在此处可利于补料。如图 7-52b 所示，如与改进塑件结构设计相结合，效果较佳。

3）浇口位置的选择应使塑料流程最短，料流变向最少。在保证塑料良好充模的前提下，应使塑料流程最短、变向最少，以减少流动能量的损失。如图 7-53a 所示的浇口位置，

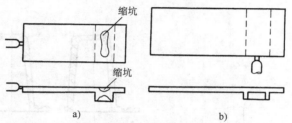

图 7-52 浇口位置对缩孔的影响

塑料流程不仅长，而且料流变向次数也最多，流动能量损失大，因此，塑料填充效果差。若改为 7-53b、c 所示的浇口形式和位置，就能很好地弥补上述缺陷。

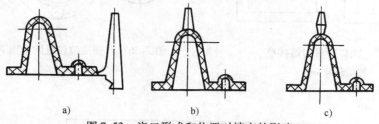

图 7-53 浇口形式和位置对填充的影响

4) 浇口位置的选择应有利于型腔内气体的排出。塑料注入型腔时，若不能很好地把气体排出，将会在塑件上造成气泡、熔接不牢或充不满模等缺陷。如图 7-54 所示，若从排气角度考虑，除在模具中加强排气（如将塑件的顶部加厚，使其先充满，最后充满浇口对边的分型面处，以利于排气）之外，还可以通过改变浇口形式或位置来解决排气问题，如图 7-54b、c 所示。

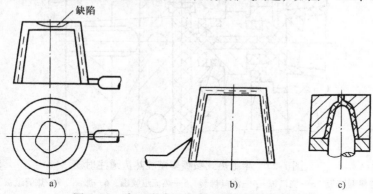

图 7-54 浇口形式不当产生气阻及解决办法

5) 浇口位置的选择应减少或避免塑件的熔接痕，增加熔接牢度。在塑料流程不太长的情况下，如无特殊需要，最好不要增加浇口数量，否则会增加熔接痕数量，如图 7-55 所示。

6) 浇口位置的选择应防止料流将型芯或嵌件挤压变形。对于有细长型芯的圆筒形塑件，应避免偏心进料，以防止型芯受力不平衡而倾斜，如图 7-56 所示。图 7-56a 所示的进料位置不合理；图 7-56b 所示采用两侧进料较好；图 7-56c 所示采用型芯顶部中心进料最好。

7.7.2 热流道浇注系统的设计

利用加热或者绝热以及缩短喷嘴至模腔距离等方法，使浇注系统里的熔料在注塑和开模过程中始终保持熔融状态，在开模时只需取出塑件，无需取出浇注系统冷凝料而又能连续生

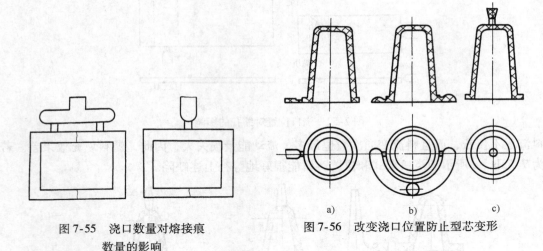

图 7-55　浇口数量对熔接痕
数量的影响

图 7-56　改变浇口位置防止型芯变形

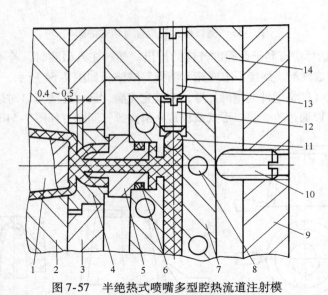

图 7-57　半绝热式喷嘴多型腔热流道注射模

1—型芯　2—定模型腔板　3—浇口板　4—浇口衬套　5—热流道喷嘴　6—胀圈　7—热流道板　8—加热孔道
9—定模座板　10、13—定位螺钉　11—流道密封球　12—压紧螺钉　14—支架

产的模具，叫做热流道模具，也称为无流道模具。该模具的浇注系统称为热流道浇注系统或无流道浇注系统。

热流道浇注系统与普通浇注系统相比有许多优点。由于没有冷凝料，一般不用修整浇口，避免了冷凝料的分割、回收、粉碎等工序和塑料的降级，缩短了成型周期，节约了生产成本，又容易实现自动化操作。同时，由于浇注系统里的塑料不凝固，压力传递好，易于塑件成型，能提高产品的质量，且生产率高。其缺点是对模具的要求较高，模具结构复杂，成本高，维修困难，温度控制要求高，对加工塑料的品种限制较大，对成型周期要求严格，注塑要求连续进行等。其结构如图 7-57 所示。

常用的热流道成型方法有：井式喷嘴、延长喷嘴、绝热喷嘴、热流道、其他阀式浇口等方式。上述方法的选择主要根据塑件形状、塑料种类、型腔数目、选用的成型注射机等条件来确定，其中以塑料的因素影响最大。用于无流道模具的塑料最好具有下述性质。

1）适宜加工的温度范围宽，黏度随温度的变化影响小，在较低温度下具有较好的流动性，在高温下具有良好的热稳定性。

2）对压力敏感，不加注射压力时不流动，但施以很低的注射压力即可流动。

3）热变形温度高，塑件在比较高的温度下即可快速固化顶出，以缩短成型周期。

各种不同材料所适用的热流道形式见表7-16。

表7-16　部分塑料对热流道浇注系统的适用程度

形式＼塑料	聚乙烯	聚丙烯	聚苯乙烯、AS、ABS	聚氯乙烯	聚碳酸酯	聚甲醛
井式喷嘴	可	可	较困难	不可	不可	不可
延长喷嘴	可	可	可	不可	不可	可
绝热流道	可	可	较困难	不可	不可	不可
热流道	可	可	可	可	可	可

7.7.3　排气系统的设计

型腔内气体的来源，除了型腔内原有的空气外，还有因塑料受热或凝固而产生的低分子挥发气体。塑料熔体向注射模型腔填充过程中，必须要考虑把这些气体顺序排出，否则，不仅会引起物料注射压力过大，熔体填充型腔困难，造成充不满模腔，而且气体还会在压力作用下渗进塑料中，使塑件产生气泡，组织疏松，熔接不良。因此在模具设计时，要充分考虑排气问题。

一般来说，对于结构复杂的模具，事先较难估计发生气阻的准确位置。所以，往往需要通过试模来确定其位置，然后再开排气槽。排气槽一般开设在型腔最后被充满的地方。排气的方式有开设排气槽排气和利用模具零件配合间隙排气。

1. 开设排气槽排气应遵循的原则

1）排气槽最好开设在分型面上，因为分型面上因排气槽产生飞边，易随塑件脱出。

2）排气槽的排气口不能正对操作人员，以防熔料喷出而发生工伤事故。

3）排气槽最好开设在靠近嵌件和塑件最薄处，因为这样的部位最容易形成熔接痕，宜排出气体，并排出部分冷料。

4）排气槽的宽度可取 1.5~1.6mm，其深度以不大于所用塑料的溢边值为限，通常为0.02~0.04mm。排气槽形式如图7-58所示。

2. 间隙排气

大多数情况下，可利用模具分型面或模具零件间的配合间隙自然地排气，而不另设排气槽。特别是对于中小型模具。图7-59是利用分型面及成型零件配合间隙排气的几种形式，间隙的大小和排气槽一样，通常为 0.02~0.04mm。

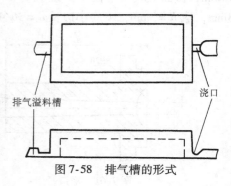

排气溢料槽　　浇口

图7-58　排气槽的形式

尺寸较深的型腔，气阻位置往往出现在型腔底部，这时模具结构应采用镶拼方式，并在镶件上制作排气间隙。

注意：无论是排气间隙还是排气槽均应与大气相通。

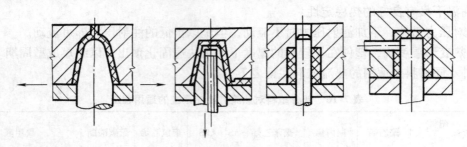

图 7-59　间隙排气的几种形式

7.7.4　典型案例分析

1. 端盖

端盖塑件的浇注系统设计如下。

由于塑件结构比较简单，且表面没有特殊要求，综合考虑到模具制造精度及制造成本，优先采用两板模结构，即总体结构类型为单分型面注射模。采用一模两腔模具结构，型腔间隔 15mm 布置。如图 7-60 所示。

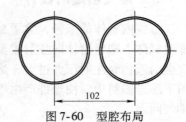

图 7-60　型腔布局

根据以上浇注系统设计的基本原则，采用简单而常用的侧浇口形式。本案例中浇注系统组成为主流道、分流道和浇口。

（1）主流道设计

由相关分析，端盖塑件模具的主流道采用圆锥形，锥角 $\alpha = 3°$，表面粗糙度 $Ra0.63\mu m$，主流道进口端直径 $D_1 = 4.5mm$，长度 L 由装配决定。主流道设计成浇口套形式，节约优质钢材，便于拆卸和更换。如图 7-61 所示。

（2）分流道设计

根据相关分析，选用常用的梯形截面分流道。长度 L 由经验值 8 ~ 30mm 确定，取 $L = 13mm$；截面上底大边长 b 由经验值 4 ~ 12mm 确定，取 $b = 4mm$；$h = 2/3b = 2 \times 4/3mm = 8/3mm$，取 $h = 3mm$；下底小边长 $a = 3b/4 = 3 \times 4/4mm = 3mm$。最终分流道尺寸如图 7-62 所示。

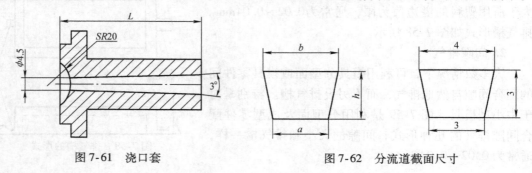

图 7-61　浇口套　　　　　　　　　　图 7-62　分流道截面尺寸

（3）浇口设计

由于塑件结构简单，查表并结合分流道平衡布局的相关知识，确定该模具采用常用的截面形状为矩形的侧浇口。查表可知，对于中小型塑件，一般厚度 $t = 0.5 \sim 2.0$ mm（或取塑件壁厚的 $1/3 \sim 2/3$），宽度 $b = 1.5 \sim 5.0$ mm，通常取 $b = (3 \sim 10)\,t$，浇口的长度为 $0.5 \sim 2.0$ mm。

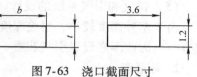

图 7-63　浇口截面尺寸

最终取厚度 $t = 1.2$ mm；宽度 $b = 3t = 3 \times 1.2$ mm = 3.6 mm；长度为 1mm。最终浇口截面尺寸如图 7-63 所示。

浇注系统详细结构如图 7-64 和图 7-65 所示。

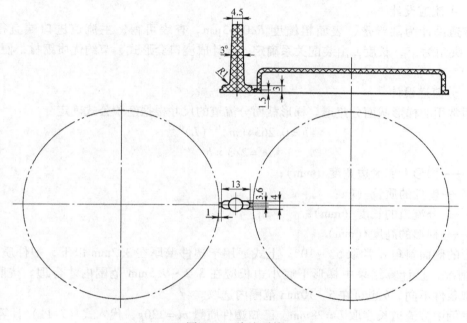

图 7-64　浇注系统

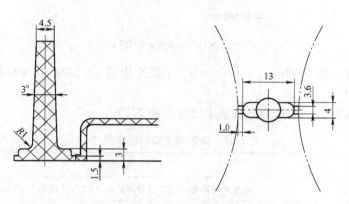

图 7-65　浇注系统局部放大图

（4）冷料穴和拉料杆的设计

由冷料穴及拉料杆常见形式的相关知识，可得该模具采用钩形（Z形）拉料杆比较合适。详细如图7-48a所示。

（5）排气和引气系统的设计

由于塑件高度较小，型腔深度不是很大，利用配合间隙排气，且非软质塑料，不容易形成真空，因此不必设置引气装置。

2. 环形套

环形套的浇注系统设计如下。

由于型腔布局为一模两腔，塑件结构简单，因此，采用简单而常用的浇口形式侧浇口。浇注系统组成为主流道、分流道、浇口和冷料井。

（1）主流道设计

主流道设计为圆锥形，表面粗糙度 $Ra0.63\mu m$。查表可得，主流道进口端直径 $D_1 = 5.5mm$，夹角为3°，长度 L 由装配关系确定。设计成浇口套形式，节约优质钢材，便于拆卸和更换。

（2）分流道设计

选用常用的梯形截面分流道。梯形截面分流道的尺寸根据经验公式确定

$$b = 0.2654(m)^{0.5}(L)^{0.25} \qquad (7\text{-}11)$$

$$h = 2/3 \times b \qquad (7\text{-}12)$$

式中　b——梯形上底大边宽度（mm）；

　　　m——塑件的质量（g）；

　　　L——分流道的长度（mm）；

　　　h——梯形的高度（mm）。

梯形的侧面斜角 α 常取 $5° \sim 10°$。上式适用于塑件壁厚在3.2mm以下，塑件质量小于200g的情况，且计算结果中梯形下底小边长应在 $3.2 \sim 9.5mm$ 范围内才合理。按照经验，根据成型条件不同，b 也可在 $5 \sim 10mm$ 范围内选取。

本案例中分流道长度取 $L = 28mm$。已知塑件质量 $m = 130g$，代入式（7-11）计算

$$b = 0.2654 \ (130)^{0.5} \ (28)^{0.25} mm$$

$$= 6.96mm$$

$$h = \frac{2}{3} \times 6.96mm = 4.64mm$$

根据经验取整，得 $b = 8mm$，$h = 5.5mm$，下底小边长 $a = 3b/4 = 8 \times 3/4mm = 6mm$。

（3）浇口设计

本案例采用侧浇口。矩形侧浇口基本尺寸见表7-17。

表7-17　矩形侧浇口的基本尺寸

名　　称	一般尺寸
浇口截面厚度 h	通常 h 可取塑件浇口处壁厚的 $1/3 \sim 2/3$（或 $0.5 \sim 2mm$）
浇口截面宽度 b	矩形截面的浇口，对于中小型塑件通常取 $b = (3 \sim 10) h$，对于大塑件取 $b > 10h$
浇口长度 l	浇口的长度 l 尽量短，对减小塑件熔体流动阻力和增大流速均有利，通常取 $l = 0.5 \sim 2mm$

本案例中已知材料为 ABS，塑件壁厚 3 ~ 10.5mm，简单塑件，则浇口厚度 $h = (1.2 ~ 1.5)$ mm，取 $h = 1.2$ mm。宽 $b = (3 ~ 10)$ h，取 $b = 5h = 5 \times 1.2$ mm = 6mm。浇口长度 $l = (0.5 ~ 2)$ mm，取 $l = 1$ mm。

浇注系统详细结构如图 7-66 所示。

（4）冷料穴和拉料杆的设计

冷料穴设计在主流道末端，该模具采用钩形（Z 形）拉料杆比较合适。

（5）排气和引气系统的设计

由于塑件高度较小，型腔深度不是很大，利用配合间隙排气，且非软质塑料，不容易形成真空，因此不必设置引气装置。

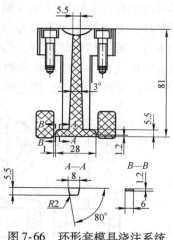

图 7-66　环形套模具浇注系统

7.8　结构零件的设计

7.8.1　合模导向装置的设计

合模导向装置是保证动模与定模或上模与下模合模时正确定位和导向的装置。合模导向装置主要有导柱导向和锥面定位。导柱导向装置的主要零件是导柱和导套。有的不用导套而在模板上镗孔代替导套，该孔通称为导向孔。导柱导向装置如图 7-67 所示。

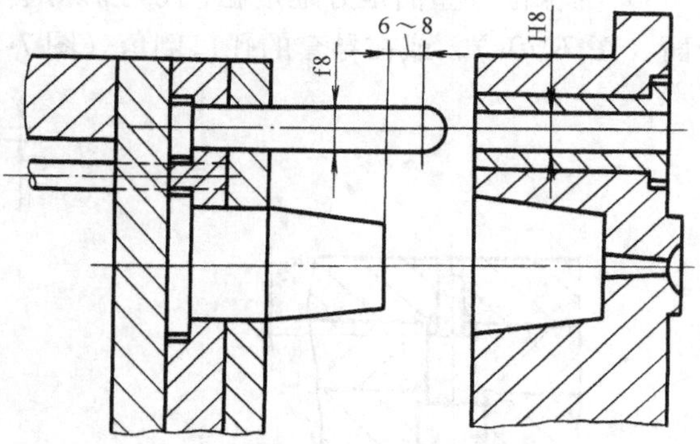

1. 导向装置的作用

1）导向作用。上模和下模合模时，首先是导向零件接触，引导上、下模准确合模，避免凸模或型芯先进入型腔，保证不损坏成型零件。

图 7-67　导柱导向装置

2）定位作用。避免模具装配时认错方位而损坏模具（尤其是形状不对称的型腔），对于垂直分型的两瓣对拼凹模，合模销可以保证在合模时定位准确。

3）承受一定的侧向压力。塑料注入型腔过程中会产生单向侧面压力，或由于成型设备精度的限制，使导柱在工作中承受一定的侧压力。当侧向压力很大时，则不能完全由导柱来承担，需要增设锥面定位装置。

2. 导向零件的设计原则

1）导向零件应合理地均匀分布在模具的周围或靠近边缘的部位，其中心至模具边缘应有足够的距离，以保证模具的强度，防止压入导柱和导套时发生变形。

2）根据模具的形状和大小，一副模具一般需要 2 ~ 3 个导柱。对于小型模具，通常只用两个直径相同且对称分布的导柱（图 7-68a）；如果模具的凸模与凹模合模时有方位要求，则用两个直径不同的导柱（图7-68b），或用两个直径相同，但错开位置的导柱；对于大中型模具，为了简化加工工艺，可采用三个或四个直径相同的导柱，但数量分布不对称（图7-68d），或导柱位置对称，但中心距不同（图7-68e）；对于多分型面的模具，最好采用阶梯形导柱（图7-69），阶梯数要与分型面数相等，每阶高度要比它所固定的模板厚度低约0.5mm，每阶直径与直径之差，推荐选用2mm，如12、10、8等。

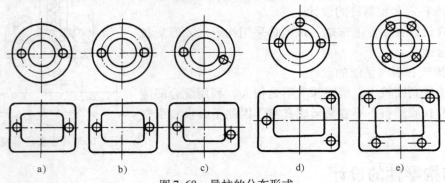

图7-68 导柱的分布形式

3）导柱可设置在定模，也可设置在动模。在不妨碍脱模取件的条件下，导柱通常设置在型芯高出分型面的一侧。

4）当上模板与下模板采用合模加工工艺时，导柱装配处直径应与导套外径相等。

5）为保证分型面很好地接触，导柱和导套在分型面处应制有承屑槽，一般都是削去一个面（图7-70a），或在导套的孔口倒角（图7-70b）。

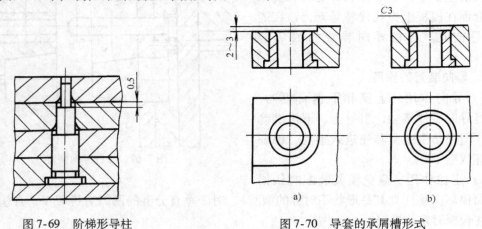

图7-69 阶梯形导柱　　　　　　　图7-70 导套的承屑槽形式

6）各导柱、导套（导向孔）的轴线应保证平行，否则将影响合模的准确性，甚至损坏导向零件。

3. 导柱的结构、特点及用途

导柱的结构形式随模具结构大小及塑件生产批量的不同而不同。目前在生产中常用的结构有以下几种。

1）台阶式导柱。注射模常用的标准台阶式导柱有带头和有肩的两大类，压缩模也采用类似的导柱。图7-71为台阶式导柱导向装置。在小批量生产时，带头导柱通常不需要导套，导柱直接与模板导向孔配合（图 7-71a），也可以与导套配合（图 7-71b），带头导柱一般用于简单模具。有肩导柱一般与导套配合使用（图 7-71c），导套内径与导柱直径相等，便于导柱固定孔和导套固定孔的加工。如果导柱固定板较薄，可采用图 7-71d 所示有肩导柱，其固定部分有两段，分别固定在两块模板上。

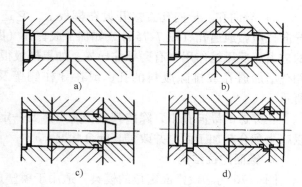

图 7-71 台阶式导柱导向装置

2）铆合式导柱。它的结构如图 7-72 所示。图 7-72a 所示的结构，导柱的固定不够牢固，稳定性较差，为此可将导柱沉入模板 1.5 ~ 2mm，如图 7-72b、c 所示。铆合式导柱结构简单，加工方便，但导柱损坏后更换麻烦，主要用于小型简单的移动式模具。

3）合模销。如图 7-73 所示，在垂直分型面的组合式凹模中，为了保证锥模套中的拼块相对位置的准确性，常采用两个合模销。分模时，为了使合模销不被拔出，其固定端部分采用 H7/k6 过渡配合，另一滑动端部分采用 H9/f9 间隙配合。

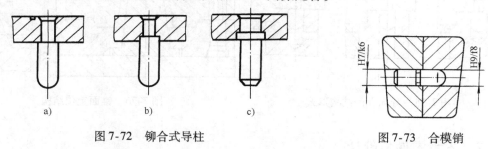

图 7-72 铆合式导柱   图 7-73 合模销

4. 导套和导向孔的结构、特点

1）导套。注射模常用的标准导套有直导套和带头导套两大类。它的固定方式如图 7-74 所示，图 7-74a、b、c 为直导套的固定方式，结构简单，制造方便，用于小型简单模具；图 7-74d 为带头导套的固定方式，结构复杂，加工较难，主要用于精度要求高的大型模具。对于大型注射模或压缩模，为防止导套被拔出，导套头部安装方法如图 7-74c 所示；如果导套头部无垫板，则应在头部加装盖板，如图 7-74d 所示。根据生产需要，也可在导套的导滑部分开设油槽。

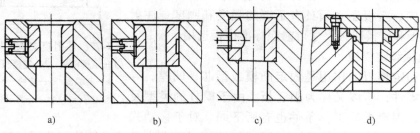

图 7-74 导套的固定方式

2）导向孔。导向孔直接开设在模板上，它适用于生产批量小、精度要求不高的模具。导向孔应做成通孔（图7-75b），如加工成盲孔（图7-75a），则孔内空气无法逸出，对导柱的进入有反压缩作用，有碍导柱导入。如果模板很厚，导向孔必须做成盲孔时，则应在盲孔侧壁增加通孔或排除废料的孔，或在导柱侧壁及导向孔开口端磨出排气槽，如图7-75c所示。

在穿透的导向孔中，除按其直径大小需要一定长度的配合外，其余部分孔径可以扩大，以减少配合精加工面，并改善其配合状况。

5. 锥面定位结构

图7-76为增设锥面定位的模具，适用于模塑成型时侧向压力很大的模具。其锥面配合有两种形式：一种是两锥面之间镶上经淬火的零件A；另一种是两锥面直接配合，此时两锥面均应热处理达到一定硬度，以增加耐磨性。

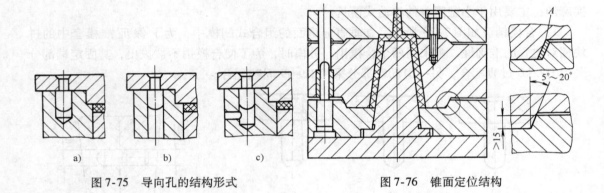

图 7-75　导向孔的结构形式　　　　　　图 7-76　锥面定位结构

7.8.2　支承零件的设计

塑料模的支承零件包括动模（或下模）座板、定模（或上模）座板、定模（或上模）板、支承板、垫板等。注射模的支承零件的典型组合如图7-77所示。塑料模的支承零件起装配、定位和安装作用。

1. 动模座板和定模座板

动模座板和定模座板是动模（或上模）和定模（或下模）的基座，也是固定式塑料模与成型设备连接的模板。因此，座板的轮廓尺寸和固定孔必须与成型设备上模具的安装板相适应。座板还必须具有足够的强度和刚度。注射模的动模座板和定模座板尺寸可参照标准模板选用。

2. 动模板和定模板

动模板和定模板的作用是固定凸模或型芯、凹模、导柱、导套等零件，所以又称为固定板。由于模具的类型及结构的不同，固定板的工作条件也有所下同。对于移动式

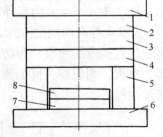

图 7-77　注射模支承零件的典型结构
1—定模座板　2—定模板　3—动模板
4—支承板　5—垫块　6—动模座板
7—推板　8—推杆固定板

压缩模，开模力作用在固定板上，因而固定板应有足够的强度和刚度。为了保证凹模、型芯

218

等零件固定稳固，固定板应有足够的厚度。动模（或上模）板和定模（或下模）板与型芯或凹模的基本连接方式可参阅凸模固定法，固定板的尺寸可参照标准模板选用。

3. 支承板

支承板是垫在固定板背面的模板。它的作用是防止型芯或凸模、凹模、导柱、导套等零件脱出，增强这些零件的稳固性并承受型芯和凹模等传递而来的成型压力。支承板与固定板的连接方式如图7-78所示。图7-78a、b、c三种方式为螺钉连接，适用于推杆分模的移动式模具和固定式模具，为了增加连接强度，一般采用圆柱头内六角螺钉；图7-78d为铆钉连接，适用于移动式模具，它拆装麻烦，修理不便。

支承板应具有足够的强度和刚度，以承受成型压力而不过量变形，它的强度和刚度计算方法与型腔底板相似。支承板的尺寸也可参照标准模板选用。

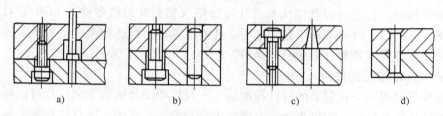

图 7-78　支承板与固定板的连接方式

4. 垫块

垫块的作用是使动模支承板与动模座板之间形成用于推出机构运动的空间，或调节模具总高度以适应成型设备上模具安装空间对模具总高度的要求。垫块与支承板和座板组装方法如图7-79所示。所有垫块的高度应一致，否则会由于负荷不均而造成动模板损坏。

对于大型模具，为了增强动模的刚度，可在动模支承板和动模座板之间采用支承柱（图7-79b）。这种支承起辅助支承作用。如果推出机构设有导向装置，则导柱也能起到辅助支承作用。垫块和支承柱的尺寸可参照有关标准。

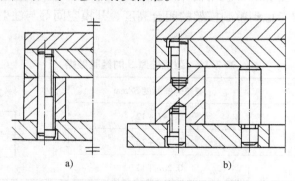

图 7-79　垫块的连接

7.8.3　注射模标准模架和选用

模架是注射模的骨架和基体，通过它将模具的各个部分有机地联系成一个整体，也可以说塑料模的模架起装配、定位和安装作用。塑料注射模模架现已标准化和系列化了，因此在设计时只需根据塑件的结构和尺寸直接选用即可。

1. 模架的组成

塑料模的标准模架一般由动模（或下模）座板、定模（或上模）座板、动模（或下模）板、定模（或上模）板、支承板、垫板、推杆固定板、推板、导柱、导套及复位杆等组成。常见注射模架的典型组合如图 7-77 所示。另外还有特殊结构的模架，如点浇口模架、带推件板推出的模架等。模架中其他部分可根据需要进行补充，如精确定位装置、支承柱等。

2. 模架主要零件的作用

标准模架的组成零件如模座板、模板、垫块、推板、导柱、导套、复位杆、限位块等都已有相应国家标准，在设计时其结构和尺寸可参照《塑料注射模零件》（GB/T 4169.2、4、5、6、7、8、12、13、14—2006）直接选用。各种模具零件制造和装配技术要求及模具验收的技术要求等可参照《塑料注射模技术条件》（GB/T 12554—2006）。

3. 注射模标准模架的选用

选用标准模架可以简化模具的设计与制造，一旦模架型号确定下来，就可以得到已经设计过的零部件结构和尺寸，如模板大小、螺钉大小与安装位置等。而且这些零部件可以直接从市场买到或买来后进行少量加工再投入使用，这样可以大大减少模具的设计和制造工作，提高效率，降低成本。中小型模架的尺寸可参照国家标准 GB/T 12555—2006，大型模架的尺寸可参照国家标准 GB/T 12555—2006。

（1）应选择的关键参数

选择模架的关键是确定型腔模板的周界尺寸（长×宽）和厚度，要确定模板的周界尺寸就要确定型腔到模板边缘之间的壁厚。有关壁厚尺寸大小的确定，除了可根据型腔壁厚的计算方法来确定外，也可使用查表或用经验公式来确定，模板的壁厚确定的经验数据可见表 7-18。模板厚度主要由型腔的深度来确定，并考虑型腔底部的刚度和强度是否足够。如果型腔底部有支承板的话，型腔底部就不需太厚，有关支承板厚度 h 的经验数据见表 7-19。另外，模板厚度确定还要考虑到整副模架的闭合高度、开模空间等与注射机之间的相应技术参数相适应。

表 7-18 型腔壁厚 S 的经验数据

型腔压力 P/MPa	型腔侧壁厚度 S/mm	
<29（压缩）	$0.14L + 12$	
<49（压缩）	$0.16L + 15$	
<49（注射）	$0.20L + 17$	

注：型腔为整体式，$L > 100\text{mm}$，表中数值需乘以 $0.85 \sim 0.90$。

（2）模架选择步骤

1）确定模架组合形式。

根据制品成型所需的结构来确定模架的结构组合形式。

2）确定型腔壁厚。

表 7-19　支承板厚度 h 的经验数据

B/mm	$b \approx L$/mm	$b \approx 1.5L$/mm	$b \approx 2L$/mm	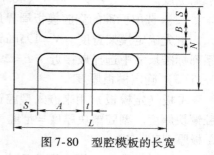
<102	(0.12~0.13) b	(0.1~0.11) b	0.08b	
>102~300	(0.13~0.15) b	(0.11~0.12) b	(0.08~0.09) b	
>300~500	(0.15~0.17) b	(0.12~0.13) b	(0.09~0.1) b	

注：当压力 $P > 49$MPa、$L \geqslant 1.5b$ 时，取表中数值乘以 1.25~1.35；当压力 $P < 49$MPa、$L \geqslant 1.5b$ 时，取表中数值乘以 1.5~1.6。

通过查表或有关壁厚计算公式来得到型腔壁厚尺寸。

3）计算型腔模板周界限。

型腔模板长宽尺寸如图 7-80 所示。

型腔模板的长度

$$L = S + A + t + A + S \qquad (7\text{-}13)$$

型腔模板的宽度

$$N = S + B + t + B + S \qquad (7\text{-}14)$$

图 7-80　型腔模板的长宽

式中　L——型腔模板的长度；

N——型腔模板的宽度；

S——型腔至模板边缘壁厚；

A——型腔长度；

B——型腔宽度；

t——型腔间壁厚，一般取（1/4~1/3）S。

4）确定模板周界尺寸。

由步骤 3）计算出的模板周界不太可能与标准模板的尺寸相等，所以必须将计算出的数据向标准尺寸"靠拢"。一般向较大的数修整，另外在修整时还需考虑到在壁厚位置上应有足够的位置安装其他的零部件，如果不够的话，需要增加壁厚尺寸 S。

5）确定模板厚度。

根据型腔深度和型腔底板厚度得到模板厚度，并按照标准尺寸进行修整。

6）选择模架尺寸。

根据确定下来的模板周界尺寸，配合模板所需厚度查标准选择模架。

7）检验所选模架的合适性。

对所选的模架还需检验模架与注射机之间的关系，如闭合高度、开模行程、推出形式等，如不合适还需要重新选择。

7.8.4 典型案例分析

1. 端盖

根据以上分析，端盖塑件为薄壁壳类塑件，一模两腔，采用侧浇口。因此可以选用 $A1 \sim A4$ 单分型面模架，考虑到企业现有的加工手段（如有大量的数控加工设备），易采用镶件型芯，镶件型芯底部需要支承板，可以采用推板推出机构，定模和动模均由两块模板组成，应选择 A4 型。

（1）计算型腔模板周界（图 7-81）

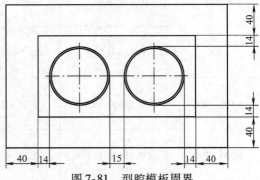

图 7-81 型腔模板周界

由式（7-13）和式（7-14）可知

长度 $L = (40 + 14 + 87 + 15 + 87 + 14 + 40)\ \text{mm} = 297\text{mm}$

宽度 $N = (40 + 14 + 87 + 14 + 40)\ \text{mm} = 195\text{mm}$

（2）选取标准的型腔模板周界尺寸

首先确定模架宽度。$N = 195\text{mm}$ 最接近于标准尺寸 200mm，因此选择 200mm；然后从 L 系列标准尺寸中选择最接近于 $L = 297\text{mm}$ 的 315mm。最终确定的模架规格为 200×315。

（3）确定模板厚度

A 板（定模板）用来嵌入型腔镶块，因型腔镶块采用通孔台肩式，则 A 板厚度等于型腔镶块厚度。型腔镶块厚度 = 型腔深度 + 底板厚度 = $(11 + 18)\ \text{mm} = 29\text{mm}$，故选取标准中 A 板厚度 $H_A = 40\text{mm}$。

B 板（动模板）用来固定型芯，采用通孔台肩式，B 板厚度 = $(0.5 \sim 1)$ 型芯高度，型芯高度为 9.5mm，则 B 板厚度 H_B 在 $(4.75 \sim 9.5)\ \text{mm}$ 之间，标准化取 $H_B = 20\text{mm}$。

C 板（垫块）形成推出机构的移动空间，其厚度 = 推杆垫板厚度 + 推杆固定板厚度 + 塑件推出距离，保证把塑件完全推离型芯。此模架推杆垫板厚度为 20mm，推杆固定板厚度为 16mm，塑件推出距离 = 型芯高度 + $(5 \sim 10)\ \text{mm} = (9.5 + 5)\ \text{mm} = 14.5\text{mm}$，则 C 板厚度 = $(20 + 16 + 14.5)\ \text{mm} = 50.5\text{mm}$，选取标准厚度 $H_C = 50\text{mm}$。

（4）选定模架

模架标记：A4—200315—22—Z2 （GB/T 12555—2006），如图 7-82 所示。

2. 环形套

此设计中模架选用龙记标准模架（LKM）。根据模具特点，选用大浇口模架；I 型模架，推杆推出机构，动模由两块模板组成，应选择 AI 型。

（1）计算型腔模板周界

模板的周界尺寸如图 7-83 所示。

长度 $L = (60 + 17 + 125 + 30 + 125 + 17 + 60)\ \text{mm} = 434\text{mm}$

宽度 $N = (60 + 17 + 120 + 17 + 60)\ \text{mm} = 274\text{mm}$

（2）选取标准的型腔模板周界尺寸

首先确定模架宽度。$N = 274\text{mm}$ 最接近于标准尺寸 270mm，故选择 270mm；然后从 L 系列标准尺寸中选择接近于 $L = 454\text{mm}$ 的尺寸，但标准尺寸最大为 270×400，因此，将宽度

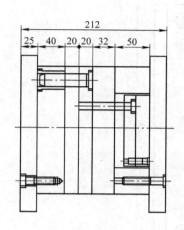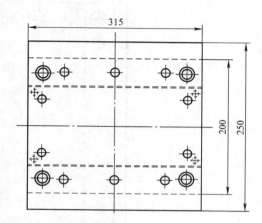

图 7-82　标准模架

逐渐加大，直到 300×500。最终确定的模架规格为 300×500。

（3）确定模板厚度

A 板（定模板）用来嵌入型腔镶块，因型腔镶块采用通孔台肩式，则 A 板厚度等于型腔镶块厚度，型腔镶块厚度 = 型腔深度 + 底板厚度 = （28 + 27）mm = 55mm，因此选取标准中 A 板厚度 $H_A = 60$mm。

B 板（动模板）用来固定型芯，采用盲孔式，一般 B 板厚度 = （0.5 ~ 1）型芯高度，型芯高度为 26mm，则 B 板厚度 H_B 在（13 ~ 26）mm 之间，但此模具中有侧抽芯机构，考虑到滑块要放置在 B 板上，则应取较大数值，最终标准化取 $H_B = 80$mm。

C 板（垫块）形成推出机构的移动空间，其厚度 ≥ 推杆垫板厚度 + 推杆固定板厚度 + 塑件推出距离，保证把塑件完全推离型芯。当 $H_A = 60$mm，$H_B = 80$mm 时，标准中对应 C 板厚度 $H_C = 90$mm。验证：此模架推杆垫板厚度为 25mm，推杆固定板厚度为 20mm，塑件推出距离 = 型芯高度 + （5 ~ 10）= （26 + 10）mm = 36mm，则推杆垫板厚度 + 推杆固定板厚度 + 塑件推出距离 = （25 + 20 + 36）mm = 81mm，显然 H_C ≥ 推杆垫板厚度 + 推杆固定板厚度 + 塑件推出距离，因此 $H_C = 90$mm 合理。

标准模架如图 7-84 所示。

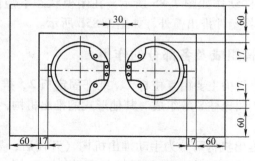

图 7-83　模板周界尺寸

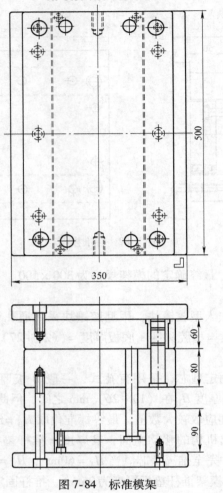

AI-3050-A60-B80-C90

图7-84 标准模架

7.9 推出机构的设计

在注射成型的每一循环中，塑件必须由模具的型腔或型芯上脱出，脱出塑件的机构称为推出机构。推出机构的推件动作如图7-85所示。在闭模状态下塑件冷却成型，如图7-85a所示；在开模状态下推杆将塑件推出模外，如图7-85b所示。

7.9.1 推出机构的结构组成及各部分的作用

如图7-85所示，推出机构主要由复位杆1、推杆固定板2、推杆推板3、推杆4、支承钉5、流道推杆6、导套7和导柱8等组成。其他形式的推出机构，组成部件有所不同。

1. 推出机构的分类

1）按动力来源分。推出机构可分为手动推出机构（开模后，靠人工操纵推出机构来推出塑件）；机动推出机构（利用注射机的开模动作驱动推出机构，实现塑件的自动脱模）；

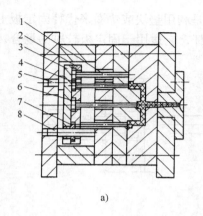
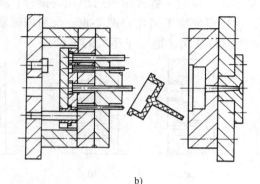

a)   b)

图 7-85　推出机构

1—复位杆　2—推杆固定板　3—推杆推板　4—推杆　5—支承钉　6—流道推杆　7—导套　8—导柱

液压与气动推出机构（利用注射机上的专用液压和气动装置，将塑件推出或从模具中吹出）。

2）按模具结构分。推出机构可分为简单推出机构、二级推出机构和双向推出机构。

2. 机构的设计原则

1）塑件留在动模。设计模具时，必须考虑在开模过程中保证塑件留在动模上，这样的推出机构较为简单。

2）保证塑件不因推出而变形或损坏。脱模力作用的位置应尽量靠近型芯。同时脱模力应施加于塑件刚性和强度最大的部位，如凸缘、加强肋等处，作用面积也尽可能大一些。

3）保证塑件良好的外观。推出塑件的位置应尽量设在塑件的内部或对塑件外观影响不大的部位。

4）结构可靠。推出机构应工作可靠，动作灵活，制造方便，更换容易，且本身具有足够的强度和刚度。还必须考虑合模时的正确复位，不与其他零件相干涉。

7.9.2　简单推出机构

简单推出机构也叫作一次推出机构，即塑件在推出机构的作用下，通过一次动作就可脱出模外的形式。它一般包括推杆推出机构、推管推出机构、推件板推出机构、推块推出机构等，这类推出机构最常见，应用也最广泛。

1. 推杆推出机构

推杆推出机构是最简单、最常用的一种形式，因为推杆的截面形状可以根据塑件的情况而定，如圆形、矩形等。其中以圆形最常用。

（1）推杆的形状

推杆的截面形状应根据塑件的几何形状、型腔和型芯结构的不同来设定。常见的推杆截面形状是圆形。推杆除了起推件作用外，有时还直接参与成型，这就需要将其做成与塑件某一部分相同的形状，如方形、半圆形等。

（2）推杆的尺寸及固定形式

推杆在推件时，应具有足够的刚性，以克服塑件的包紧力及摩擦力，因此在条件允许的情况下，应选用直径较大的推杆。推杆的固定形式如图 7-86 所示。图 7-86a 为最常用的推杆固定形式，可用于各种带台肩形式的推杆；图7-86b是利用垫块或垫圈来代替固定板上的沉孔，这样可使加工简化；图7-86c是利用螺塞拧紧推杆，它适用于固定板较厚的场合；图7-86d用螺钉紧固，适用于粗大的推杆。

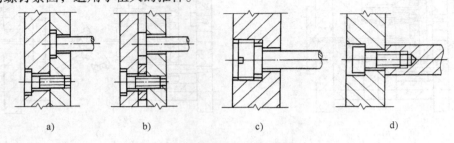

a)　　　　　　b)　　　　　　c)　　　　　　d)

图7-86　推杆的固定形式

（3）推杆设计时的注意事项

1）推杆的位置应选在脱模阻力大的地方及设在塑件强度、刚度较大处，以免塑件变形损坏。如图7-87a所示，塑件成型时对型芯的包紧力很大，所以推杆应设在型芯外侧塑件的端面上，或设在型芯内靠近侧壁处。如图7-87b所示，推杆还可设在塑件的加强肋下面，这样既可保证塑件不变形，同时也等于在脱模阻力大的地方设置了推杆。

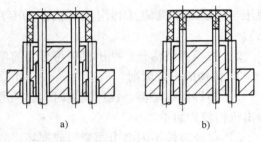

a)　　　　　　　　b)

图7-87　推杆的位置

2）推杆的端面一般应高出型芯或型腔表面0.05～0.1mm，这样不会影响塑件以后的使用。

3）推杆与其配合孔长度取直径的1.5～2倍，通常不小于10mm。

4）在保证塑件质量和顺利脱模的前提下，推杆的数量不宜过多，以简化模具和减少对塑件的影响。

2. 推管推出机构

对于中心有孔的薄壁圆筒形塑件，可用推管推出机构。如图7-88所示，推管推出塑件的运动方式与推杆推出塑件基本相同，只是推管中间固定一个长型芯。图7-88a所示的结构使模具的闭合高度加大，但结构可靠，多用于推出距离不大的场合；图7-88b所示的结构将

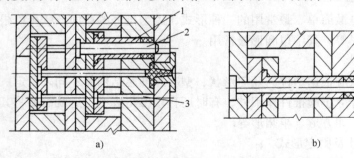

a)　　　　　　　　b)

图7-88　推管推出机构
1—推管　2—型芯　3—复位杆

226

型芯固定在动模座板上，型芯虽长，但结构紧凑。推管推出机构动作均匀可靠，且在塑件上不留任何推出痕迹。

3. 推件板推出机构

推件板是一块与凸模有一定配合精度的模板，它是在塑件的整个周边端面上进行推出的，它具有作用面积大，推出力大，脱模力均匀，运动平稳，并且塑件上无推出痕迹等优点，如图7-89a所示。

在推件板推出机构中，有以下三点应注意。

1）为了保证推件板推出塑件以后，能留在模具上，导柱应有足够的长度。当由于条件的限制，导柱不能太长时，可采用如图7-89b所示结构，将推杆前端做成螺杆，拧入推件板中，以确保推件板推出塑件时不脱离导柱。

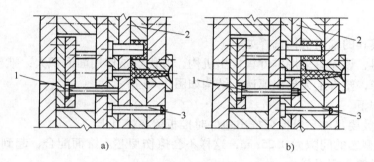

图7-89　推件板推出机构
1—推杆　2—推件板　3—导柱

2）在推件板推出机构中，为了减小推件板与型芯的摩擦，推件板与型芯间留有0.20～0.25mm的间隙，并用锥面配合，既能起到辅助定位的作用，也可防止推件板因偏心而溢料。

3）对于大型的深腔塑件或采用软质塑料时，如用推件板脱模时，塑件与型芯间容易形成真空，造成脱模困难，甚至使塑件变形损害，为此应考虑增设引气装置。

7.9.3　推出机构的导向与复位

1. 导向零件

当推杆较细时，固定它的固定板及垫板的重量，容易使推杆弯曲，以致在推出时不够灵活，甚至折断，故常设导向零件。导柱的数量一般不少于两个。常见的形式如图7-90所示。图7-90a所示的导柱，除了起导向作用外，还起支承作用，可以减小注射成型时支承板的弯曲。当推杆的数量较多，塑件的产量较大时，光有导柱是不够的，还需装配导套，以延长导向零件的寿命及使用的可靠性，如图7-90b所示。

2. 复位零件

为了使推出零件在合模后能回到原来的位置，推杆或推管推出机构中通常还设有复位杆。复位杆必须和推杆固定在同一块板上，它们的长度必须一致，分布必须均匀，它的端面要与所在动模的分型面齐平。在有的模具中复位杆可以省去，如图7-87所示的模具，推塑件边缘的推杆，直径可以稍大些，一半推塑件，另一半就起了复位杆的作用。

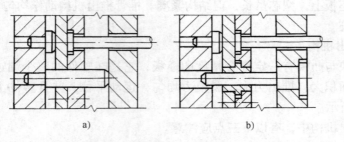

a)   b)

图 7-90   推出机构的导向零件

7.9.4   典型案例分析

1. 端盖

端盖塑件模具的推出机构选择如下。

由分析可得，该模具采用推件板推出机构，其优点是作用面面积大，推出力大，脱模力均匀，运动平稳，塑件上无推出痕迹。结构如图7-89所示。

注意事项如下。

1）导柱长度要足够，以保证推出塑件时推板留在模具上。

2）推板与型芯的间隙为0.25mm，这样不会擦伤型芯。锥面配合，起到辅助定位作用，也可防止推板因偏心而溢料。

3）由于塑件高度较小，型腔深度不是很大，且非软质塑料，不容易形成真空，因此不必设置进气机构。

2. 环形套

环形套塑件由于塑件外观要求不高，因此优先选择推杆推出机构，其结构简单，安装方便。推杆设计时的注意事项如下。

1）推杆位置应设在塑件脱模阻力大以及强度和刚度较大的部位，以免塑件变形损坏。

2）推杆端面一般应高出型芯或型腔表面 0.05 ~ 0.1mm，并不影响塑件以后的使用。

3）配合公差一般采用 H8/f7，配合长度取其直径的 1.5 ~ 2 倍，通常不小于 10mm。

4）推杆数量不宜过多，以简化模具和减少对塑件的影响。

推杆推出机构如图 7-91 所示。

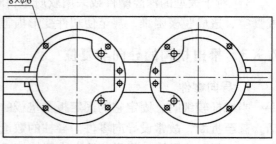

图 7-91   推杆推出机构

7.10   侧向分型与抽芯机构的设计

7.10.1   概述

当塑件上具有与开模方向不一致的侧孔、侧凹或凸台时，在脱模之前必须先抽掉侧向成型零件（或侧型芯），否则就无法脱模。这种带动侧向成型零件移动的机构称为侧向分型与抽芯机构。

1. 侧向分型与抽芯机构的分类

根据动力来源的不同，侧向分型与抽芯机构一般可分为手动、机动和气动（液压）三大类。

1）手动侧向分型与抽芯机构。手动侧向分型与抽芯机构是由人工将侧型芯或镶块连同塑件一起取出，在模外使塑件与型芯分离，这类机构的特点是模具结构简单，制造方便，成本较低，但工人的劳动强度大，生产率低，不能实现自动化。因此适用于生产批量不大的场合。

2）机动侧向分型与抽芯机构。机动侧向分型与抽芯机构是利用注射机的开模力，通过传动件使模具中的侧向成型零件移动一定距离而完成侧向分型与抽芯动作。这类模具结构复杂，制造困难，成本较高，但其优点是劳动强度小，操作方便，生产率较高，易实现自动化，故生产中应用较为广泛。

3）液压或气动侧向分型与抽芯机构。液压或气动侧向分型与抽芯机构是以液压力或压缩空气作为侧向分型与抽芯的动力。它的特点是传动平稳，抽拔力大，抽芯距长，但液压或气动装置成本较高。

2. 抽芯距与抽芯力的计算

（1）抽芯距的确定

抽芯距是指将侧型芯抽至不妨碍塑件脱模位置的距离。一般抽芯距等于成型塑件的孔深或凸台高度再加 $2 \sim 3 \text{mm}$ 的安全系数，如图 7-92a 所示。

$$S = h + (2 \sim 3) \text{mm} \qquad (7-15)$$

式中　S——抽芯距（mm）；

　　　h——塑件侧孔深度或侧凸高度（mm）。

当塑件结构比较特殊时，不能生搬硬套上面的公式，如图 7-92b 所示的圆形骨架塑件。

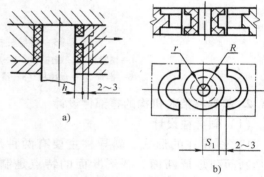

图 7-92　塑件的抽芯距

$$S = S_1 + (2 \sim 3) \text{mm}$$
$$= \sqrt{R^2 - r^2} + (2 \sim 3) \text{mm} \qquad (7-16)$$

式中　R——是塑件最大外圆的半径（mm）；

　　　r——是阻碍塑件脱模最小圆的半径（mm）。

（2）抽芯力的计算

注射成型后，塑件在模具内冷却定型，由于体积的收缩，对型芯会产生一定的包紧力，要抽出侧型芯就要克服此包紧力所引起的摩擦阻力。一般情况下，抽芯力可估算，估算抽芯力的方法也可以用于塑件脱模时所需脱模力的确定。

7.10.2　斜导柱分型与抽芯机构

1. 斜导柱分型抽芯的原理

斜导柱分型抽芯机构是生产中最常见的一种形式，它是利用斜导柱等零件把开模力传递给侧型芯，使之产生侧向移动来完成抽芯动作的。这类机构的特点是结构紧凑、动作安全可靠、加工制造方便，但它的抽芯距和抽芯力受到模具结构的限制，一般适用于抽芯力及抽芯距不大的场合。其动作原理如图7-93所示。斜导柱3固定在定模板2上，滑块8在动模板7的导滑槽内可以移动，侧型芯5用销钉4固定在滑块8上。开模时，开模力通过斜导柱作用于滑块，迫使滑块在动模板7的导滑槽内向左移动，完成侧抽芯动作，塑件由推管6推出型腔。楔紧块1的作用是保证侧型芯在成型过程中能抵抗型腔的内压力不使滑块产生移动。限位挡块9、螺钉10及弹簧是滑块在抽芯后的定位装置，保证合模时斜导柱能准确地进入滑块的斜孔，使滑块能回到成型位置。

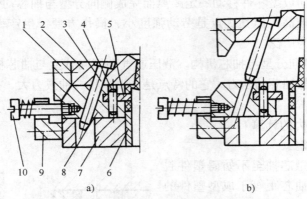

图7-93　斜导柱抽芯机构动作原理
1—楔紧块　2—定模板　3—斜导柱　4—销钉　5—侧型芯
6—推管　7—动模板　8—滑块　9—限位挡块　10—螺钉

2. 斜导柱抽芯机构的零部件设计

（1）斜导柱设计

1）斜导柱的形式。斜导柱主要有两种形式：圆形断面和矩形断面。圆形断面的特点是制造方便，装配容易，应用广泛；矩形断面的特点是制造麻烦，不易装配，但其强度较高，承受的作用力较大，还有一定的延时作用。

2）斜导柱倾斜角的确定。斜导柱轴向与开模方向的夹角称为斜导柱的倾斜角 α。如图7-94所示，α 的大小对斜导柱的有效工作长度、抽芯距和受力状况等起着重要作用，因此它是决定斜导柱抽芯机构工作效果的重要参数。

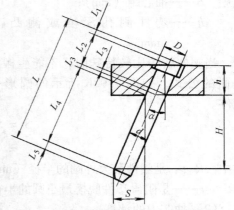

图7-94　斜导柱的倾斜角与工作长度、
抽芯距、开模行程的关系

由图7-94可知

$$L_4 = S / \sin\alpha \tag{7-17}$$

$$H = S \cdot \cot\alpha \tag{7-18}$$

式中　L_4——斜导柱的工作长度（mm）；

S——抽芯距（mm）；

α——斜导柱的倾斜角（°）；

230

H——完成抽芯距 S 所需的开模行程（mm）。

由此可知，在抽芯距 S 一定的情况下，α 值越小，则斜导柱的工作长度 L 和开模行程 H 均需增加，但 L 值过大会使斜导柱的刚性下降，H 值增大会受到注射机行程的限制。在考虑斜导柱时，当 α 值增大时，要得到相同的抽芯力 F_c，则斜导柱所受的弯曲力 F_w 要增大，同时所需的开模力 F_k 也增大。综合以上分析可知，从斜导柱的结构考虑，理论上 α 值取 $22°30'$ 比较合理。一般在设计时 $\alpha < 25°$，常取 $\alpha = 15° \sim 20°$。

3）斜导柱直径的计算。由于计算较复杂，所以在实际设计当中，经常用查表法确定斜导柱的直径。

4）斜导柱长度的计算。圆形端面斜导柱的长度主要根据抽芯距、斜导柱直径及倾斜角来确定。如图 7-94 所示，斜导柱的长度为

$$L = L_1 + L_2 + L_3 + L_4 + L_5$$
$$= (D/2)\tan\alpha + h/\cos\alpha + (d/2)\tan\alpha + S/\sin\alpha + (5 \sim 10)\,\text{mm} \qquad (7\text{-}19)$$

式中　L——斜导柱的总长度（mm）；

　　　D——斜导柱台肩直径（mm）；

　　　d——斜导柱工作部分的直径（mm）；

　　　h——斜导柱固定板的厚度（mm）；

　　　S——抽芯距（mm）；

　　　α——斜导柱的倾斜角（°）。

斜导柱在固定板中的安装长度为

$$L_\alpha = L_1 + L_2 - L_3 = (D/2)\tan\alpha + h/\cos\alpha - (d/2)\tan\alpha \qquad (7\text{-}20)$$

（2）滑块的设计

滑块是斜导柱侧向分型抽芯机构中的一个重要零部件，注射成型时塑件尺寸的准确性和移动的可靠性都需要靠它来保证。

1）侧型芯和滑块的连接形式。图 7-95 是几种常见的滑块与侧型芯连接的方式。

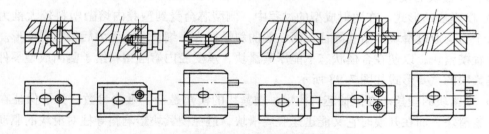

图 7-95　侧型芯与滑块的连接形式

2）滑块的导滑形式。滑块在侧向分型抽芯和复位过程中，要沿一定的方向平稳往复移动。为保证滑块运动平稳，抽芯及复位可靠，无上下窜动和卡紧现象，滑块在导滑槽内必须很好地导滑。滑块与导滑槽的配合形式根据模具大小、结构及塑件产量的不同而不同，常见的形式如图 7-96 所示。

3）滑块的定位装置。合模时为了保证斜导柱的伸出端可靠地进入滑块的斜孔，滑块在抽芯后的终止位置必须定位，所以滑块需要有定位装置，而且必须灵活、可靠、安全。图

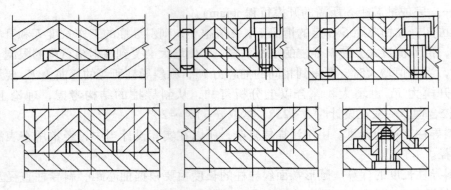

图 7-96　滑块的导滑形式

7-97 给出了几种常见的定位装置的形式。

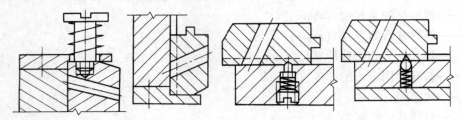

图 7-97　滑块的定位装置

4）滑块的导滑长度。滑块在完成抽芯动作后，留在导滑槽内的长度应大于滑块长度的 2/3，否则在滑块复位时容易倾斜，损坏模具。

5）斜导柱与滑块的配合间隙。在斜导柱抽芯机构中，斜导柱只起驱动滑块的作用，至于在闭模状态下型腔内熔融塑料对滑块的压力应该由楔紧块来承受。

（3）楔紧块的设计

1）楔紧块的形式。在注射成型的过程中，侧型芯会受到型腔内熔融塑料较大推力的作用，这个力会通过滑块传给斜导柱，而一般的斜导柱为一细长杆，受力后很容易变形。因此必须设置楔紧块，以便在合模状态下能压紧滑块，承受腔内熔融塑料给予侧向成型零件的推力。楔紧块的主要形式如图 7-98 所示。

2）楔紧块的楔角。在侧抽芯机构中，楔紧块的楔角是一个重要参数。为了保证在合模时能压紧滑块，而在开模时它又能迅速脱离滑块，避免楔紧块影响斜导柱对滑块的驱动，锁紧角 α' 一般必须大于斜导柱的斜角 α，这样才能保证模具一开模，楔紧块就让开。$\alpha' = \alpha + (2° \sim 3°)$。

3. 斜导柱分型与抽芯机构的形式

1）斜导柱在定模，滑块在动模的结构。这种结构应用非常广泛，前面举的例子中全是此结构形式。

2）斜导柱在动模，滑块在定模的结构。如图 7-99 所示结构形式。它的特点是凸模 13 与动模板 10 之间有一段可相对运动的距离。开模时，动模部分向下移动，在弹簧 6 和顶销 5 的作用下在 A 处分型，由于塑件包紧力的作用，凸模 13 不动，此时侧型芯滑块 14 在斜导

232

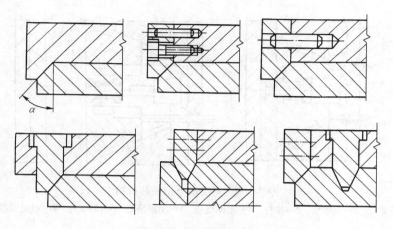

图 7-98　楔紧块的形式

柱 12 的作用下开始侧抽芯退出塑件。继续开模时，凸模 13 的台肩与动模板 10 接触，模具在 B 处分型，包在凸模上的塑件随动模一起向下移动从凹模镶件 2 中脱出，最后由推件板 4 将塑件顶出。

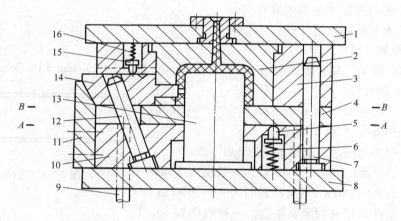

图 7-99　斜导柱在动模、滑块在定模的结构
1—定模座板　2—凹模镶件　3—定模板　4—推件板　5—顶销　6、16—弹簧　7—导柱　8—支承板
9—推杆　10—动模板　11—楔紧块　12—斜导柱　13—凸模　14—侧型芯滑块　15—定位顶销

7.10.3　斜滑块分型与抽芯机构

　　当塑件的侧凹较浅，所需的抽芯距小，但侧凹的成型面积较大时，可采用斜滑块分型抽芯机构。斜滑块分型抽芯机构与斜导柱分型抽芯机构相比具有结构简单，安全可靠，制造方便等优点，因此应用也较为广泛。

　　如图 7-100 所示，该塑件为绕线轮，外侧是深度较浅但面积较大的侧凹，因此将斜滑块 2 设计成瓣合式凹模镶块。开模后，斜滑块在推杆 3 的作用下，沿导滑槽的方向移动，同时向两侧分开，塑件也顺势脱离动模型芯 5。这种结构要注意的是必须用限位钉 6 来限位，否则在开模时斜滑块容易脱出锥形模套 1。

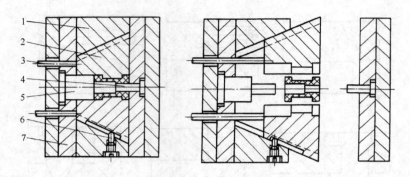

图 7-100 斜滑块分型抽芯机构

1—锥形模套 2—斜滑块 3—推杆 4—定模型芯 5—动模型芯 6—限位钉 7—动模型芯固定板

7.10.4 典型案例分析

1. 端盖

端盖零件由于分型简单，无需进行侧向分型和抽芯机构设计。

2. 环形套侧向分型抽芯机构设计

（1）抽芯距与抽芯力的计算

1）抽芯距的计算。

如图 7-101 所示，抽芯距 $S = h +$ （2~3）mm = （15.36 + 3）mm = 18.36mm。

2）抽芯力的计算。

$$F_c = AP（u\cos\alpha - \sin\alpha）\qquad(7-21)$$

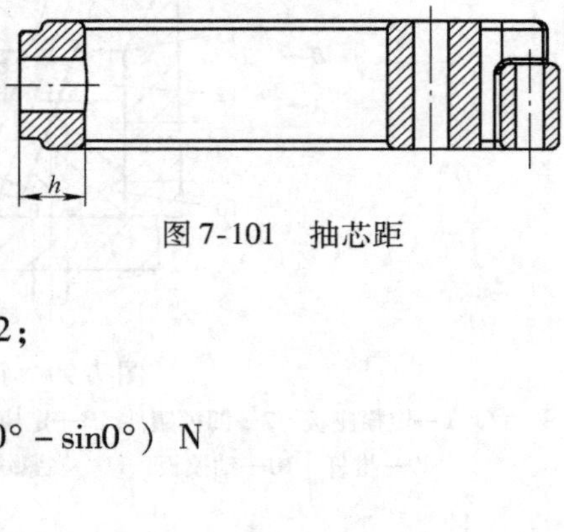

式中 F_c——抽芯力（N）；

　　　A——塑件与型芯的接触面积（mm^2）；

　　　P——单位面积包紧力（MPa），一般模内冷却时

　　　　　为 8~12MPa，模外冷却时为 24~39MPa；

　　　u——塑件与钢材的摩擦系数，一般取 0.15~0.2；

　　　α——脱模斜度（°）。

图 7-101 抽芯距

代入计算，得 $F_c = 3.14 × 12 × 15 × 32 ×$ （$0.2 × \cos0° - \sin0°$）N

$\qquad\qquad = 3617N$

（2）侧抽芯结构类型的选择

按动力来源的不同，侧抽芯分为手动、机动、液压或气动三种类型。机动侧抽芯利用开模力作为动力，通过有关传动零件使力作用于侧型芯而将模具侧向分型或把活动型芯从塑件中抽出，合模时又靠它使侧型芯复位。这类机构虽然结构比较复杂，但生产率高，在生产中应用最广，因此，选用机动侧抽芯类型。

根据传动零件的不同，侧抽芯结构可分为斜导柱、斜滑块、斜导槽、弯销和齿轮齿条等不同类型，其中斜导柱侧抽芯机构最为常用，且本设计中抽芯力为 3617N，抽芯距为 18.36mm，小于 60~80mm，因此优先选用斜导柱侧抽芯机构。其原理是利用斜导柱把开模力传递给侧型芯，然后侧向移动完成抽芯，其结构紧凑，动作安全可靠，加工制造简单。

（3）斜导柱侧抽芯机构应用形式的选择

"斜导柱在定模，滑块在动模"这种形式在斜导柱侧抽芯机构的模具中应用最广泛，在接到设计具有侧抽芯的模具任务时，首先应该考虑采用这种形式。

（4）零部件设计

1）斜导柱的设计。

① 形状为圆形，因制造方便，装配容易，应用广泛。

② 斜导柱轴向与开模方向的夹角为倾斜角，其大小与斜导柱的有效工作长度、抽芯距和受力有关系。由分析可知，从斜导柱的结构考虑，希望 α 值大一些好；而从斜导柱的受力考虑，希望 α 值小一些好。理论上 α 值取 22.5° 比较合理，一般在设计时 $\alpha < 25°$，通常 $\alpha = 15° \sim 20°$，若抽芯力仅为 188.4N，则取 $\alpha = 20°$。

③ 斜导柱的直径主要受弯曲力的影响，确定斜导柱的直径大小有两种方法：一种是公式计算法，比较复杂；另一种是查表法，比较方便。

查表法根据 F_c、α 确定 F_w；已知 $F_c = 3617N$，$\alpha = 20°$，则 $F_w = 4kN$。

根据 F_w、H_w、α 确定 d。已知 $F_w = 4kN$，$H_w = 17mm$，$\alpha = 20°$，则 $d = 14mm$。

④ 计算斜导柱的长度

$L = L_1 + L_2 + L_3 + L_4 + L_5$

$\quad = (D/2)\tan\alpha + h/\cos\alpha + (d/2)\tan\alpha + S/\sin\alpha + (5 \sim 10)\ mm$

$\quad = (0.5 \times 20 \times \tan20° + 60/\cos20° + 0.5 \times 14 \times \tan20° + 18.36/\sin20° + 5)\ mm$

$\quad = 119mm$

查标准，取斜导柱的长度 $L = 120mm$。

2）滑块的设计。

滑块是斜导柱侧抽芯机构中的一个重要零部件，它上面安装有侧型芯或侧向成型块，模塑成型时塑件尺寸的准确性和移动的可靠性都需要它的运动精度保证。

① 形式。滑块的结构形式可以根据具体塑件和模具结构灵活设计，分为整体式和组合式两种。

整体式：在滑块上直接制出侧型芯或侧向型腔的结构，适合形状简单的侧向移动零件，尤其适于对开式瓣合模侧向分型，如线圈骨架塑件的侧型腔滑块。

组合式：把侧型芯和滑块分开加工，然后再装配在一起，这种结构节省优质钢材，加工容易，应用广泛。

因此，选用组合式结构。侧型芯用 H7/m6 的配合镶入滑块，然后用一个圆柱销定位。

② 滑块的导滑形式。采用整体盖板式，在盖板上制出 T 形台肩的导滑部分，克服了整体式要用 T 形铣刀加工精度较高的 T 形槽的困难。

③ 滑块的定位装置。滑块定位装置在开模过程中用来保证滑块停留在刚刚脱离斜导柱的位置，不再发生任何移动，以避免合模时斜导柱不能准确地插进滑块的斜导孔内，造成模具损坏。在设计滑块的定位装置时，应根据模具的结构和滑块所在的不同位置选用不同的形式。

本设计中采用弹簧顶销式定位装置，适用于侧面方向的抽芯动作，顶销的头部制成半球状，滑块上的定位穴设计成球冠状。

3）楔紧块的设计。

楔紧块的作用：合模状态下压紧滑块，承受型腔内熔融塑料对侧型芯的推力。

① 形式。采用销钉定位、螺钉紧固的形式，结构简单，加工方便，应用较普遍。

② 楔紧块的楔角。楔紧块的工作部分是斜面，其楔角 α' 一般应比斜导柱倾斜角 α 大一些。通常 $\alpha' = \alpha + (2° \sim 3°)$，已知 $\alpha = 20°$，则 $\alpha' = 20° + 3° = 23°$。

7.11 模具加热与冷却系统的设计

7.11.1 概述

注射模的温度对塑料熔体的充模流动、固化定型、生产率及塑件的形状和尺寸精度都有重要的影响。热塑性塑料在注射成型过程中，根据其品种的不同，模温的要求也有所不同。对于熔融黏度较低，流动性较好的塑料，如聚乙烯、聚苯乙烯、聚丙烯、尼龙等，需要对模具进行人工冷却；对于结晶型塑料，冷凝时放出的热量大，应对模具充分冷却，以便塑件在模腔内很快冷凝定型，缩短成型周期，提高生产率。对于熔融黏度较高，流动性差的塑料，如聚碳酸酯、聚甲醛、聚砜等，则要求较高的模温，否则会影响其流动性，产生熔接痕和充模不满等缺陷，因此当要求模具温度在80℃以上时，需对模具进行加热。

7.11.2 冷却系统的设计

1. 冷却系统的设计原则

1）冷却水孔应尽量多，孔径应尽量大。如图7-102所示，型腔表面的温度与冷却水孔的数量、孔径的大小有直接的关系。图7-102a的五个大孔要比图7-102b的两个小孔冷却效果好得多，图7-102a的模具表面温差较小，塑件冷却较均匀，这样成型的塑件变形小，尺寸精度易保证。

2）冷却水道至型腔表面的距离应尽量相等。当塑件壁厚均匀时，冷却水道至型腔表面的距离最好相等，但是当塑件壁厚不均匀时，厚的地方冷却水道至型腔表面的距离应近一些。一般冷却水孔的孔径至型腔表面的距离应大于10mm，常用12~15mm。

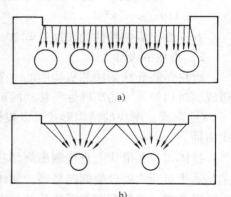

图7-102　水孔数量及孔径

3）浇口处加强冷却。一般熔融塑料填充型腔时，浇口附近的温度最高，距浇口距离越远温度越低。因此浇口附近应加强冷却，在它的附近设冷却水的入口，而在温度较低的远处只需通过经热交换后的温水即可，如图7-103所示。

4）降低入水与出水的温差。如果冷却水道较长，则入水与出水的温差就较大，这样就会使模具的温度分布不均匀。为了避免这个现象，可以通过改变冷却水道的排列方式来克服这个缺陷。

5）冷却水道要避免接近熔接痕部位，以免熔接不牢，影响塑件的强度。

6）冷却水道的大小要易于加工和清理。一般孔径为8~10mm。

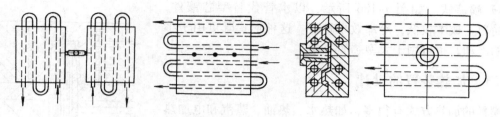

图 7-103 冷却水道的出、入口布置

2. 常见冷却系统的结构

1）直流式和直流循环式。如图 7-104 所示，这种形式结构简单，加工方便，但模具冷却不均匀，图 7-104b 的冷却效果更差。它适用于成型面积较大的浅型塑件。

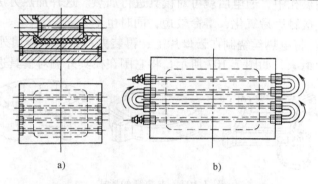

a)   b)

图 7-104 直流式和直流循环式冷却装置

2）循环式。如图 7-105 所示，图 7-105a 为间歇循环式，冷却效果较好，但出入口数量较多，加工费时；图 7-105b、c 为连续循环式，冷却槽加工成螺旋状，且只有一个入口和出口，其冷却效果比图 7-105a 稍差。这种形式适用于型芯和型腔。

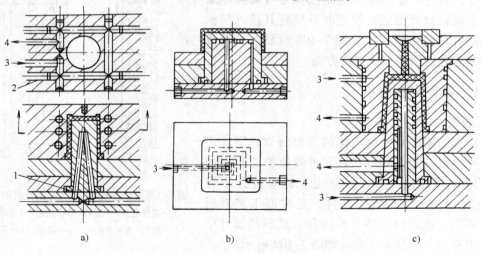

a)   b)   c)

图 7-105 循环式冷却装置
1—密封圈 2—堵塞 3—入口 4—出口

3）喷流式。如图 7-106 所示，以水管代替型芯镶件，结构简单，成本较低，冷却效果较好。这种形式既可用于小型芯的冷却，也可用于大型芯的冷却。

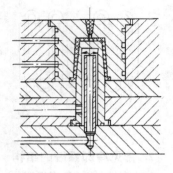

图 7-106　喷流式冷却装置

7.11.3　加热装置的设计

模具的加热方式有很多，如热水、热油、蒸汽和电加热等。目前普遍采用的是电加热温度调节系统，如果加热介质采用各种流体，那么其设计方法类似于冷却水道的设计，这里就不再赘述，下面是电加热的主要方式。

1）电热丝直接加热。将选择好的电热丝放入绝缘瓷管中，再装入模板的加热孔中，通电后就可对模具进行加热。这种加热方法结构简单，成本低廉，但电热丝与空气接触后易氧化，寿命较短，同时也不太安全。

2）电热圈加热。将电热丝绕制在云母片上，再装夹在特制的金属外壳中，电热丝与金属外壳之间用云母片绝缘，如图 7-107 所示，将它围在模具外侧对模具进行加热。其特点是

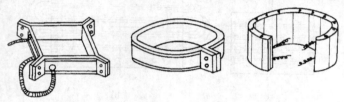

图 7-107　电热圈的形式

结构简单、更换方便，但缺点是耗电量大，这种加热装置更适合于压缩模和压注模。

3）电热棒加热。电热棒是一种标准的加热元件，它是由具有一定功率的电阻丝和带有耐热绝缘材料的金属密封管组成，使用时只要将其插入模板上的加热孔内通电即可，如图 7-108 所示。电热棒加热的特点是使用和安装都很方便。

7.11.4　典型案例分析

1. 端盖

注射模的温度对塑料熔体的充模流动、固化定型、生产率以及塑件的形状和尺寸精度都有重要的影响，因此应设置冷却系统。由于此塑件为小型（9.45g）、薄壁（1.5mm）塑件，且成型工艺对模温要求不高，也可以采用自然冷却。此模具设计中采用人工冷却，冷却系统设计如图 7-109 所示。

2. 环形套

该注射模具应设置冷却系统，如图 7-110 所示。

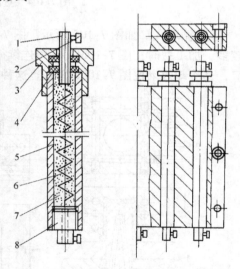

图 7-108　电热棒及其在加热板内的安装
1—接线柱　2—螺钉　3—帽盖　4—垫圈
5—外壳　6—电阻丝　7—硅砂　8—塞子

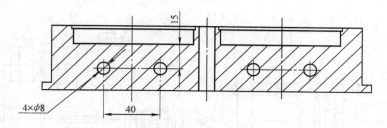

图 7-109 冷却水道

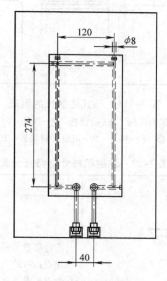

图 7-110 冷却系统

7.12 注射机的选择与校核

7.12.1 注射机的选择

1. 注射机的组成

注射成型所用设备为注射机（全称为塑料注射成型机），也称为注塑机。注射机主要由注射装置、合模（锁模）装置、液压传动系统、电气控制系统及机身等组成。如图 7-111 所示，工作时模具的动、定模分别安装于注射机的动模板和定模板上，由合模机构合模并锁紧，由注射装置加热、塑化、注射，待融料在模具内冷却定型后由合模机构开模，最后由推出机构将塑件推出。

2. 注射机的分类

（1）按外形特征分类

注射机按外形特征可分为如下三类，见表 7-20。

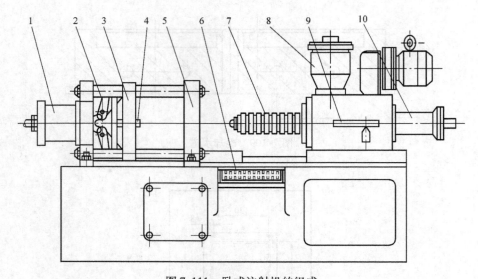

图 7-111　卧式注射机的组成

1—锁模液压缸　2—锁模机构　3—动模板　4—顶杆　5—定模板　6—控制台
7—料筒及加热器　8—料斗　9—定量供料装置　10—注射液压缸

表 7-20　注射机按外形特征分类

类别	示　意　图	说　明
立式注射机	1—注射装置　2—机身　3—锁模装置	注射装置与锁模装置的轴线呈一直线垂直排列。 优点：占地少，模具拆装方便，易于安放嵌件。 缺点：重心高，加料困难；推出的塑件要由手工取出，不易实现自动化；容积较小
卧式注射机	如图 7-111 所示	注射装置与锁模装置的轴线呈一直线水平排列，使用广泛。 优点：重心低，稳定；加料、操作及维修方便；塑件可自行脱落，易实现自动化。 缺点：模具安装麻烦，嵌件安放不稳，机器占地较大
角式注射机	1—注射装置　2—机身　3—锁模装置	注射装置与锁模装置的轴线相互垂直排列。 优点、缺点介于立式注射机和卧式注射机之间。 特别适用于成型中心不允许有浇口痕迹的平面塑件

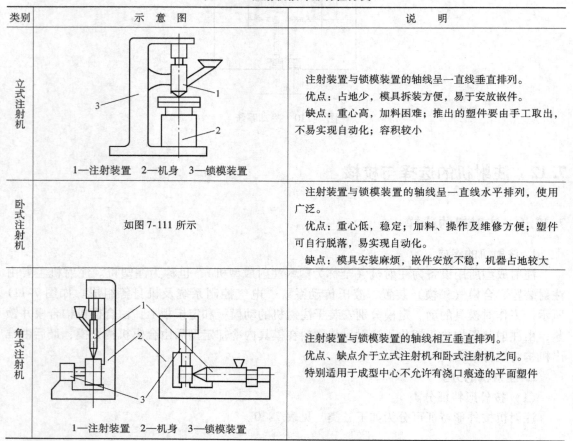

（2）按塑料在料筒的塑化方式分类

注射机按塑料在料筒的塑化方式不同可分为两类，见表 7-21。

表 7-21　注射机按塑料在料筒的塑化方式分类

类别	示　意　图	说　明
柱塞式注射机	1—注射模　2—喷嘴　3—料筒　4—分流梭 5—料斗　6—注射柱塞	注射柱塞直径为 20~100mm 的金属圆杆，当其后退时物料自料斗定量地落入料筒内，柱塞前进，原料通过料筒与分流梭的腔内，将塑料分成薄片，均匀加热，并在剪切作用下塑料进一步混合和塑化，并完成注射。 多为立式注射机，注射量小于 30~60g，不易成型流动性差、热敏性强的塑料
螺杆式注射机	1—喷嘴　2—料筒　3—螺杆　4—料斗	螺杆在料筒内旋转时，将料斗内的塑料卷入，逐渐压实、排气和塑化，将塑料熔体推向料筒的前端，积存在料筒顶部和喷嘴之间，螺杆本身受熔体的压力而缓慢后退。当积存的熔体达到预定的注射量时，螺杆停止转动，在液压缸的推动下，将熔体注入模具。 卧式注射机多为螺杆式

3. 注射机的技术参数

注射模必须安装在与其适应的注射机上才能进行正常生产，因此在设计模具时，必须熟悉所选用注射机的技术参数，如注射机的最大注射量、最大注射压力、最大锁模力、最大成型面积、模具最大厚度和最小厚度、开模最大行程、拉杆间距、安装模板的螺孔（或 T 形槽）位置和尺寸、定位孔尺寸、喷嘴球面半径等。

国家标准主要有原轻工业部标准、原机械部标准和国家标准。注射机型号中的字母 S 表示塑料机械，Z 表示注射机，X 表示成型，Y 表示螺杆式（无 Y 表示柱塞式）等。常用部分国产注射机技术参数见表 7-22。

表 7-22　常用国产注射机的规格和性能

型号　　项目	XS-Z-30	XS-Z-60	XS-ZY-125	SZY-300	XS-ZY-500	XS-ZY-1000	SZY-2000	XS-ZY-4000
额定注射量/cm³	30	60	125	320	500	1000	2000	4000
螺杆（柱塞）直径/mm	28	38	42	60	65	85	110	130
注射压力/MPa	119	122	120	77.5	145	121	90	106
注射行程/mm	130	170	115	150	200	260	280	370
注射方式	柱塞式	柱塞式	螺杆式	螺杆式	螺杆式	螺杆式	螺杆式	螺杆式
锁模力/kN	250	500	900	1500	3500	4500	6000	10000
最大成型面积/cm²	90	130	320		1000	1800	2600	3800
最大开合模行程/mm	160	180	300	340	500	700	750	1100

项目 \ 型号	XS-Z-30	XS-Z-60	XS-ZY-125	SZY-300	XS-ZY-500	XS-ZY-1000	SZY-2000	XS-ZY-4000
模具最大厚度/mm	180	200	300	355	450	700	800	1000
模具最小厚度/mm	60	70	200	285	300	300	500	700
喷嘴圆弧球半径/mm	12	12	12	12	18	18	18	
喷嘴孔直径/mm	2	4	4	3、5、6、8	7.5	10		
顶出形式	四侧设有顶杆，机械顶出	中心设有顶杆，机械顶出	两侧设有顶杆，机械顶出	中心及上、下两侧设顶杆，机械顶出	中心液压顶出，两侧顶杆机械顶出	中心液压顶出，两侧顶杆机械顶出	中心液压顶出，两侧顶杆机械顶出	中心液压顶出，两侧顶杆机械顶出
动、定模固定板尺寸/mm	250×280	330×440	428×458	620×520	700×850	900×1000	1180×1180	
拉杆空间/mm	235	190×300	260×290	400×300	540×440	650×550	760×700	1050×950
合模方式	液压—机械	液压—机械	液压—机械	液压—机械	液压—机械	稳压式	液压—机械	稳压式
液压泵 流量/(L/min)	50	70、12	100、12	103.9、12.1	200、25	200、18、1.8	175.8、14.2	50、50
液压泵 压力/MPa	6.5	6.5	6.5	7.0	6.5	14	14	20
电动机功率/kW	5.5	11	11	17	22	40、5.5、5.5	40、40	17、17
螺杆驱动功率/kW			4	7.8	7.5	13	23.5	30
加热功率/kW		2.7	5	6.5	14	16.5	21	37

7.12.2 注射机的校核

1. 注射机最大注射量的校核

注射机的最大注射量是指注射机一次注射塑料的最大容量，标志着注射机所能加工塑件的最大质量或体积。选择注射机时，必须保证塑件连同凝料、飞边在内的质量或体积不大于注射机的最大注射量，否则，就会使塑件成型不完整或内部组织疏松，塑件强度降低，即

$$nm + m_1 \leqslant Km_p \tag{7-22}$$

式中　n——型腔数目；

　　　m_p——注射机允许的最大注射量（g 或 cm^3）；

　　　m——单个塑件的质量或体积（g 或 cm^3）；

　　　m_1——浇注系统凝料及飞边的质量或体积（g 或 cm^3）；

　　　K——注射机最大注射量利用系数，一般取 $K=0.8$。

因聚苯乙烯塑料的密度是 1.05g/cm^3，近似于 1g/cm^3，因此规定柱塞式注射机的最大注射量是以一次注射聚苯乙烯的最大克数为标准的；而螺杆式注射机是以体积表示最大注射量的，与塑料的品种无关。

2. 注射机注射压力的校核

注射压力校核的目的是校验注射机的最大注射压力能否满足塑件成型的需要，为此注射机的最大注射压力应大于或等于塑件成型时所需的注射压力，即

$$p_{\max} \geqslant p \qquad\qquad (7\text{-}23)$$

式中　$p_{\max}$——注射机的最大注射压力（MPa）；

　　　　p——塑件成型时所需的注射压力（MPa），它的大小与注射机的类型、喷嘴形式、塑料的流动性、浇注系统及模具型腔的阻力等因素有关。一般取 $p = 40 \sim 200$MPa。

以往模具设计者仅是根据影响因素和经验定性地估算成型时所需的注射压力（例如螺杆式注射机传递压力的能力比柱塞式注射机强，注射压力可相应取小些；流动性差的塑料或细薄塑件的注射压力应取大些等）。现可借助于注射模流动模拟计算机软件，对注射成型过程进行模拟，获得注射压力的预测值，后经试模确定。

3. 注射机锁模力的校核

当高压塑料熔体充满模具型腔时，会在模具型腔内产生很大的力，迫使模具沿分型面胀开，这个力的大小等于塑件及浇注系统在分型面上的投影面积之和乘以模具型腔内熔体压力，它应小于注射机的额定锁模力 F_P，才能保证注射时不发生溢料现象，即

$$F_S = p\,(nA + A_1) < F_P \qquad\qquad (7\text{-}24)$$

式中　F_S——高压塑料熔体产生的胀模力（N）；

　　　　F_P——注射机的公称锁模力（N）；

　　　　n——模具型腔数目；

　　　　A——单个塑件在分型面上的投影面积（mm²）；

　　　　A_1——浇注系统在分型面上的投影面积（mm²）；

　　　　p——型腔内熔体压力（MPa），常取注射机注射压力的 80% 左右，$20 \sim 40$MPa。常用塑料注射成型时所选用的型腔压力值见表7-23。

表7-23　常用塑料注射时的型腔压力　　　　　　　　　　（单位：MPa）

塑料品种	高压聚乙烯	低压聚乙烯	PS	AS	ABS	POM	PC
型腔压力	10 ~ 15	20	15 ~ 20	30	30	35	40

4. 模具与注射机安装部分相关尺寸的校核

为了使注射模具能够顺利地安装到注射机上并生产出合格的塑件，设计模具时，必须校核注射机与模具安装部分相关的尺寸，因为不同型号及尺寸的注射机，其安装模具部位的形状和尺寸各不相同。一般情况下设计模具时应校核的部分包括喷嘴尺寸、定位圈尺寸、最大和最小模具厚度、模板上的安装螺孔尺寸等。

（1）喷嘴尺寸

注射机喷嘴前端球面半径 r 应比模具浇口套始端的球面半径 R 小 $1 \sim 2$mm，注射机喷嘴直径 d 比模具浇口套始端小孔径 D 小 $0.5 \sim 1$mm（图7-112），以防止模具浇口套始端积存凝料，影响脱模使主流道凝料无法脱出。

直角式注射机的喷嘴头部多为平面，模具主流道始端与其接触处也应做成平面。

（2）定位圈尺寸

为保证模具主流道中心线与注射机喷嘴中心线重合，注射机固定模板上设有定位孔，模具的定模座板上应设有凸起的定位圈（或浇口套），两者按 H9/f9 间隙配合。对于定位圈高度，小型模具取 $5 \sim 10$mm，大型模具取 $10 \sim 15$mm。

（3）模具外形尺寸

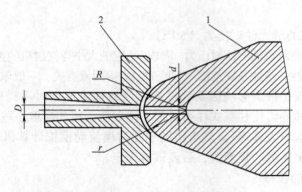

图 7-112　主流道与喷嘴
1—注射机喷嘴　2—浇口套

模具的外形尺寸应小于注射机的拉杆间距，否则模具无法安装。同时，模具的座板尺寸不应超过注射机的模板尺寸。

（4）模具厚度

在模具设计时，应使模具的总厚度位于注射机可安装模具的最大厚度和最小厚度之间。

（5）安装螺孔位置及尺寸

模具的动、定模安装到注射机模板上的方法有两种，如图 7-113 所示。其中图 7-113a 表示用压板固定的方法，此时只要模脚附近有螺孔即可，对螺孔的位置可以有很大的灵活性，此方法使用较普通；图 7-113b 则是直接用螺钉固定的方法，此时模具座板上的孔位置和尺寸与注射机模板上的安装螺孔必须完全吻合。对于质量较大的大型模具，采用螺钉直接固定较为安全。

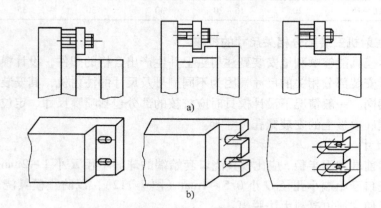

图 7-113　注射模的固定形式

（6）开模行程和顶出机构的校核

注射机的开模行程是有限制的，塑件从模具中取出时所需的开模距离必须小于注射机的最大开模距离，否则塑件无法从模具中取出。开模距离一般可分为两种情况：一是当注射机采用液压机械联合作用的锁模机构时，最大开模行程由连杆机构的最大行程决定，并不受模具厚度的影响，即注射机最大开模行程与模具厚度无关；二是当注射机采用液压机械联合作用的锁模机构时，最大开模行程由连杆机构的最大行程决定，并受模具厚度的影响，即注射机最大开模行程与模具厚度有关。开模行程和顶出机构的校核见表7-24所示。

表7-24　开模行程和顶出机构的校核

模具类型	图例	注射机类型	公式
单分型面注射模	 1—动模　2—定模	注射机最大开模行程与模具厚度无关	$S \geqslant H_1 + H_2 + (5 \sim 10)$ mm　(7-25) 式中　S——注射机的最大开模行程（mm）； H_1——塑件脱模距离（型芯的高度）（mm）； H_2——包括流道凝料在内的塑件的高度（mm）
		注射机最大开模行程与模具厚度有关	$S \geqslant H_m + H_1 + H_2 + (5 \sim 10)$ mm (7-26) 式中　H_m——模具的厚度（mm）
双分型面注射模		注射机最大开模行程与模具厚度无关	$S \geqslant H_1 + H_2 + a + (5 \sim 10)$ mm　(7-27) 式中　a——中间板与定模板之间的分开距离（流道凝料的长度）（mm）
		注射机最大开模行程与模具厚度有关	$S \geqslant H_m + H_1 + H_2 + a + (5 \sim 10)$ mm (7-28)
用斜导柱侧向抽芯或分型注射模		模具为单分型面，且注射机最大开模行程与模具厚度无关	当抽芯距 $H_c > H_1 + H_2$ 则 $S \geqslant H_c + (5 \sim 10)$ mm　(7-29) 当抽芯距 $H_c < H_1 + H_2$ 则 $S \geqslant H_1 + H_2 + (5 \sim 10)$ mm　(7-30) （如果注射机最大开模行程与模具厚度有关，则注射机的最大开模行程应在上两式右端加上 H_m）

注射机的开模行程校核，除以上三种校核情况以外，还有注射成型带螺纹塑件，需要利用开模运动完成自动脱螺纹的动作时，必须考虑从模具中旋出螺纹部分所需要的开模距离。

7.12.3 典型案例分析

1. 端盖

端盖塑件注射机的相关分析计算如下。

（1）初选注射机型号

由公式 $nm + m_1 \leq Km_p$ 通用公式，转变成按体积校核的新公式为

$$V_{max} \geq (n \cdot V_s + V_j)/K \tag{7-31}$$

式中　V_{max}——注射机的最大注射量（cm^3）；

　　n——型腔数目；

　　V_s——塑件体积（cm^3）；

　　V_j——浇注系统凝料体积（cm^3）；

　　K——注射机最大注射量利用系数，一般取 $K = 0.8$。

已知 $n = 2$，$V_s = 9cm^3$，估计 $V_j = 5cm^3$，则 $V_{max} \geq (2 \times 9 + 5)/0.8cm^3 = 28.8cm^3$。

查表 7-22，初步选择注射机 XS-ZY-125。

注射机的规格参数如下：

最大注射量：125cm^3；

注射压力：120MPa；

最大开模行程：300mm；

模板尺寸：428mm × 458mm；

锁模力：900kN；

模具厚度：最大 300mm、最小 200mm；

拉杆空间：260mm × 290mm；

喷嘴尺寸：圆弧半径 R12mm、孔直径 ϕ4mm；

定位孔直径：ϕ100mm；

顶出形式：两侧顶出，孔径 ϕ22mm，孔距 230mm。

（2）初选注射机注射成型工艺参数

ABS 的注射成型工艺参数见表 7-25。

（3）计算塑件的体积和质量

经软件测得塑件的体积 $V_s = 9cm^3$，查表可知，ABS 的密度为 $1.02 \sim 1.05g/cm^3$，则质量 $M = 9 \times 1.05g = 9.45g$。

（4）端盖塑料模具的注射机的校核

根据以上分析注射机的校核如下。

① 最大注射量。

已知 $nV_s + V_j = (9 \times 2 + 1.5)cm^3 = 19.5cm^3$，$V_{max} = 125cm^3$，$K$ 取 0.8，则 $KV_{max} \geq nV_s + V_j$，适合。

表 7-25　ABS 注射成型工艺参数

项目 \ 塑料		ABS
注射机类型		螺杆式
螺杆转速/(r/min)		30 ~ 60
喷嘴	形式	直通式
	温度/℃	180 ~ 190
料筒温度/℃	前段	200 ~ 210
	中段	210 ~ 230
	后段	180 ~ 200
模具温度/℃		50 ~ 70
注射压力/MPa		70 ~ 90
保压压力/MPa		50 ~ 70
注射时间/s		3 ~ 5
保压时间/s		15 ~ 30
冷却时间/s		15 ~ 30
成型周期/s		40 ~ 70

② 注射压力。

由表 7-19 可知塑件成型所需注射压力 $p = 70 \sim 90\text{MPa}$，$p_{max} = 120\text{MPa}$，则 $p_{max} \geqslant p$，适合。

③ 锁模力。

已知型腔内熔体压力 $P_q = 20 \sim 40\text{MPa}$，$A_分 = (3.14 \times (87/2)^2 \times 2 + 32)\text{mm}^2 = 59737.3\text{mm}^2$。$F_s = 900\text{kN}$，则 $P_q A_分 = 40 \times 5973.7\text{N} = 238948\text{N} = 239\text{kN}$。显然 $F_s > P_q A_分$，适合。

④ 安装部分尺寸。

喷嘴圆弧半径 $R12\text{mm} <$ 浇口套圆弧半径 $R14\text{mm}$；

喷嘴孔直径 $\phi4\text{mm} <$ 主流道小端直径 $\phi4.5\text{mm}$；

定位孔直径 $\phi100\text{mm} =$ 定位圈外径 $\phi100\text{mm}$；

拉杆空间 $260\text{mm} \times 290\text{mm} >$ 模具外形 $250\text{mm} \times 315\text{mm}$；

最小模厚 $200\text{mm} <$ 模具厚度 $212\text{mm} <$ 最大模厚 300mm。

⑤ 开模行程。

开模行程 $= (9.5 + 11 + 10)\text{mm} = 30.5\text{mm}$

最大开模行程 300mm，则最大开模行程 $>$ 开模行程，适合。

⑥ 推出机构。

两侧顶出，孔径 $\phi22\text{mm}$，孔距 230mm。

2. 环形套

环形套模具注射机选用和计算校核如下。

（1）计算塑件的体积和质量

经软件测得塑件的体积 $V_s = 124\text{cm}^3$，ABS 的密度为 $1.02 \sim 1.05\text{g/cm}^3$，则质量 $M = 124 \times 1.05\text{g} = 130\text{g}$。

（2）初选注射机的型号

模具设计任务书中指定采用 XS-ZY-500 型注射机。校核该注射机能否满足使用要求，根据式（7-30），已知 $n = 2$，$V_s = 124\text{cm}^3$，估计 $V_j = 5\text{cm}^3$，$V_{max} = 500$，则 $(n \cdot V_s + V_j)/K = (2 \times 124 + 5)/0.8\text{cm}^3 = 316\text{cm}^3$。

显然，$V_{max} \geqslant (n \cdot V_s + V_j)/K$，因此，该注射机可以采用。查表 7-16，XS-ZY-500 注射机的规格参数如下：

最大注射量：500cm^3；

注射压力：145MPa；

最大开模行程：500mm；

模板尺寸：$700\text{mm} \times 850\text{mm}$；

锁模力：3500kN；

模具厚度：最大 450mm，最小 300mm；

拉杆空间：$540\text{mm} \times 440\text{mm}$；

喷嘴尺寸：圆弧半径 $R18\text{mm}$、孔直径 $\phi5\text{mm}$；

定位孔直径：$\phi150\text{mm}$；

顶出形式：中心液压顶出，顶出距离 100mm；两侧顶杆机械顶出。

（3）初选注射成型工艺参数

查表 7-19，ABS 的注射成型工艺参数，包括喷嘴温度、料筒温度、模具温度、注射压力、保压压力、注射时间、保压时间、冷却时间和成型周期。

（4）注射机的校核

① 最大注射量。

已知 $V_s + V_j = (124 \times 2 + 3)$ cm³ $= 251$ cm³，$V_{max} = 500$ cm³，K 取 0.8，则 $KV_{max} \geqslant V_s + V_j$，适合。

② 注射压力。

已知 $p = 70 \sim 90$ MPa，$p_{max} = 145$ MPa，则 $p_{max} \geqslant p$，适合。

③ 锁模力。

已知 $P_q = 20 \sim 40$ MPa，$A_分 = (3867 \times 2 + 240)$ mm² $= 7974$ mm²，$F_s = 3500$ kN，则 $P_q A_分 = (30 \times 7974)$ N $= 239220$ N $= 239$ kN。显然 $F_s \geqslant P_q A_分$，适合。

④ 安装部分尺寸。

喷嘴圆弧半径 $R18$ mm $<$ 浇口套圆弧半径 $R20$ mm；

喷嘴孔直径 $\phi 5$ mm $<$ 主流道小端直径 $\phi 5.5$ mm；

定位孔直径 $\phi 150$ mm $=$ 定位圈外径 $\phi 150$ mm；

拉杆空间 540 mm $\times$ 440 mm $>$ 模具外形 500 mm $\times$ 350 mm；

最小模厚 300 mm $<$ 模具厚度 336 mm $<$ 最大模厚 450 mm。

⑤ 开模行程。

开模行程 $= (26 + 30 + 10)$ mm $= 66$ mm，最大开模行程 500，则最大开模行程 $>$ 开模行程，适合。

⑥ 推出机构。

中心液压顶出，顶出距离为 100 mm；两侧顶杆机械顶出，适合。

7.13 注射模装配图和零件图的绘制

7.13.1 模具总装配图的绘制

1. 模具总装配图的绘制要求

注射模总装配图要求按照国家制图标准绘制，见表 7-26。

表 7-26 模具总装配图的绘制要求

内　容	要　求
布置图面及选择比例	① 遵守国家机械制图规定标准（GB/T 14689—2008） ② 手工绘图比例最好为 1:1，直观性好。计算机绘图，其尺寸必须按照机械制图要求缩放
模具绘图顺序	① 主视图：一般应按模具工作位置画出。绘制总装图时，先里后外，由上而下次序，即塑件图、型芯、型腔、镶块、动模板等 ② 俯视图：将模具沿注射方向"移去"定模，沿着注射方向分别从上往下看已"移去"定模的动模来绘制俯视图，其俯视图和主视图一一对应画出 ③ 模具工作位置的主视图：一般应按模具闭合状态画出，有时也可以按半开半闭状态画出。绘图时应与计算工作联合进行，画出它的各部分模具零件结构图，并确定模具零件的尺寸。如发现模具不能保证工艺的实施，则需要改工艺设计

内　　容	要　　求
模具装配图的布局	① 一般简单的装配图常常只需要主视图和俯视图，根据模具复杂情况增加侧视图 ② 塑件图尺寸图和轴测视图一般放在图纸右上角位置
模具装配图主视图绘图要求	① 用主视图和俯视图表示模具结构，主视图上尽可能将模具的所有零件画出，可采用全剖视或阶梯剖视补充表示，如果还表达不清，可以考虑添加侧视图 ② 在剖视图中剖切到凸模和推杆等最小一级旋转体（旋转体内部没有镶件）时，其剖面不画剖面线；有时为了图面结构清晰，非旋转形的凸模也可不画剖面线 ③ 绘制的模具要处于闭合状态，也可半开半闭 ④ 俯视图可只绘出动模或定模、动模各半的视图。需要时再绘制一侧视图以及其他剖视图和部分视图
模具装配图上的工件图	① 工件图是经过模塑成型后所得到的塑件图形，一般画在总图的右上角（复杂的塑件图可绘制在另一张图纸上），并注明名称、材料、材料收缩率、绘图比例、厚度及必要的尺寸、精度等级、生产批量 ② 工件图的比例一般与模具图上的一致，特殊情况可以缩小或放大。工件图的方向应与模塑成型方向一致（即与工件在模具中的位置一致），若特殊情况下不一致时，必须用箭头注明模塑成型方向
模具装配图中的技术要求	在模具总装配图中，要简要注明对该模具的要求和注意事项、技术条件。技术条件包括所选设备型号、模具闭合高度以及模具的装配要求（参照国家标准，恰如其分地、正确地拟定所设计模具的技术要求和必要的使用说明）
模具装配图上应标注的尺寸	① 模具闭合尺寸、外形尺寸、特征尺寸（与成型设备配合的定位尺寸）、装配尺寸（安装在成型设备上螺钉孔中心距）、极限尺寸（活动零件移动起止点） ② 编写明细表
标题栏和明细表	标题栏和明细表放在总图右下角，若图面不够，可另立一页，其格式应符合国家标准（GB/T 10609.1—2008 和 GB/T 10609.2—2009）
模具图常见的习惯画法	① 内六角螺钉和圆柱销的画法 同一规格、尺寸的内六角螺钉和圆柱销，在模具总装配图中的剖视图中可各画一个，引一个件号，当剖视图中不易表达时，也可从俯视图中引出件号。内六角螺钉和圆柱销在俯视图中分别用双圆（螺钉头外径和窝孔）及单圆表示，当剖视图位置比较小时，螺钉和圆柱销可各画一半。在总装配图中，螺钉过孔一般情况下要画出 ② 直径尺寸大小不同的各组孔的画法 直径尺寸大小不同的各组可用涂色、符号、阴影线区别

2. 模具总装配图的内容

绘制总装图尽量采用1:1的比例，先由型腔开始绘制，主视图与其他视图同时画出。模具总装图应包括以下内容：

1）模具的成型零件及结构零件；

2）浇注系统、排气系统的结构形式；

3）分型面及分模取件方式；

4）外形结构及所有连接件，定位、导向件的位置；

5）标注型腔高度尺寸（不强求，根据需要）、模具总体尺寸及主要配合；

6）辅助工具（取件卸模工具，校正工具等）；

7）按顺序将全部零件序号编出，并且填写明细表；

8）标注技术要求和使用说明。

模具总装图的技术要求包括以下内容：

1）对于模具某些系统的性能要求，例如对顶出系统、滑块抽芯结构的装配要求等；

2）对模具装配工艺的要求，例如模具装配后分型面贴合面的贴合间隙应不大于0.05mm，模具上、下面的平行度要求，并指出由装配决定的尺寸和对该尺寸的要求；

3）模具使用、装拆方法；

4）防氧化处理、模具编号、刻字、标记、油封、保管等要求；

5）有关试模及检验方面的要求。

7.13.2 模具零件图的绘制

模具零件图既要反映出设计意图，又要考虑到制造的可能性及合理性，零件图设计的质量直接影响模具的制造周期及造价。因此，设计出工艺性好的零件图可以减少废品，方便制造，降低模具成本，提高模具的使用寿命。

目前，大部分模具零件已经标准化，供设计时选用，这对简化模具设计，缩短设计及制造周期，集中精力去设计那些非标准模具零件，无疑会有良好的效果。在生产中，标准件不需绘制，模具总装配图中的非标准模具零件均需绘制零件图。有些标准零件（如上、下模座）需补加工的地方太多时，也要画出，并标注加工部位的尺寸、公差。非标准模具零件图应标注全部尺寸、公差、表面粗糙度、材料及热处理和技术要求等。模具零件图是模具零件加工的唯一依据，它应包括制造和检验零件的全部内容，因而设计时必须满足绘制模具零件图的要求，详见表7-27。

表7-27 模具零件图的绘制要求

任　务	要　求
正确而充分的视图	所选的视图应充分而准确地表示出零件内部和外部的结构形式和尺寸大小，而且视图及剖视图等的数量应为最少
具备制造和检验零件的数据	零件图中的尺寸是制造和检验零件的依据，故应慎重细致地标注。尺寸既要完备，同时又不重复。在标注尺寸前，应研究零件的加工和检测的工艺过程，正确选定尺寸的基准面，做到设计、加工、检验基准统一，避免基准不重合造成的误差。零件图的方位应尽量按其在总装配图中的方位画出，不要任意旋转和颠倒，以防画错，影响装配

(续)

任务	要求
图形要求	一定要按比例画，允许放大或缩小。视图选择合理，投影正确，布置得当。为了便于装配，图形尽可能与总装图一致，图形要清晰
标注加工尺寸、公差及表面粗糙度	① 标注尺寸要求统一、集中、有序、完整。标注尺寸的顺序为：先标主要尺寸和出模斜度，再标注配合尺寸，然后标注全部尺寸。在非主要零件图上先标注配合尺寸，后标注全部尺寸 ② 所有的配合尺寸或精度要求较高的尺寸都应标注公差（包括表面形状及位置公差），未注尺寸公差按 IT14 级制造。模具的工作零件（如凸模、凹模、镶块等）的工作部分尺寸按计算值标注 ③ 模具零件在装配图中的加工尺寸应标注在装配图上，如必须在零件图上标注时，应在有关的尺寸近旁注明"配作""装配后加工"等字样或在技术要求中说明 ④ 因装配需要留有一定的装配余量时，可在零件图上标注出装配链补偿量及装配后所要求的配合尺寸、公差和表面粗糙度等两个相互对称的模具零件，一般应分别绘制图样，如绘在一张图样上，必须标明两个图样代号 ⑤ 模具零件的整体加工，分切后成对或成组使用的零件，只要分切后各部分形状相同，则视为一个零件，编一个图样代号，绘在一张图样上，有利于加工和管理 ⑥ 模具零件的整体加工，分切后尺寸不同的零件，也可绘在一张图样上，但应用引出线标明不同的代号，并用表格列出代号、数量及质量 ⑦ 一般来说，零件表面粗糙度等级可根据对各个表面工作要求及精度等级来决定。把应用最多的一种粗糙度标于图样右上角，如标注"其余"，其他粗糙度符号在零件各表面分别标出
技术要求	凡是图样或符号不便于表示，而在制造时又必须保证的条件和要求都应注明在技术条件中。它的内容随着不同的零件、不同的要求及不同的加工方法而不同。其中主要应注明： ① 对材质的要求，如热处理方法及热处理表面所应达到的硬度等； ② 表面处理，表面涂层以及表面修饰（如锐边倒钝、清砂）等要求； ③ 未注倒圆半径的说明，个别部位的修饰加工要求； ④ 其他特殊要求

7.13.3 典型案例图样

1. 端盖
端盖注射模具的装配图及零件图略。
2. 环形套
环形套注射模具的装配图及主要零件图如图 7-114 ~ 图 7-117 所示。

251

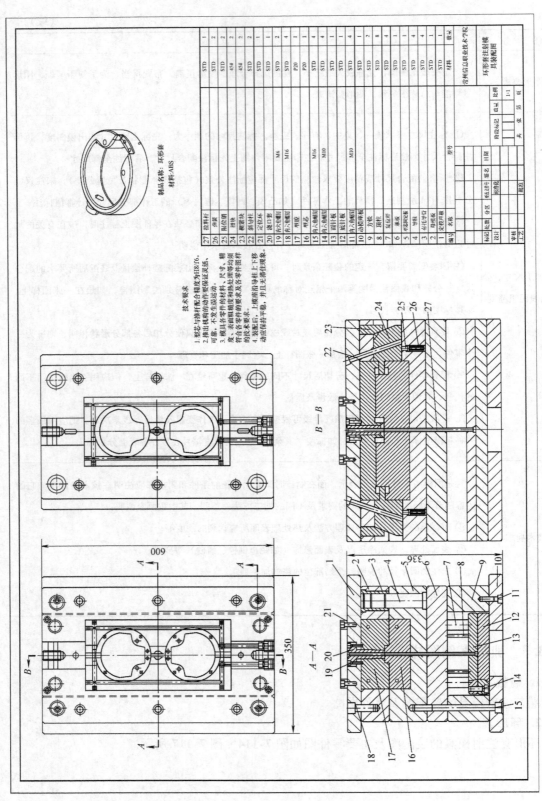

制品名称：环形套
材料：ABS

技术要求
1. 型芯与排杆配合精度为 I8/f6。
2. 推出机构的动作要求保证灵活、可靠，不发生卡滞运动。
3. 模具零件的材料、尺寸、精度、表面粗糙度和热处理等均须符合各零件的要求及各零件图样的技术要求。
4. 装配后，上模沿沿导柱上下移动应保持平稳，并且无滞性现象。

27	拉料杆		STD	1
26	弹簧		STD	2
25	限位钉		STD	2
24	滑块		45#	2
23	楔紧块		45#	2
22	斜导柱		STD	1
21	定位环		STD	1
20	浇口套		STD	1
19	内六角螺钉	M6	STD	4
18	内六角螺钉	M16	STD	4
17	型座		P20	1
16	型芯		P20	4
15	内六角螺钉	M16	STD	1
14	内六角螺钉	M10	STD	1
13	圆柱销		STD	1
12	推针板		STD	1
11	内六角螺钉	M10	STD	8
10	动模垫板		STD	4
9	方铁		STD	1
8	顶针		STD	8
7	复位杆		STD	4
6	底板		STD	1
5	推板固定板		STD	4
4	导柱		STD	1
3	针位沙定		STD	4
2	母模板		STD	1
1	定模底座		STD	1
编号	名称	型号	材料	数量

常州信息职业技术学院

环形套注射模
具装配图

图 7-114　环形套注射模具的装配图

B—B

600

350

A—A

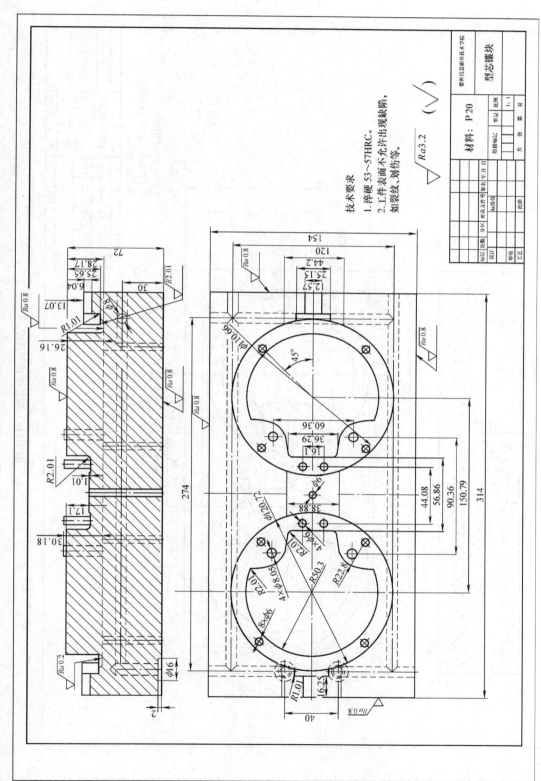

技术要求
1. 淬硬 53～57HRC。
2. 工件表面不允许出现缺陷，如裂纹、划伤等。

$\sqrt{Ra3.2}$ $(\sqrt{})$

			常州信息职业技术学院	
			型芯镶块	
材料：P20				
	阶段标记	重量	比例	
			1:1	
		共 张	第 页	
标记 处数 分区 更改文件号 签名 年 月 日				
设计 标准化				
审核				
工艺				
批准				

图 7-115 型芯镶块零件图

253

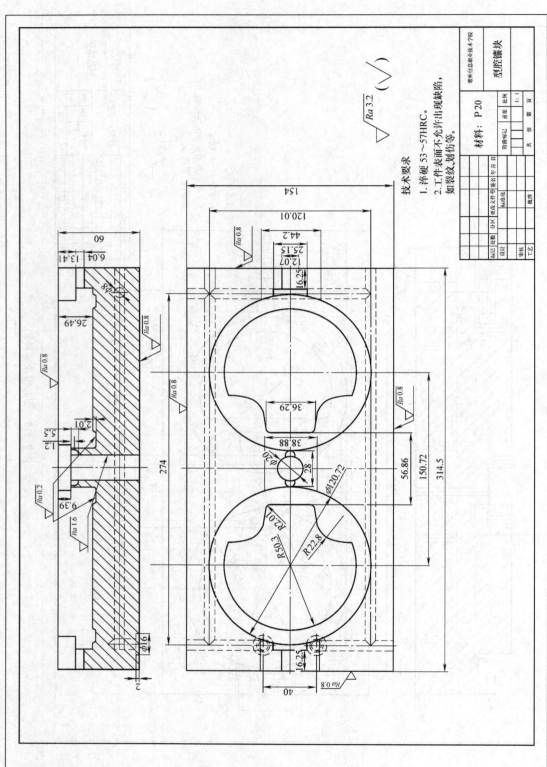

技术要求
1. 淬硬 53~57HRC。
2. 工作表面不允许出现缺陷，
如裂纹、划伤等。

$\sqrt{Ra\,3.2}$ ($\sqrt{}$)

材料：P 20

型腔镶块

常州信息职业技术学院

图 7-116 型腔镶块零件图

254

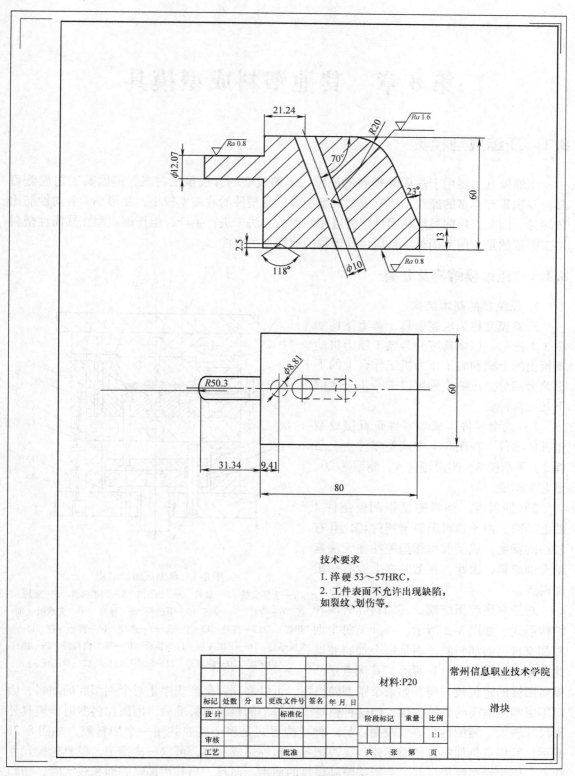

技术要求

1. 淬硬 53~57HRC。

2. 工件表面不允许出现缺陷，如裂纹、划伤等。

材料:P20					常州信息职业技术学院		
标记	处数	分区	更改文件号	签名 年 月 日		滑块	
设 计			标准化				
					阶段标记	重量	比例
审核							1:1
工艺			批准		共 张 第 页		

图 7-117　滑块零件图

第8章 其他塑料成型模具

8.1 压缩成型模具

压缩模具主要用于热固性塑料的成型。压缩成型的方法虽已古老，但因其工艺成熟可靠，并积累有丰富的经验，适宜成型大型塑件，且塑件的收缩率较小，变形小，各向性能比较均匀。因此，目前虽然热固性塑料可用注射的方法来进行生产，但压缩成型在热固性塑料加工中依然是应用范围最广且居主导地位的成型加工方法。

8.1.1 压缩模结构及分类

1. 压缩模的基本结构

压缩模又称为压制模具，典型结构如图8-1所示。该模具可分为装于压力机动模板上的上模和装于压力机工作台上的下模两大部分。压缩模还可以进一步分为以下几大部件。

1）成型零件。成型零件是直接成型塑件的零件。在图8-1中成型零件由上凸模3、下凸模8、凹模镶件4、侧型芯20、型芯7构成。

2）加料腔。加料腔是指凹模镶件4的上半部。由于塑料原料与塑件相比具有较小的密度，成型前单靠型腔往往无法容纳全部原料，因此，在型腔之上设有一段加料腔。

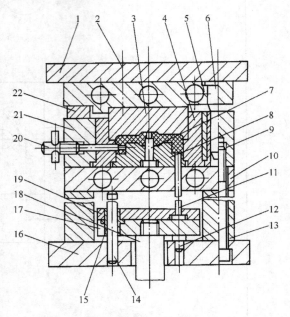

图8-1 典型压缩模结构

1—上模座板 2—螺钉 3—上凸模 4—凹模镶件 5—加热板 6—导柱 7—型芯 8—下凸模 9—导套 10—支承板（加热板）11—推杆 12—挡钉 13—垫块 14—推板导柱 15—推板导套 16—下模座板 17—推板 18—压力机顶杆 19—推杆固定板 20—侧型芯 21—凹模固定板 22—承压板

对于多型腔压缩模，其加料腔有两种结构形式，如图8-2所示。一种是每个型腔都有自己的加料腔，而且每个加料腔彼此分开，如图8-2a、b所示。其优点是凸模对凹模的定位较方便，如果个别型腔损坏，可以修理、更换或停止对个别型腔的加料，因而不影响压缩模的继续使用。但这种模具要求每个加料腔加料准确，因而加料费时，模具外形尺寸较大，装配精度要求较高。另一种结构形式是多个型腔共用一个加料腔，如图8-2c所示，其优点是加料方便而迅速，飞边把各个塑件连成一体，可以一次推出，模具轮廓尺寸较小，但个别型腔损坏时，会影响整副模具的使用。而且，当共用加料腔面积较大时，塑料流至端部或角落处流程较长，生产中等尺寸塑件时，容易形成缺料。

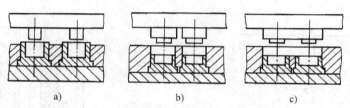

图 8-2 多型腔模及其加料腔

3）导向机构。在图 8-1 中，导向机构由布置在模具上模周边的四根导柱 6 和下模的导套 9 组成。导向机构用来保证上、下模合模的对中性。为了保证推出机构顺利地上、下滑动，该模具在下模座板 16 上还设有两根推板导柱 14，在件 17、19 上装有推板导套 15。

4）侧向分型抽芯机构。当压制带有侧孔和侧凹的塑件时，模具必须设有各种侧向分型抽芯机构，塑件才能脱出。图 8-1 所示塑件带有侧孔，在顶出前先用手转动丝杆抽出侧型芯 20。

5）推出机构。图 8-1 中的推出机构由推杆 11、推杆固定板 19、推板 17、压力机顶杆 18 等零件组成。

6）加热系统。热固性塑料压缩成型需要在较高的温度下进行，因此，模具必须加热。常见的加热方法是电加热。图 8-1 中加热板 5、10 分别对上模、下模进行加热，加热板圆孔中插入电加热棒。

2. 压缩模的分类

压缩模分类的方法很多，可按模具在压力机上的固定方式分类；可按压缩模的上、下模配合结构特征分类；可按型腔数目多少分类；可按分型面特征分类；还可按塑件推出方式分类等。

1）按模具在压力机上的固定方式分类，压缩模可分为移动式压缩模、半固定式压缩模、固定式压缩模。

2）按上、下模配合结构特征分类，压缩模可分为溢式压缩模（又称为敞开式压缩模，如图 8-3 所示）、半溢式压缩模（又称为半封闭式压缩模，如图 8-4 所示）、不溢式压缩模

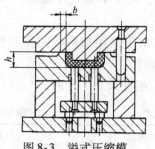

图 8-3 溢式压缩模

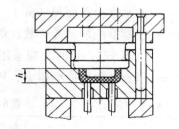

图 8-4 半溢式压缩模

（又称为封闭式压缩模，如图 8-5 所示）。

3）按分型面特征分类，压缩模可分为水平分型面压缩模（图 8-6）和垂直分型面压缩模（图 8-7）。

4）按成型型腔数分类，压缩模可分为单型腔压缩模和多型腔压缩模。

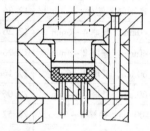

图 8-5 不溢式压缩模

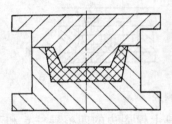

图 8-6　水平分型面压缩模

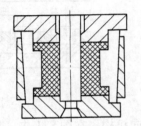

图 8-7　垂直分型面压缩模

8.1.2　压缩模与压力机的关系

（1）压力机最大压力的校核

校核压力机最大压力是为了在已知压力机标称压力和塑件尺寸的情况下，计算模具内开设型腔的合适数目，或在已知型腔数目和塑件尺寸时，选择压力机的标称压力。压制塑件所需要的总成型压力应小于或等于压力机标称压力。其关系见下式

$$F_{\mathrm{m}} \leqslant K F_{\mathrm{j}} \qquad (8\text{-}1)$$

式中　F_{m}——模压所需的成型总压力（N）；

F_{j}——压力机标称压力（N）；

K——修正系数，$K = 0.75 \sim 0.90$，根据压力机新旧程度而定。

而模压所需的成型总压力 F_{m} 可按下式计算

$$F_{\mathrm{m}} = PAn \qquad (8\text{-}2)$$

式中　A——每一型腔的水平投影面积，其值取决于压缩模的结构形式。对于溢式和不溢式压缩模，等于塑件最大轮廓的水平投影面积；对于半溢式压缩模，等于加料腔的水平投影面积（m^2）；

n——压缩模内加料腔个数，单型腔压缩模 $n = 1$，对于共用加料腔的多型腔压缩模 n 也等于 1，这时 A 应采用加料腔的水平投影面积；

P——压制时单位成型压力（Pa 或 $\mathrm{N/m}^2$）。其值可根据表 8-1 选取。

表 8-1　压制时单位成型压力　　　　　　　　　　　　　　（单位：MPa）

塑料的特征	粉状酚醛塑料		布基填料的酚醛塑料	氨基塑料	酚醛石棉塑料
	不预热	预热			
扁平厚壁塑件	12.26 ~ 17.16	9.81 ~ 14.71	29.42 ~ 39.23	12.26 ~ 17.16	44.13
高 20 ~ 40mm，壁厚 4 ~ 6mm	12.26 ~ 17.16	9.81 ~ 14.71	34.32 ~ 44.13	12.26 ~ 17.16	44.13
高 20 ~ 40mm，壁厚 2 ~ 4mm	12.26 ~ 17.16	9.81 ~ 14.71	39.23 ~ 49.03	12.26 ~ 17.16	44.13
高 40 ~ 60mm，壁厚 4 ~ 6mm	17.16 ~ 22.06	12.26 ~ 15.40	49.03 ~ 68.65	17.16 ~ 22.06	53.94
高 40 ~ 60mm，壁厚 2 ~ 4mm	22.06 ~ 26.97	14.71 ~ 19.61	58.84 ~ 78.45	22.06 ~ 26.97	53.94
高 60 ~ 100mm，壁厚 4 ~ 6mm	24.52 ~ 29.42	14.71 ~ 19.61	—	24.52 ~ 29.42	53.94
高 60 ~ 100mm，壁厚 4 ~ 6mm	26.97 ~ 34.32	17.16 ~ 22.06	—	26.97 ~ 34.32	53.94

当选择需要的压力机标称压力时，将式（8-2）代入式（8-1）可得

$$F_j \geqslant \frac{PAn}{K} \qquad (8\text{-}3)$$

当压力机已定，可按下式确定多型腔模的型腔数

$$n \leqslant \frac{KF_j}{PA} \qquad (8\text{-}4)$$

当压力机的标称压力超出模压所需要的压力时，应调节压力机的工作液体的工作压力，此时压力机的压力由压力机活塞面积和工作液体的工作压力确定

$$F_j = P_1 A_j \qquad (8\text{-}5)$$

式中　P_1——压力机工作液体的工作压力（MPa）（可从压力表上得到）；

　　　A_j——压力机活塞面积（mm^2）。

（2）开模力的校核

开模力的大小与成型压力成正比，其值还关系到压缩模连接螺钉的数量及大小。因此，大型模具在布置螺钉之前需计算开模力。

开模力按下式计算

$$F_k = K_1 F_m \qquad (8\text{-}6)$$

式中　F_k——开模力（N）；

　　　F_m——模压所需的成型总压力（MPa）；

　　　K_1——压力系数，对形状简单的塑件，配合环部分不高时宜取 0.1；配合环较高时宜取 0.15；塑件形状复杂，配合环又高时取 0.2。

（3）脱模力校核

脱模力可按下式计算，选用压力机的顶出力应大于脱模力

$$F_t = A_1 P_1 \qquad (8\text{-}7)$$

式中　F_t——塑件脱模力（N）；

　　　A_1——塑件侧面积之和（m^2）；

　　　P_1——塑件与金属的结合力，一般木纤维和矿物填料取 0.49MPa，玻璃纤维取 1.47MPa。

（4）压缩模闭合高度与开模行程的校核

成型时为使模具能完全闭合，压缩模的闭合高度必须大于压力机上、下压板之间的最小开距（图8-8），其关系按下式校核

$$h_m \geqslant H_{min} \qquad (8\text{-}8)$$

式中　h_m——模具闭合高度（mm）；

　　　H_{min}——压力机上、下压板之间的最小开距（mm）。

为满足开模取出塑件的要求，压力机上、下压板之间的最大开距应与模具所需开模行程相适应（图8-8），可按下式校核

$$H_{max} \geqslant h_s + h_j + h_x + (10 \sim 20)\,mm \qquad (8\text{-}9)$$

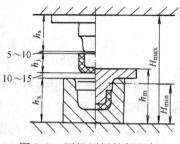

图 8-8　压机压板的行程与模具闭合高度

式中　H_{max}——压力上、下压板最大开距（mm）；

　　　h_s——上模全高（mm）；

h_j——塑件高度（mm）；

h_x——下模高度（mm）。

若不能满足式（8-8），则应在压力机的上、下压板间加垫板。式（8-9）适用于固定式压缩模。

（5）压力机的台面结构及尺寸与压缩模关系的校核

压缩模宽度应小于压力机立柱或框架之间的距离，使压缩模能顺利地通过立柱或框架之间。压缩模的最大外形尺寸不宜超出压力机上、下压板尺寸，以便于压缩模安装固定。

（6）压力机的顶出机构与压缩模推出装置关系的校核

固定式压缩模塑件推出一般由压力机顶出机构（机械式或液压式）驱动模具推出装置来完成。压力机顶出机构通过尾轴或中间接头或拉杆等零件与模具推出机构相连。因此，模具设计时对压力机顶出系统及连接模具推出机构的有关尺寸都应十分了解。

8.1.3 压缩模的设计

1. 塑件在模具内加压方向的确定

所谓加压方向，即凸模作用方向，也就是模具的轴线方向。在决定加压方向时应考虑下列因素。

1）有利于压力传递。要避免在加压过程中压力传递距离太长，以致压力损失太大。例如，圆筒形的塑件，一般顺着轴线加压，如图8-9所示。

2）便于加料。如图8-10所示为同一塑件的两种加料方法。图8-10a加料腔直径大而浅，便于加料。图8-10b加料腔直径小而深，不便于加料。

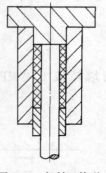

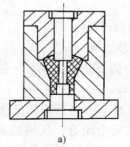

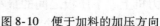

图8-9　有利于传递
压力的加压方向

图8-10　便于加料的加压方向

3）便于安装和固定嵌件。当塑件上有嵌件时，应优先考虑将嵌件安装在下模。将嵌件安装在上模，如图8-11所示。

4）保证凸模的强度。有的塑件无论从正面或从反面加压都可以成型，但加压的上凸模受力较大，故上凸模的开头越简单越好，如图8-12所示，图8-12a所示凸模比图8-12b好。

5）长型芯位于加压方向。当利用开模力做侧向机动分型抽芯时，宜把抽拔距离长的型芯放在加压方向上（即开模方向），而把抽拔距离短的型芯放在侧向做侧向分型抽芯。

6）保证重要尺寸的精度。沿加压方向的塑件的高度尺寸会因飞边厚度不同和加料量不同而变化（特别是不溢式压缩模），故精度要求很高的尺寸不宜设计在加压方向上。

7）便于塑料的流动。加压时应使料流方向与加压方向一致，如图 8-12a 所示。

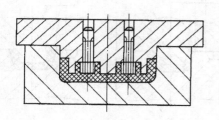

图 8-11　便于安放嵌件的加压方向

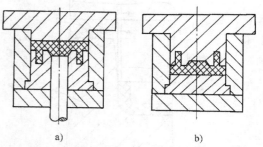

a)　　　　　　　　　b)

图 8-12　有利于加强凸模强度的加压方向

2. 凸、凹模的配合形式

（1）半溢式压缩模凸、凹模配合的结构形式

图 8-13 为半溢式压缩模的常用配合形式。其各组成部分的作用及参数如下。

① 引导环长度 l_2。它的作用是导正凸模进入凹模部分。一般取 $l_2 = 5 \sim 10\text{mm}$ 左右，当加料腔高度 $H_j > 30\text{mm}$ 时，l_2 取 $10 \sim 20\text{mm}$。

② 引导环 α 斜度。移动式压缩模 $\alpha = 20' \sim 1°30'$，固定式压缩模 $\alpha = 20' \sim 1°$。

③ 引导环圆角 R。圆角一般取 $R = 1.5 \sim 3\text{mm}$。

④ 配合环长度 l_1。它是凸、凹模配合的部位，保证凸、凹模正确定位，阻止溢料，通畅地排气。移动式压缩模取 $l_1 = 4 \sim 6\text{mm}$；固定式压缩模，当加料腔高度 $H_j \geqslant 30\text{mm}$ 时，可取 $l_1 = 8 \sim 10\text{mm}$。

⑤ 挤压环 l_3。其作用是在半溢式压缩模中用以限制凸模

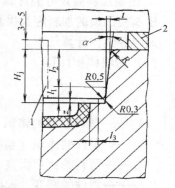

图 8-13　半溢式压缩模常用配合形式
1—排气、溢料槽　2—承压块

下行的位置，并保证最薄的飞边。中小型塑件，模具用钢较好时 l_3 可取 $2 \sim 4\text{mm}$；大型模具，l_3 可取 $3 \sim 5\text{mm}$。

⑥ 储料槽 Z：其作用是供排除余料，一般情况下 $Z = 0.5 \sim 1.5\text{mm}$。

（2）不溢式压缩模凸、凹模配合的结构形式

图 8-14 所示为不溢式压缩模的常用配合形式。不溢式压缩模的加料腔是型腔的延续部分，两者截面形状相同，基本上没有挤压边，但有引导环、配合环和排气、溢料槽及承压面（块），且它们的作用、设计原则、尺寸选取和配合精度等与半溢式压缩模基本相同。

（3）溢式压缩模凸、凹模配合的结构形式

图 8-15 所示为溢式压缩模的常用配合形式。该形式无加料腔，更无引导环和配合环，凸模与凹模在分型面水平接触。为了减少溢料量，接触面要光滑平整，且接触面积不宜太大，以便将飞边减至最薄，通常将接触面设计成一宽度为 $3 \sim 5\text{mm}$ 的环形面，此面又称为溢料面或挤压面。为防止此面受压机余压作用而导致过早变形或磨损，使取件困难，可在挤压面处再增加承压面，或在型腔周围距边缘 $3 \sim 5\text{mm}$ 处开成溢料槽，槽以内作为溢料面，槽以外则作为承压面，如图 8-15b 所示。

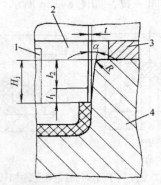

图 8-14　不溢式压缩
模的常用配合形式

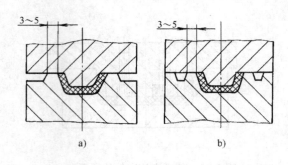

图 8-15　溢式压缩模
的常用配合形式

3. 凹模加料腔尺寸的计算

压缩模凹模的加料腔是供装塑料原料用的。其容积要足够大，以防在压制时原料溢出模外。加料腔具体计算如下。

（1）塑料体积计算

$$V_{sl} = m\nu = V\rho\nu \tag{8-10}$$

或

$$V_{sl} = VK \tag{8-11}$$

式中　V_{sl}——塑料原料的体积（cm^3）；

V——塑件的体积（包括溢料）（cm^3）；

ν——塑料的比容积（cm^3/g）；

ρ——塑件的密度（g/cm^3）；

m——塑件重量（包括溢料，溢料通常取为塑件重量的 5%～10%）（g）；

K——塑料压缩比。

（2）加料腔高度的计算

加料腔高度计算见表 8-2。

表 8-2　加料腔高度的计算

压缩模形式	加料腔高度计算图	公　式
不溢式压缩模		$H = \dfrac{V_{sl} + V_1}{A} + (0.5\sim10)$ cm 其中 V_1 为凸模进入凹模的体积，H 为加料腔高度，A 为加料腔面积
		$H = h + (1.0\sim2.0)$ cm 其中 h 为塑件高度

压缩模形式	加料腔高度计算图	公 式
		$H = \dfrac{V - V_0}{A} + (0.5 \sim 1.0)\ \text{cm}$ 其中 V_0 为挤压环以下的型腔容积，V 为塑料加料量（比实际使用量多 5% ~ 10%）
半溢式压缩模		$H = \dfrac{V - V_0 - V_0'}{A} + (0.5 \sim 1.0)\ \text{cm}$ 其中 V_0' 为塑件在上凸模凹入部分的容积
		$H = \dfrac{V + V_1 - V_0}{A} + (0.5 \sim 1.0)\ \text{cm}$
多型腔压缩模		$H = \dfrac{V - nV_0}{A} + (0.5 \sim 1.0)\ \text{cm}$ 其中 n 为加料腔内的型腔数量

4. 压缩模脱模机构设计

压缩模的脱模机构的作用是推出留在凹模内或凸模上的塑件。设计时应根据塑件的形状和所选用的压力机等采用不同的脱模机构。

塑件脱模的方法及常用的脱模机构分类。塑件的脱模方法有手动、机动、气动等。常用的脱模机构有移动式、半固定式和固定式。

1）固定式压缩模的脱模机构。固定式压缩模的脱模机构形式很多，常用的有推杆推出机构、推管推出机构和推件板推出机构等。

2）移动式压缩模的脱模机构。最简单的移动式压缩模可以用撞击的方法脱模。即在特定的支架上将模具顺序撞开，然后用手工或简易工具取出塑件。移动式压缩模普遍采用特殊的卸模架，利用压力机的压力推出塑件，虽然生产率低，但开模动作平稳，模具使用寿命长，并可以减轻劳动强度。

5. 压缩模的侧向分型抽芯机构

压缩模侧向分型抽芯机构与注射模相似，但不完全相同。注射模是先合模后注入塑料，而压缩模是先加料而后合模。

1）机动侧向分型抽芯机构。常用的侧向分型抽芯机构有斜滑块、斜导柱、弯销抽芯机构。

2）手动模外分型抽芯机构。目前压缩模还大量使用手动模外分型抽芯，因为这种分型抽芯方式的模具结构简单，缺点是劳动强度大、生产率低。

8.2　压注模设计

压注成型是将塑料加入到独立于型腔之外的加料室内，经初步受热后在液压机压力作用下，通过压料柱塞将塑料熔体经由浇注系统压入已经封闭的型腔，在型腔内迅速固化成为塑件的成型方法。其主要用于热固性塑料的成型加工。与压缩成型相比，其具有如下特点。

1）具有独立于型腔之外的单独加料室，而不是型腔的自然延伸，并经由浇注系统与型腔相连。塑料在进入型腔之前型腔已经闭合，故而塑件的飞边少而薄，塑件尺寸精度高。

2）塑料在进入型腔前已在加料室得到初步受热塑化，当其在柱塞压力作用下快速流经浇注系统时会因摩擦生热使塑化得到进一步加强，并迅速填充型腔和固化，因此，成型周期短，生产率高，产品质量好，有利于壁厚变化较大和形状复杂塑件的成型。

3）由于柱塞的压力不像压缩成型一样是直接加在型腔中的塑料上的，因而对带有细小嵌件、多嵌件、或含有细长小孔的塑件成型有利。而对于含有纤维状填料的塑料，由于在经过浇注系统时纤维状填料会受到较强的摩擦剪切作用而发生断裂，故有损于该类塑料塑件的力学性能，特别是冲击强度。

4）塑件的收缩率大于压缩成型，各向异性明显。适于粉状、粒状、碎屑状、纤维状、团块状，但不适于片状塑料的成型。

5）塑料的流动性要好，所需成型压力较高，塑料的消耗量比压缩成型大。

8.2.1　压注模类型与结构

1. 压注模类型

1）普通液压机用压注模。即压注成型所使用的为普通液压机，压力机只装备有一个上工作液压缸，起加压和锁模的双重作用。与这种压注方法相适应的压注模称为料槽式压注模，也可称为罐式压注模。

2）专用液压机用压注模。此种专用于压注成型的液压机装备有两个工作液缸，主液压缸起锁模作用，辅助液压缸通过柱塞起压注作用。主液压缸与辅助液压缸吨位之比一般在（3～5):1 之间。主液压缸安装在压力机下方，辅助液压缸安装在上方，也可安装在侧面（与主缸夹角90°），或套装在主液压缸之内。与这种压注方法相适应的压注模称为柱塞式压注模。

3）往复螺杆式挤出机用压注模。挤出机安装在水平方向，与液压机的加料室相连。塑料从挤出机加料斗进入料筒，在料筒中受热并在螺杆转动下塑化。塑化后的塑料积聚在料筒内螺杆前端，迫使螺杆旋转的同时向后移动。当塑化的塑料达到要求数量时，进入加料室的通道打开，塑料进入加料室，由柱塞挤压入模腔。与这种压注方法相适应的压注模称为螺杆预塑式压注模。

2. 压注模结构

（1）料槽式压注模

按工作形式的不同可分为移动式、活板式、固定板、楔形压注模等类型。

1）移动式压注模。图 8-16 为一移动式压注模示例。其特点是加料室和模具主体部分可各自分离，成型后，先从模具上移开加料室，对室内底部进行清理，同时打开模具分型面脱出塑件。移动式压注模适于小型塑件的生产。压料柱塞是一个活动的零件，不需要连接到压力机的上压板上。

2）活板式压注模。图 8-17 所示为活板式压注模的典型结构。它是由一般移动式压注模变异而来的特殊结构，使模具总体结构简化。活板式压注模仅包括三个主要零件，加料室与型腔一同设置在模具主体部分，成为一个零件，加料室位于型腔之上，是型腔的自然延伸，但水平投影面积大于型腔，与压缩模中半溢式压缩模类似。活板是模具的第二个主要零件，放在模具内使加料室与型腔隔开。浇注系统位于活板边缘与加料室的侧壁之间。压料柱塞是第三个主要零件。此外，模具可设置推杆推出塑件。一套模具可配备两个活板，交替使用，保持模具的连续操作，提高生产率。活板式压注模适用于小型塑件的小批量生产和新产品的试制。特别适合于塑件两端都带有外伸细小嵌件的成型。

3）固定式压注模。图 8-18 是固定式料槽压注模示例。它是将模具的压料柱塞与压力机的上压板相连，而将加料室与模体的上模部分连接为一体，下模部分固定在压力机下压板上。模具打开时，加料室与上模部分悬挂在压料柱塞与下模之间，以便取出塑件并清理加料室。固定式压注模用于较大塑件的生产。

4）楔形压注模。图 8-19 是楔形压注模结构示意图，这种压注模适于塑件需要侧向分型时采用。其特点是将加料室与型腔同时设置在两块相互拼合的楔形块上，再将两个楔形块装入模套合紧。设计这种楔形压注模，要正确处理加料室水平投影面积、型腔侧向投影面积、楔形块楔角三者的关系，方可避免成型时楔形块的抬升问题。

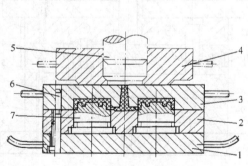

图 8-16　移动式料槽压注模

1—下模板　2—型芯固定板　3—凹模　4—加料室
5—压料柱塞　6—导柱　7—型芯

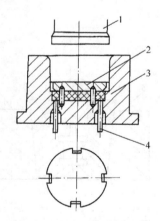

图 8-17　活板式料槽压注模

1—压料柱塞　2—活板
3—模体　4—推杆

（2）柱塞式压注模

柱塞式压注模所用的液压机是专用压注成型液压机。由于锁紧模具和压注塑料由两个单独的液压缸分别完成，使模具结构与料槽式压注模有所不同，其主要特点如下。

① 加料室不再位于模具主体部分之上，而改设在模体之中。

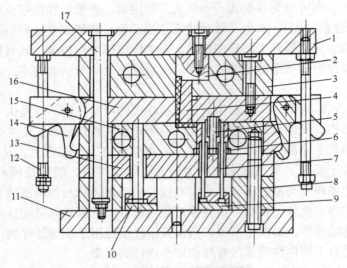

图 8-18　固定式料槽压注模

1—上模板　2—压料柱塞　3—加料室　4—主流道衬套　5—型芯　6—型腔　7—推杆　8—垫块　9—推板
10—复位杆　11—下模板　12—拉杆　13—支承板　14—悬挂钩　15—凹模固定板　16—上凹膜板　17—拉杆

② 主流道消失，塑料耗量减少，同时节省了清除加料室底部的时间。

③ 对加料室水平投影面积无严格要求，仅要求其容积满足成型条件即可。型腔内总压力应低于主液压缸吨位。

柱塞式压注模一般都是固定式，压料柱塞与辅助液压缸相连，加料室嵌入模具主体中。根据辅助液压缸所处位置的不同，可分为上柱塞式压注模（图 8-20）和下柱塞式压注模（图 8-21）。

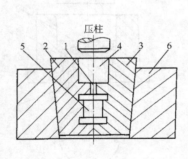

图 8-19　楔形料槽压注模

1—主浇道　2—左楔块
3—右楔块　4—加料室
5—型腔　6—模套

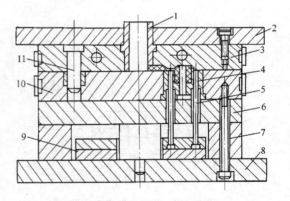

图 8-20　上柱塞式压注模

1—加料室　2—上模板　3—型腔上模板　4—型腔模板
5—推杆　6—支承板　7—垫块　8—下模板　9—推板
10—型腔固定板　11—导柱

（3）螺杆预塑式压注模

螺杆预塑式压注模与下柱塞式压注模有些类似，加料室位于模具主体的下模部分，但与下柱塞式压注模的区别是加料室侧壁带有与螺杆预塑挤出机料筒相连的孔。图 8-22 是一个螺杆预塑式压注模与挤出机相连的结构简图。

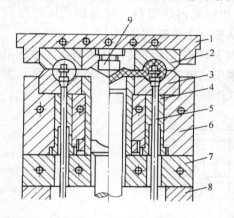

图 8-21　下柱塞式压注模

1—上模板　2—型腔上模板　3—型腔下模板
4—加料室　5—推杆　6—下模板　7—加热板
8—垫块　9—分流锥

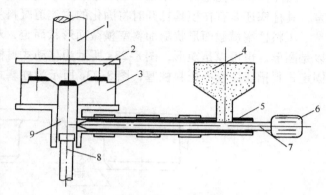

图 8-22　螺杆预塑式压注模

1—锁模活塞　2—上半模　3—下半模　4—料斗
5—料筒　6—电动机　7—预塑螺杆
8—压料柱塞　9—加料室

8.2.2　压注模结构设计

1. 加料室设计

压注模的加料室结构因模具类型不同而有所差异，见表 8-3。料槽式压注模加料室与柱塞式压注模有所不同。料槽式压注模中，移动式模具与固定式模具又有所不同，楔形压注

表 8-3　压注模加料室设计

压注模类型	加料室形式		加料室尺寸	
			水平投影面积	高　　度
料槽式移动式压注模	圆形加料室	矩形加料室	$A \leqslant \dfrac{T}{P} \times 10^3$ 其中 T 为液压机辅助油缸的额定压力，P 为压注成型时所需压力	$H = \dfrac{(V_1 n + V_2)\ \gamma}{A} + (0.8 \sim 1.5)$ mm 其中 V_1 为产品体积，n 为产品个数，V_2 为浇注系统体积，γ 为产品密度
柱塞式压注模	螺母锁紧	盖板压紧		

267

模加料室的设计又有特殊要求。

2. 压料柱塞设计

压注模压料柱塞的作用是将压力机的压力传递给加料室内的塑料，对料槽式压注模而言，其柱塞还兼有在模具打开时将固化的主流道凝料从塑件上分离的作用。

压料柱塞横截面形状随加料室横截面形状而定，对于料槽式压注模，柱塞横截面形状可以是圆形，也可以是矩形，图8-23a 所示为移动式料槽压注模的压料柱塞，图8-23b 所示为固定式料槽压注模的压料柱塞，图8-23c 所示为柱塞式压注模柱塞。

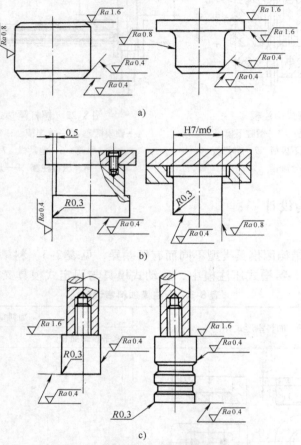

图 8-23　压料柱塞形状和安装方式

3. 浇注系统设计

1）主流道设计。压注模主流道的设计方法和注射模基本相同，其形式主要为正锥形和倒锥形两种，如图8-24 所示。正锥形主流道可以带有分流锥。主流道的横截面尺寸随塑料流动性及型腔大小不同而有所差别，其小端直径一般在3.5~6.0mm 之间，大于一般的热塑性塑料注射模中主流道径向尺寸。在满足使用要求的前提下应尽量缩短主流道长度，以减少塑料的消耗。

2）分流道设计。压注模分流道截面形状经常采用的是梯形，宽度一般在6.5~9.5mm 之间，深度为3.2~6.5mm 之间。梯形两腰的斜角不小于5°。

3）浇口设计。压注模中最常采用的两种浇口是直接浇口和侧浇口，此外也采用扇形浇

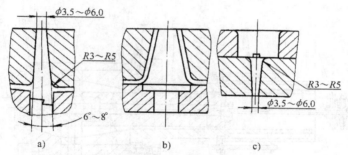

图 8-24　压注模的主流道

a）正锥形　b）带分流锥　c）倒锥形

口、环形和盘形浇口。直接浇口是指塑料经主流道直接进入型腔，直接浇口只存在于料槽式压注模中，其形式有正锥和倒锥两种。侧浇口是一模多腔的压注模最常采用的浇口形式。扇形浇口是侧浇口的变异形式，位于塑件侧部边缘，适用于薄壁且侧边较长的塑件。当成型带孔塑件或管状、筒状塑件时，可采用盘形或环形浇口。

8.2.3　排气槽设计

1. 排气槽横截面尺寸

排气槽的横截面尺寸既要保证型腔内气体自由排出，又不致使熔料明显溢出。通常压注模中排气槽深度约在 $0.05 \sim 0.13$ mm 之间，宽度在 $3.2 \sim 6.5$ mm 之间。根据实际需要，排气槽可在一处开设，也可数处开设。

2. 排气槽位置

排气槽位置应根据模具结构，经仔细分析后确定，通常可从以下几方面考虑。

① 远离浇口的边角处。

② 嵌件附近的壁厚最薄处，易形成熔接痕处。

③ 型腔最后充满处。

④ 塑件侧壁含有凸台、凸台上所含侧孔处。

⑤ 模具中推杆配合间隙、活动型芯、分型面处皆可用于排气，排气槽最好开在分型面上。

8.3　挤塑模设计

"挤塑模"系塑料挤出成型用模具的统称，也叫做挤出成型机头或模头，属塑件成型加工的又一大类重要工艺装备。

8.3.1　挤塑成型模具典型结构分析

如图 8-25 所示，机头是挤塑成型模具的主要部件，它具有下述四种作用。

① 使来自挤塑机的塑料熔体由螺旋运动变为直线运动。

② 通过几何形状与尺寸的变化产生必要的成型压力，保证塑件密实。

③ 当塑料熔体通过机头时由于剪切流动，使其得到进一步塑化。

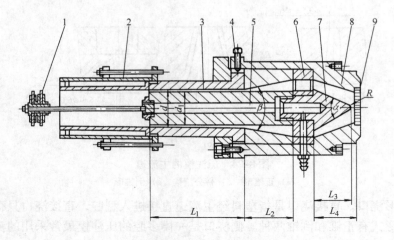

图 8-25　管材挤出成型机头
1—管材　2—定径套　3—口模　4—调节螺钉　5—芯棒　6—分流器
7—分流器支架　8—机头体　9—过滤板（多孔板）

④ 通过机头成型所需断面形状的连续塑件。

1）口模和芯棒。口模成型塑件的外表面，芯棒成型塑件的内表面。由此可见，口模与芯棒决定塑件横断面形状。

2）过滤网和过滤板。过滤板又称为多孔板，与过滤网共同将熔融塑料由螺旋运动变成直线运动，并能过滤杂质。过滤板同时还起到支承过滤网的作用，并且增加了塑料流动阻力，使塑件更加密实。

3）分流器和分流器支架。分流器又叫做鱼雷头（或分流梭），塑料通过分流器变成薄环状而平稳地进入成型区，得到进一步塑化和加热。分流器支架主要用于支承分流器和芯棒，同时也使得料流分束，以加强剪切混合作用，小型机头的分流器支架可与分流器设计成一整体。

8.3.2　挤出成型机头分类和设计原则

1. 分类

1）按制件类型分类。根据塑料的不同截面形状，可分为挤管机头、挤板机头、吹膜机头、电线电缆机头、异型材机头等。

2）按制件出口方向分类。按照塑件从机头中挤出方向不同，可分为直通机头和角式机头。直通机头的塑料熔体在机头内挤出流向与挤出机螺杆的轴向平行。而角式机头则是挤出流向与螺杆轴向成一定角度。

3）按塑料在机头内所受压力分类。挤出成型根据机头内对塑料熔体压力的不同，可分为低压机头（熔体压力小于 4MPa）、中压机头（熔体压力为 4～10MPa）和高压机头（熔体压力大于 10MPa）。

2. 设计原则

1）内腔呈光滑流线型。机头的内腔应呈光滑的流线型，表面粗糙度 Ra 应小于 1.6～3.2μm；不能有急剧的扩大或缩小，更不能有死角或停滞区。

2）机头内应有分流装置和适当的压缩区。在压缩区内必须设计足够的压缩比，以增大熔体的流动阻力，消除熔接痕。通常压缩比值在 2.5～10 范围内选取。

3）机头成型区应有正确的断面形状。在机头设计时，一方面对口模要进行适当的形状和尺寸补偿，另一方面要合理确定流道尺寸，控制口模成型长度，从而保证塑件正确的截面形状和尺寸。

4）机头内最好设有适当的调节装置。机头中最好设有适当调节熔体流量、口模和芯棒侧隙、以及挤出成型温度等调节装置。

5）结构紧凑。在满足强度条件下，机头结构应紧凑，与机筒连接处要严密并易于拆卸，其形状最好设计成规则的对称形状，便于均匀加热，方便装卸和不漏料。

6）合理选择材料。机头材料应选择耐磨、硬度较高的钢材或合金钢，口模等主要部件硬度不低于 40HRC，以提高其耐磨性和耐腐蚀性。

8.3.3 管材挤出成型机头

1. 挤出成型机头结构

挤出成型管材塑件时，常用的机头结构有薄壁管材的直通式机头（图 8-26），直角式机头（图 8-27）和旁侧式机头（图 8-28）。

直通式挤管机头结构简单，容易制造，但熔体经过分流器及分流器支架时，形成的熔接痕不易消除。适用于挤出成型软硬聚氯乙烯、聚乙烯、尼龙等管材。直角式机头在塑料熔体包围芯棒流动成型时，只会产生一条分流痕迹，适用于对管材要求较高的场合，直角式机头可在芯棒与机头体同时进行温度控制，因此定径精度高。同时，熔体的流动阻力较小、料流稳定、生产率高，成型质量高，但结构较直通式机头复杂。旁侧式机头的结构更加复杂。

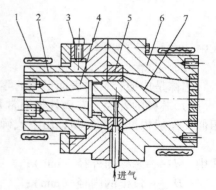

图 8-26 直通式挤管机头

1—加热器 2—口模 3—调节螺钉 4—芯模
5—分流器支架 6—机头体 7—分流器

2. 工艺参数的确定

（1）口模

口模是成型管材外表面的零件，主要尺寸为口模内径和定型段长度。

1）口模的内径。管材的外径由口模内径决定。口模断面尺寸一般凭经验确定，并通过调节螺钉（图 8-25 中 4）调节口模与芯棒间的环隙，使其达到合理值。

$$D = kd_s \qquad (8-12)$$

式中　D——口模内径（mm）；

　　　d_s——管材塑件外径（mm）；

　　　k——系数（定径套定管材内径值为 1.10～1.30；定径套定管材外径值为 0.95～1.05）。

2）定径段长度。即口模的平直部分，口模定型段的长度对于挤出成型质量相当重要，过长时，料流阻力增加很大，过短时，起不到定型作用。目前，国内通常还是凭经验确定其长度。

① 按管材外径计算

$$L_1 = (0.5 \sim 3) \, d_s \tag{8-13}$$

式中 L_1——口模定型段长度（mm）；

d_s——管材塑件的外径（mm）。

② 按管材壁厚计算

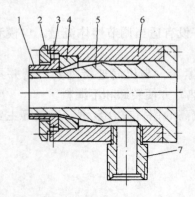

图 8-27 直角式挤管机头

1—口模 2—压环 3—调节螺钉 4—口模座
5—芯模 6—机头体 7—机颈

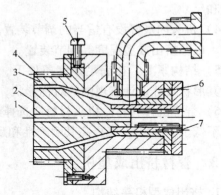

图 8-28 旁侧式机头

1—进气口 2—芯模 3—口模 4—电加热器
5—调节螺钉 6—机体 7—测温孔

$$L_1 = (8 \sim 15) \, t \tag{8-14}$$

式中 t——管子壁厚。

（2）芯棒

芯棒是成型管材内表面形状的零件，其主要尺寸为芯棒外径、压缩段长度和压缩角。

1）芯棒的外径。芯棒外径通常是指定型段直径，它决定管材的内径，与口模直径设计相似，一般根据生产经验，由下式确定

$$d = D - 2\delta \tag{8-15}$$

式中 d——芯棒的外径（mm）；

D——口模的内径（mm）；

δ——口模与芯棒的单边间隙（通常取 $0.83 \sim 0.94 \times$ 壁厚）（mm）。

2）压缩段长度。芯棒的长度由定型段和压缩段 L_2 两部分组成，通常芯棒定型段长度可与 L_1 相等或稍长一些。L_2 值可按下面经验公式确定

$$L_2 = (1.5 \sim 2.5) \, D_0 \tag{8-16}$$

式中 L_2——芯棒的压缩段长度（mm）；

D_0——塑料在过滤板出口处直径（mm）。

3）压缩角。压缩角 β 一般在 $30° \sim 50°$ 范围内取，黏度较高时取较大值，反之则取小值。

（3）分流器与分流器支架

图 8-29 所示为分流器与分流器支架的整体结构。其中 α 为扩张角，其选取与塑料黏度有关，通常取 $30° \sim 90°$。α 过小时，不利于机头对塑料的加热，分流器的扩张角 α 应小于芯棒压缩段的压缩角 β。分流器头部圆角 R 不宜过大，一般取 $0.5 \sim 2$mm，表面粗糙度 Ra 应小于 $0.2 \sim 0.4\mu$m。分流器上的分流锥面长度 L_3 一般按下式确定

$$L_3 = (1 \sim 1.5) \, D_0 \tag{8-17}$$

式中 D_0——过滤板出口处的直径（mm）。

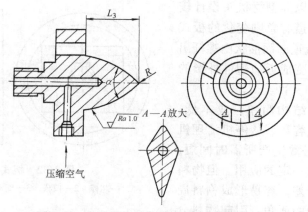

压缩空气

图 8-29　分流器与分流器支架整体结构示例

3. 管材的定径

塑件被挤出口模时，还具有相当高的温度，为了使管子获得较好的表面质量，准确的尺寸和几何形状，必须同时采取一定的定径和冷却措施，这一过程通常采用定径套来完成，管材的定径通常有如图 8-30 所示的外径定径和如图 8-31 所示的内径定径两种方法。由于我国塑料管材标准大多以外径为公称尺寸，故常用外径定径法。图 8-30a 为内压法定径，图 8-30b 为真空法定径。

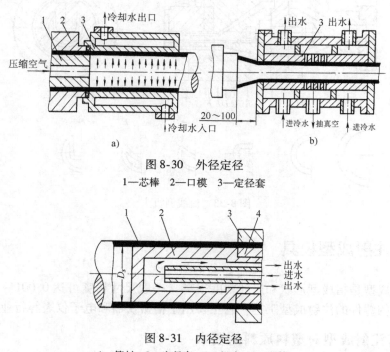

图 8-30　外径定径

1—芯棒　2—口模　3—定径套

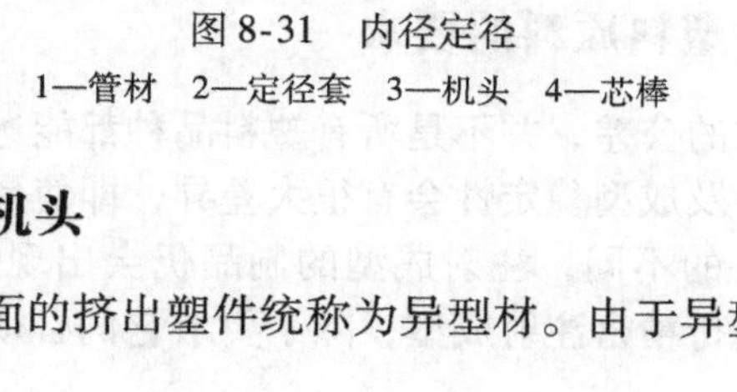

图 8-31　内径定径

1—管材　2—定径套　3—机头　4—芯棒

8.3.4　异型材挤出成型机头

凡具有特殊几何形状截面的挤出塑件统称为异型材。由于异型材的形状尺寸和所用塑料品种较多且复杂，所以异型材机头设计较困难，通常可分为流道有急剧变化的板式机头（图8-32）和流道断面形状由螺杆出口的圆形逐步缓慢转变成近似塑件外形的流线型机头（图8-33）两类。

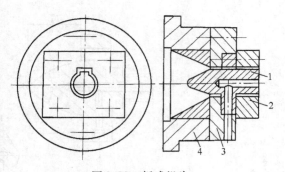

图8-32　板式机头
1—芯棒　2—口模　3—支承板　4—机头体

1）板式机头。结构简单、成本低、制造快、调整及安装容易、从停机清理机头到安装调整恢复正常生产所需时间短，重复性好，因此得到一定的应用。但物料在机头中流动情况较差，容易形成物料局部停滞和完全不流动的死角，引起物料分解，影响塑件质量，故连续操作时间短，适用于形状简单，生产批量少的情况，且为非热敏性塑料。

2）流线型机头。成本较高，但操作费用低，塑件质量好，仍被广泛使用。该机头流道壁呈光滑的流线型曲面，各处没有急剧过渡的截面尺寸和死角。

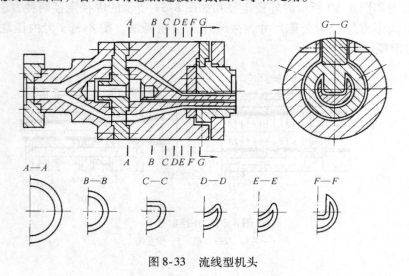

图8-33　流线型机头

8.4　精密注射成型模具

精密注射成型是指成型形状和尺寸精度很高（一般尺寸精度可达0.001～0.01mm）、表面粗糙度很低的塑件的注射成型工艺。它主要用于精密仪器和电子仪表等行业中。

8.4.1　精密注射成型对塑料原料的要求

对于精密塑料制件要求的公差，并不是所有塑料品种都能达到的，不同的聚合物和添加剂组成的塑料，其成型特性及成型稳定性会有很大差异，即使是成分相同的塑料，由于生产厂家、出厂时间和环境条件的不同，注射成型的制品仍会出现形状与尺寸稳定性的差异问题。因此，若将某种塑料进行精密注射成型，除了要求它们必须具有良好的流动性和成型特性以外，还必须具有良好的稳定性。目前，适用于精密注射的塑料品种主要有 PC、POM、改性 PPO、PA 及其增强型等。

8.4.2 精密注射成型工艺特点

影响塑件精度的因素很多，包括成型物料的性能、模具结构和制造精度、注射机与注射成型工艺等。合理确定塑件的精度是一个重要而又复杂的问题。模具的精度必须高于塑件所需精度，而模具零件精度主要靠磨削制件镶拼而成，各配合尺寸受到配合公差最高等级的限制。

精密注射成型的工艺特点是塑件的注射压力大、注射速度快和温度控制精确。

1) 注射压力大。一般注射成型的注射压力为 40~200MPa，而精密注射成型的注射压力为 180~250MPa，目前最高注射压力达 415MPa。

2) 注射速度快。生产实践证明，精密注射时，如果采取较快的注射速度，不仅可以成型形状比较复杂的塑件，而且能减少塑件的尺寸公差。

3) 温度控制精确。在精密注射成型时，如果温度控制不精确，则塑料熔体的流动性、塑件的成型性能、塑料的收缩率不稳定，也就无法保证塑件的精度。因此，精密注射成型时必须严格控制料筒、喷嘴和模具的温度。

8.4.3 精密注射成型对注射机的要求

由于制品有较高的精度要求，所以需要在专用的精密注射机上进行注射成型。与普通注射机比，精密注射机具有如下特点。

1) 注射功率大。功率大能满足注射压力大和快速注射的要求。同时，注射功率大，也可以降低制品的尺寸误差。

2) 控制精度高。对注射量、注射压力、注射速度、保压压力、背压压力、螺杆转速等注射工艺参数采取多级反馈控制，能够精细调节工艺参数；为保证一个稳定的塑料收缩率值，严格按照试验得到的收缩率值的最佳工艺条件进行生产；以避免制件精度因工艺参数波动而发生变化。

3) 液压系统响应速度快。精密注射经常采用高速成型，因此注射机的液压系统必须具有很快的反应速度，以满足高速成型对设备的工艺要求。

4) 合模刚度好。由于精密注射需要的注射压力较高，因此注射机的合模系统刚度要好，合模力要大，而且必须能够精确控制。

8.4.4 精密注射模具结构设计要点

精密注射模具的设计方法和普通注射模相似，但由于精度方面的严格要求，设计时应重点注意以下要点。

1. 应有较高的设计精度

1) 模具零部件的设计精度应与塑件精度相适应。通常，精密注射模具型腔的尺寸公差应小于塑件公差的 1/3，并根据具体情况确定。如对于小型精密塑件，当尺寸为 50mm 时，型腔的尺寸公差可取为 0.003~0.005mm；尺寸为 100mm 时，型腔的尺寸公差可取为 0.006~0.01mm。模具中的其他结构零部件，虽不直接参与注射成型，但也影响模具型腔的精度，其精度要求控制在普通注射模要求的 1/2 以内。

2）保证动、定模的定位精度。一般，普通注射模依靠导柱、导套导向机构保证动、定模的定位精度，但由于导柱、导套之间有间隙，导致动、定模的定位发生错移，使塑件精度下降。因此，精密注射模采用锥面定位机构，如图 8-34 所示，也可采用导正销定位机构与精密导柱导向机构联合使用。

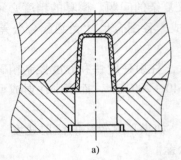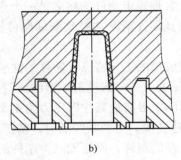

图 8-34　精密定位机构
a）锥面定位机构　b）斜面镶块定位机构

2. 应避免引起收缩波动

1）型腔布置。为保证塑件的精度，精密注射模具设计时一般采用一模一腔。当型腔数多时，塑件的精度将降低，在多型腔的模具中，应采用平衡式的型腔排列，以达到塑料在分流道和浇口中的流动平衡和热平衡，从而提高塑件的精度，通常采用圆形排列或一模四件的 H 形排列，如图 8-35 所示。

2）温度调节系统。对各个型腔单独设置冷却水路，并在冷却水出口处设置流量控制装置，从而能够对各个型腔的温度进行单独调节，防止因型腔温度差而引起塑料收缩率的差异。如果采用串联冷却水路，则必须严格控制出、入水口的温度。一般情况下，精密注射模中的水温调节精度为 ±0.5℃，出、入水口的温差应控制在 20℃ 以内。

同理，对型芯和凹模两部分一般分别设置冷却水路，便于分别控制与调节型芯和凹模的温度，型芯与凹模的温度应能够分别控制维持 ±1℃ 的精度。此外，冷却水孔不要设置在成型面太浅的部位。

3. 应防止塑件脱模变形

精密注射塑件一般体积较小、壁较薄且多数带有薄肋，为使其脱模时不产生变形，模具结构应便于塑件脱模，并具有足够的刚度，一般最好采用推件板脱模。

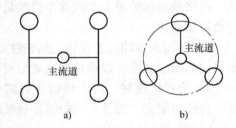

图 8-35　多型腔精密注射模的型腔排列
a）H 形排列　b）圆周形排列

通常，精密注射塑件的脱模斜度都比较小，不易脱模。为了减小脱模阻力，防止塑件在脱模过程中变形，必须对脱模部位的加工方法提出较高的技术要求。例如对模具脱模部位零件进行镜面抛光，且抛光方向应与脱模方向保持一致等。

4. 应尽量采用镶拼式结构

一般来说，塑件要获得较高的精度，必须对型腔进行磨削加工，但对型腔进行磨削加工，又要受到塑件形状的复杂程度限制，解决这一问题最好的办法是将形状复杂的型腔设计成镶拼式结构，这样不仅有利于磨削加工，而且也有利于设计排气结构和进行热处理。同时还可将有些镶拼件（如型芯等）设计成通用结构，以提高其互换性和便于维修。

8.5 共注射成型与模具

共注射成型是使用具有两个或两个以上注射系统的注射机，将不同品种或不同颜色的塑料同时或先后注射进入一个或几个模具工位的成型方法。此法可生产多种色彩或多种塑料的复合制品，其外观效果是普通注射成型和制品修饰所无法获得的。共注射成型用的注射机称为多色注射机。共注成型的典型代表有双清色注射、双混色注射和双层注射。随着汽车工业和日常生活塑料用品等对多色花纹制品需要量的增加，共注射成型正在不断发展。

8.5.1 双清色注射成型

双清色注射成型是两个注射系统（料筒）和两副模具共用一个合模系统，如图8-36所示。利用双色注射机上的回转模具台，在一次注射单元处注射形成第一种颜色，再到二次注射单元处注射形成第二种颜色，最终得到双清色塑件。

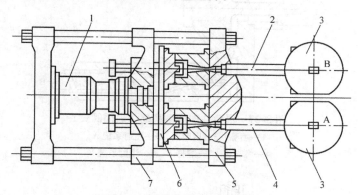

图 8-36　双清色注射成型系统
1—合模液压缸　2—注射系统 B　3—料斗　4—注射系统 A
5—定模固定板　6—模具回转板　7—动模固定板

在注射机上同时安装并使用两副注射模，两副模具动模部分一样，定模的模腔部分大小不一，第一次注射时模腔小，第二次注射时模腔大。模具动模部分装在回转板上，定模部分装在固定板上。当第一种颜色的塑料注射完毕，模具局部打开，回转板带着模具和制件一起绕水平轴回转180°，到达第二种颜色塑料的注射位置上，进行第二次注射，即可取得具有明显分色的双清色塑件。其特点是设备结构紧凑，模具移动方式简单易调整，使用较为广泛。

由于是双色注射，浇注系统分为一次注射的浇注系统和二次注射的浇注系统，且分别来自两个注射装置。两次注射结束后，脱模机构动作顶出制件。不同品质、颜色的熔料之间的结合情况受到熔体温度、模具温度、注射压力、保压时间等因素影响。

8.5.2 混色注射成型

混色注射成型是指在一台注射成型机上装有一副注射模和多套注射装置，多种塑料的熔融塑料由各自的注射装置进入混色机构混合或分配后通过公共喷嘴进入模具型腔的一种成型方法。混色注射与一般注射相比，只是多了一个混色机构。

如图 8-37 所示，注射机由两个沿轴向平行设置的料筒和一个共同喷嘴组成，在注射机的喷嘴通路中装有启闭阀，打开 A 注射系统，通过喷嘴注入一定量的熔体，A 注射系统断开，B 注射系统打开，另一种颜色的塑料熔体通过同一个喷嘴注入同一个模腔中，冷却定型后得到混色塑件。两个注射系统可以方便地控制两种熔料进入模腔的先后次序和数量，从而形成各种花纹的制件。

图 8-38 所示是通过旋转式喷嘴实现混色注射成型。该注射机由两个相向排列的注射单元和一个旋转喷嘴组成。注射时，两种熔料同时注入喷嘴的螺纹通道，通过旋转喷嘴以控制两种熔体进入模腔。由于喷嘴是连续转动的，因此得到的是从中心向四周辐射形式的不同颜色和花纹的制件。

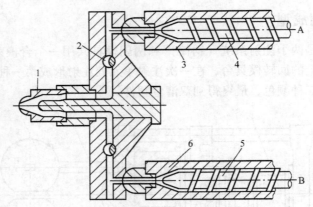

图 8-37　混色注射成型系统（启闭阀式）
1—喷嘴　2—启闭阀　3—注射系统 A
4—螺杆 A　5—螺杆 B　6—注射系统 B

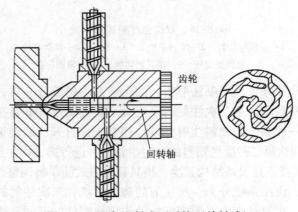

图 8-38　混色注射成型系统（旋转式）

8.5.3　双层注射成型

双层注射成型是在一台注射机上装有一副注射模和两副注射装置进行注射。双层注射成型利用交叉分配喷嘴，分配式注入两种原料，由于注入模腔的顺序有先后且第一次不充满，第二次充满，所以在模腔中分层凝固形成内外之分的双层塑件。

双层注射成型原理如图8-39所示。注射系统是由两个互相垂直安装的螺杆A和螺杆B组成，两螺杆的端部是一个交叉分配的喷嘴3。注射时，一个螺杆将第一种塑料注入模具型腔，当注入模具型腔的塑料与型腔表壁接触的部分开始冷凝，而内部仍处于熔融状态时，另一个螺杆将第二种塑料注入型腔。后注入的塑料不断地把前一种塑料向着模具成型表壁的方向推压，而其本身占据模具型腔的中间部分，冷却定型后，就可以得到先注入的塑料形成的外层、后注入的塑料形成内层的包覆塑件。

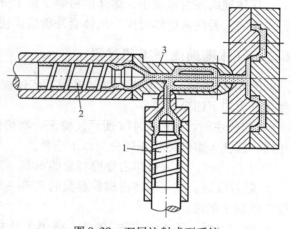

图8-39 双层注射成型系统
1—螺杆A 2—螺杆B 3—交叉喷嘴

双层注射成型可使用新旧不同的同一种塑料，成型具有新塑料性能的塑件。通常该种塑件内部为旧料，外表为新料，且保证有一定的厚度，这样，塑件的冲击强度和弯曲强度几乎与全部用新料成型的塑件相同。此外，也可采用不同颜色或不同性能品种的塑料相组合，而获得具有某些特殊性能的塑件。

采用共注射成型方法生产塑件时，关键问题是要确定注射量、注射速度和模具温度。改变注射量和模具温度可使制件各种原料的混合程度和各层的厚度发生变化，而注射速度合适与否，会直接影响到熔体在流动过程中是否会发生湍流或引起塑件外层破裂等问题，具体的工艺参数应在实践的过程中进行反复调试来确定。另外，共注射成型的塑化和喷嘴系统结构都比较复杂，设备及模具费用也比较昂贵。

8.6 气体辅助注射成型与模具

气体辅助注射成型技术是一种新型的塑料模技术，它是利用高压惰性气体——氮气，通过辅助的供气装置注入塑料熔体特定区域，以形成整个或局部空心塑件的成型技术。此项技术在美国、英国、日本等发达国家得到了迅速发展和普遍的推广应用，目前我国在家电、汽车等行业也在积极采用，并取得了良好的技术经济效果。

8.6.1 气体辅助设计成型原理

气体辅助注射成型的原理如图8-40所示。成型时，注射机首先向型腔内注入经准确计量的塑料熔体，如图8-40a所示，然后经特殊的喷嘴把气体注入熔体芯部，熔体流动前缘在高压气体驱动下继续向前流动以充满型腔，如图8-40b所示；充模结束后，熔体内气体的压力保持不变

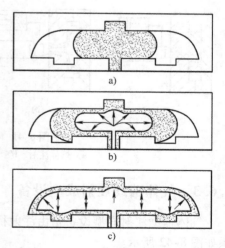

图8-40 气体辅助注射成型原理

或者有所升高进行保压补缩，如图 8-40c 所示，冷却后排除塑件内的气体便可脱模。

在气体辅助注射成型中，熔体的精确定量十分重要。若注入熔体过多，则会造成壁厚不均匀；反之，若注入熔体过少，气体会冲破熔体使成型无法进行。

8.6.2　气体辅助成型工艺过程

如图 8-41 所示，气体辅助注射成型工艺过程是在传统注射成型过程中加入气体注射，可将其分为如下四个阶段。

1）熔体注射。如图 8-41a 所示，将聚合物熔体定量地注入型腔，该过程与普通注射成型相同，按注入熔体体积不同分为以下三种。

① 中空注射。注入熔体占型腔容量的 60% ~70%，主要适用于把手类的壁厚塑料制件。

② 短射成型。注入熔体占型腔容量的 90% ~95%，主要适用于电视机前壳等较大平面的厚壁或扁平制件。

③ 满射成型。注入熔体达 100%，适用于较大平面的薄壁制件成型。

2）气体注入。把定量、定体积的氮气注入熔体芯部，熔体流动前缘在高压气体驱动下继续向前流动，以致于充满整个型腔，如图 8-41b 所示。充气期时间很短，但对气体辅助注射成型能否成功起至关重要的作用，它需要准确确定注射熔体到注入氮气的切换时间及气体压力等参数，这些直接关系到制品的质量。

3）保压冷却。型腔充满后，在保持气体压力情况下使塑件冷却；在冷却过程中，气体由内向外施压，以弥补冷却收缩，保证塑件外表面紧贴型腔壁，如图 8-41c 所示。

4）脱模顶出。当制件冷却到具有一定刚度、强度后，气体释放或回收，气体入口压力降为零，继而开模将塑件脱出，如图 8-41d 所示。

除特别柔软的塑料外，几乎所有的热塑性塑料（如 PS、ABS、PE、PP、PVC、POM、PA 等）和部分热固性塑料（如 PF 等）均可用气体辅助注射成型。

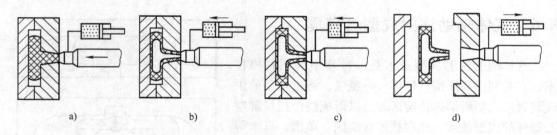

图 8-41　气体辅助注射成型工艺过程
a）熔体注射　b）气体注入　c）保压冷却　d）脱模顶出

8.6.3　气体辅助注射成型设备

气体辅助注射成型设备是由注射机、气体制备设备和气体注射装置组成，它们的结构关系如图 8-42 所示。

1）注射机。通常，注射机的注射量精度误差应能控制在 ±0.5% 以内，注射压力波动应相对稳定，且注射压力控制系统能和气体压力控制单元匹配，并通过螺杆行程的位移触发器来触发气体压力控制单元。

2）气体制备及回收装置。为防止高温塑料熔体与气体发生反应，气辅成型所选用气体一般都是惰性气体，而氮气因成本低且不易与熔体发生反应等优点，成为最常用的充填气体。气体制备及回收装置一般由生成惰性气体、提纯、加压、时间控制、过滤等功能的装置组成，即空气压缩机、氮气发生器、低压氮气储罐、四级压缩机和高压氮气储罐等。

3）气体控制单元。气体控制单元与注射机控制系统相连，采用与注射机相关的控制信息（如注射开始时间、冷却时间、开模时间等），对气体注射的开始时间、注射时间以及结束时间进行控制，更重要的是对气体的压力进行控制。一般而言，控制气体压力的方式有气体压力控制法、气体体积控制法及气体压力自动控制法三种。

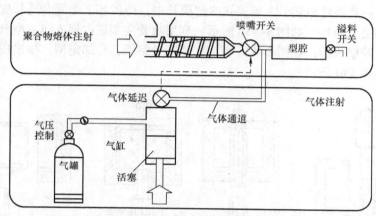

图 8-42　气体辅助注射成型设备结构示意图

8.6.4　气体辅助注射模具设计与制造要点

气辅塑件设计与传统塑件设计的区别较大，尤其是对气道的处理要求较高。为保证气体不向非设计区域扩散，而有利于气道内部的方向进行发展，就要求塑件平均壁厚应较相应的普通塑件壁厚要薄，而气道处的截面尺寸应与平均壁厚保持一定的比例，根据维持比例关系的不同，将气辅塑件分为管类塑件和板类塑件。

气辅注射模具设计的难度远远大于传统的注射模具，设计气体辅助注射成型模具时，应充分考虑气道的设计与分布。在设置进气位置，确定气道结构、尺寸、位置和连接形式，设计气体引导槽，设计浇注系统及冷却系统等模具结构时，都需要考虑气体对塑料流动和冷却特点的特殊影响。

如果气道必须穿透，则可在气道尾部加溢料井。溢料井的分布对气道的形成和发展影响较大，溢料井阀门成对分布于型腔周围。由于溢料井处的压力最低，气道便向着溢料井的方向发展。因此，控制溢料井便可形成所需要的气道分布。

模具加工时必须保证塑件和气道的壁厚。由于气体穿透对壁厚十分敏感，因此当壁厚制造误差大时，气体就可能向其他地方渗透。

8.7　中空吹塑成型与模具

中空吹塑成型是将处于高弹态的塑料形坯置于模具型腔之中，通过压缩空气注入型坯之中使其吹胀并紧贴于模具型腔壁上，经过冷却、定型得到一定形状的中空塑件的加工方法。

8.7.1 中空吹塑成型模具的分类、特点及成型工艺

根据成型方法的不同，中空吹塑可分为挤出吹塑、注射吹塑、拉伸吹塑和多层吹塑成型等。适用于中空吹塑成型的塑料有高密度聚乙烯、低密度聚乙烯、硬聚氯乙烯、软聚氯乙烯、聚苯乙烯、聚丙烯和聚碳酸酯等。

1. 挤出吹塑成型

图 8-43 所示是挤出吹塑成型工艺过程示意图。首先利用挤出机将塑料挤出管状型坯，如图 8-43a 所示；然后将型坯引入哈夫式吹塑模具中，待型坯下垂到合适长度时，立即闭合模具，夹紧型坯上下两端，如图 8-43b 所示；利用吹管向型坯内通入压缩空气，使型坯发生吹胀而紧贴于型腔壁成型，如图 8-43c 所示；最后经保压、冷却定型，排出压缩空气后开模取出塑件，如图 8-43d 所示。

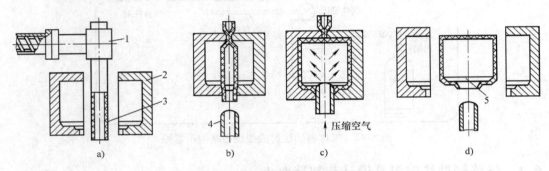

图 8-43　挤出吹塑成型工艺过程
1—挤出机头　2—吹塑模　3—管状型坯　4—压缩空气吹管　5—塑件

挤出吹塑成型的优点是挤出机与挤出吹塑模的结构简单，应用广泛；缺点是型坯的壁厚不一致，容易造成塑件壁厚不均匀，需要后加工去除飞边和余料。

2. 注射吹塑成型

注射吹塑成型的原理及工艺过程如图 8-44 所示。首先利用注射机将熔融塑料注入在周壁带有微孔的空心凸模上，形成带底的管坯，如图 8-44a 所示；接着趁热移至吹塑模内，如图 8-44b 所示，闭合吹塑模，从空心凸模的中心通道通入压缩空气，使型坯发生吹胀而紧贴于模腔壁成型，如图 8-44c 所示；最后经保压、冷却定型，排出压缩空气后开模取出塑件，如图 8-44d 所示。

注射吹塑成型的优点是壁厚均匀、无飞边，不需要后加工，由于注射型坯有底，故塑件底部没有拼接缝，强度高。但设备与模具的投资较大，一般用于小型塑件的大批量生产。

3. 拉伸吹塑成型

拉伸吹塑成型是将型坯加热到玻璃化温度至黏流温度段适当温度后置于吹塑模具内，先用拉伸棒进行轴向拉伸后再通入压缩空气吹胀成型的加工方法。经过拉伸吹塑的塑件的透明度、抗击强度、表面硬度、刚度等都有所提高。

图 8-45 所示为热坯法注射拉伸吹塑成型过程。首先在注射工位注射空心带底型坯，如图 8-45a 所示；然后打开注射模将型坯迅速移到拉伸和吹塑工位，进行拉伸和吹塑成型，如

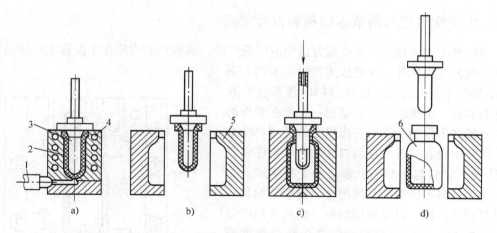

图 8-44　注射吹塑成型工艺过程

1—注射机喷嘴　2—注射型坯　3—空心凸模　4—加热器　5—吹塑模　6—塑件

图 8-45b、c 所示；最后经保压、冷却后开模取出塑件，如图 8-45d 所示。

　　热坯法注射拉伸吹塑成型由于型坯的制取和拉伸吹塑在同一台设备上进行，占地面积小，生产易于连续进行，自动化程度高。

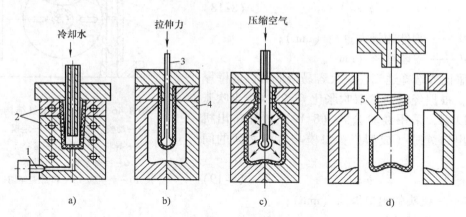

图 8-45　拉伸吹塑成型工艺过程

1—注射机喷嘴　2—注射模　3—拉伸芯棒（吹管）　4—吹塑模　5—塑件

　　冷坯法注射拉伸吹塑成型是型坯的注射和塑件的拉伸吹塑成型分别在不同设备上进行。先由注射模批量生产出管坯，然后再进行加热后置入吹塑模内进行拉伸吹塑。这种方法的主要特点是设备结构相对简单，但需要进行二次加热，增加了吹塑工序。

4. 多层吹塑成型

　　多层吹塑是指不同种类的塑料，经特定的挤出机头形成一个坯壁分层而又黏接在一起的型坯，再经吹塑制得多层中空塑件的成型方法。

　　应用多层吹塑成型可以解决单独使用一种塑料不能满足使用要求的问题。多层吹塑的主要问题是层间的熔接与接缝的强度问题，除了注意选择塑料品种外，还要有严格的工艺条件及挤出质量高的型坯。由于多种塑料的复合，塑料的回收利用比较困难，机头结构复杂，设备投资大，成本高。

8.7.2 中空吹塑模具的基本结构和设计要点

挤出吹塑中空成型在中空成型方法中应用最广泛，其模具结构除在小批量生产或试制时采用手动铰链式模具外，在成批生产时均采用如图8-46所示的哈夫式结构。这种结构的模具由具有相同型腔的动、定模组成，分型面一般设在塑件的侧面，开模和闭模的动作由挤出机上的开闭机构来完成。模具中设有口部夹坯切口9和底部夹坯切口5，在闭合时它们能将型坯上多余的塑料切掉。为了使切去的余料不影响模具的闭合，在模具的相应部位应开设余料槽，以便容纳余料。模具采用冷却管道通水冷却，以保证型腔内塑件各部分都能冷却。与其他塑料成型模具一样，挤出吹塑模具也应设置导柱导向机构，以保证哈夫模的对中。

1）型坯尺寸。塑件最大直径与型坯直径的比值称为吹胀比，吹胀比可表示为

$$f = \frac{D_1}{d_1} \qquad (8-18)$$

式中 D_1——塑件的最大直径（mm）；

d_1——型坯直径（mm）。

吹胀比要选择适当，过大容易造成塑件的壁厚不均匀，根据经验通常取吹胀比$f = 2 \sim 4$。当吹胀比确定以后，采用经验公式（8-19）计算挤出机机头的出口缝隙（成型机头口模与芯棒之间的间隙）

$$b = ksf \qquad (8-19)$$

式中 b——机头的出口缝隙（mm）；

s——塑件壁厚（mm）；

f——吹胀比；

k——修正系数，一般取$f = 1.0 \sim 1.5$，对于黏度大的塑料取小值。

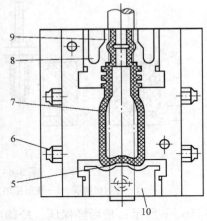
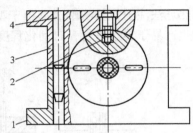

图8-46 挤出吹塑模具结构
1—动模 2—螺栓 3—定模
4—导柱 5—底部夹坯切口
6—冷却水管 7—型坯
8、10—余料槽 9—口部夹坯切口

型坯截面形状一般要求与塑件轮廓基本一致，如吹塑圆形截面的瓶子，型坯截面应是圆形的；若吹塑方桶，则型坯应制成方形截面。其目的是使型坯各部位塑料的吹胀情况能够趋于一致。

2）夹坯切口。在吹塑成型模具闭合时应将多余的坯料切去，因此在模具相应部位上应设置如图8-46所示的口部夹坯切口9和底部夹坯切口5。夹坯切口的主要作用是切除余料，同时在吹胀以前它还起着在模内夹持和封闭型坯、缩口和缩颈的作用。其中口部夹坯切口与吹管共同作用切断型坯，吹管在塑件口部还兼起挤压的作用，如图8-47所示。口部夹坯切口分锥面切口和球面切口两种类型。

夹坯切口的宽度b和角度α对塑件的质量影响很大，特别是口部夹坯切口，如果夹坯切

口宽度 *b* 太小、角度 *α* 太大，不仅会削弱对型坯上部的夹持能力，而且还很有可能导致型坯在吹胀之前塌落或塑件成型后底部熔接缝厚度减薄甚至出现开裂等现象，夹坯切口结构如图 8-48 所示。但如果夹坯切口宽度 *b* 太大、角度 *α* 太小，则可能出现模具闭合不紧和型坯切不断的现象。一般夹坯切口宽度 *b* 为 1~2mm，切口角度 *α* 为 15°~30°。

3）余料槽。余料槽的作用是容纳被夹坯切口切除的多余塑料。余料槽通常设置在底部夹坯切口下面以及分型面的左右两侧，其大小按型坯被夹持后的宽度和厚度确定，并以模具能严密闭合为准。

4）排气孔。在型坯吹胀过程中，吹塑模型腔表壁和型坯之间的空气应能随着型坯胀大而被快速、流畅地排出型腔。否则，这些空气将会影响型坯紧贴型腔成型，并导致塑件出现斑纹、麻坑或成型不完整等缺陷。

为了解决排气问题，吹塑模具中必须设置一定数量的排气孔。排气孔一般开设在模具内空气最容易储留的部位和塑件最后贴模的地方（如圆瓶状塑件的肩部等）。排气孔直径通常取为 0.5~1.0mm，并以塑件不出现气孔痕迹为限。此外，在分型面上也可开设宽度为 10~20mm、深度为 0.03~0.65mm 的排气槽或利用各种嵌件的间隙进行排气。

5）冷却管道。为了缩短塑件在模具内的冷却时间并保证塑件的各个部位都能均匀冷却，模具冷却管道应根据塑件各部位的壁厚进行布置。例如塑料瓶口部位一般比较厚，在设计冷却管道时应加强瓶口部位的冷却。

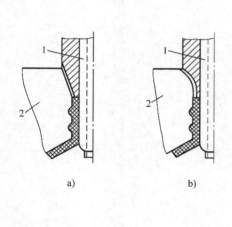

图 8-47 口部夹坯切口
a）锥面切口 b）球面切口
1—吹管 2—夹坯切口

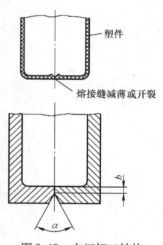

图 8-48 夹坯切口结构

6）收缩率。对于尺寸精度要求不高的容器类塑件，成型收缩率对塑件的影响不大。但对于有刻度的容器瓶类和瓶口有螺纹的塑件，成型收缩率对塑件就有相当大的影响。各种常用塑料的吹塑成型收缩率见表 8-4。

7）表面加工。许多吹塑塑件的外表面都有一定的质量要求，有的要雕刻图案文字，有的要做成镜面、磨砂面等，因此要针对不同的要求对型腔表面采用不同的加工方式。例如采用喷砂处理将型腔表面做成磨砂面；采用镀铬抛光处理将型腔表面做成镜面；采用电化学腐蚀处理将型腔表面做成皮革纹面等。

表 8-4 常用塑料的吹塑成型收缩率

塑料名称	收缩率%	塑料名称	收缩率%
低密度聚乙烯	1.2 ~ 2.0	聚丙乙烯	0.5 ~ 0.8
高密度聚乙烯	1.5 ~ 3.5	聚氯乙烯	0.5 ~ 0.8
聚甲醛	1.0 ~ 3.0	聚丙烯	1.2 ~ 2.0
尼龙	0.5 ~ 2.0	聚碳酸酯	0.5 ~ 0.8

8) 模具材料。吹塑成型型腔内的压力一般为 0.2 ~ 0.7MPa，故可供选择的模具材料很多，最常用的材料有铝合金、锌合金，这些材料热传导性好、重量轻、加工容易且能铸造成型。瓶口瓶底的夹坯切口须具有一定的硬度和耐磨性，所以瓶口和瓶底嵌件一般用钢件。对塑件的形状和尺寸精度及模具寿命的要求较高时，可采用碳素钢或合金钢制造。

附　　录

附录 A　常用金属冲压材料的力学性能

材料名称	牌　号	材料状态	抗剪强度 τ/MPa	抗拉强度 σ_b/MPa	伸长率 δ_{10}（%）	屈服强度 σ_s/MPa
电工用纯铁	DT1，DT2，DT3		180	230	26	
电工硅钢	D11，D12，D13	已退火	190	230	26	—
	D31，D32			230	26	
	D41～D48			650	—	
	D310～D340	未退火	560			
普通碳素钢	Q195	未退火	260～320	320～400	28～33	—
	Q215		270～340	340～420	26～31	220
	Q235		310～380	380～470	21～25	240
	Q225		340～420	420～520	19～23	260
	Q275		400～500	500～620	15～19	280
优质碳素结构钢	05F	已退火	210～300	260～380	32	—
	08F		220～310	280～390	32	180
	08		260～360	330～450	32	200
	10F		220～340	280～420	30	190
	15F		250～370	320～460	28	—
	15		270～380	340～480	26	230
	20F		280～390	340～480	26	230
	20		280～400	360～510	25	250
	25		320～440	400～550	24	280
	30		360～480	450～600	22	300
	35		400～520	500～650	20	320
	45		440～560	550～700	16	360
	50		440～580	550～730	14	380
	55	已正火	550	≥670	14	390
	65		600	≥730	12	420
	65Mn		600	750	12	400
碳素工具钢	T7～T12	已退火	600	750	10	—
	T7A～T12A		600	750	10	
	T13　T13A		720	900	10	
	T8A　T9A	冷作硬化	600～950	750～1200	—	

材料名称	牌　号	材料状态	抗剪强度 τ/MPa	抗拉强度 σ_b/MPa	伸长率 δ_{10}（%）	屈服强度 σ_s/MPa
锰钢	10Mn2	已退火	320～460	400～580	22	230
合金结构钢	25CrMnSiA	已低温退火	400～560	500～700	18	
	25CrMnSi			500～700	18	
	30CrMnSiA		400～600	550～750	16	
	30CrMnSi			550～750	16	
弹簧钢	60Si2Mn	冷作硬化	720	900	10	—
	60Si2MnA		640～960	900	10	
	60Si2MnWA			800～1200	10	
不锈钢	1Cr13	已退火	320～380	400～470	21	
	2Cr13		320～400	400～500	20	
	3Cr13		400～480	500～600	18	480
	4Cr13	经热处理		500～600	15	500
	1Cr18Ni9	冷碾压的冷作硬化	460～520	580～640	35	200
	2Cr18Ni9	经热处理退软	800～880	1000～1100	38	220
	1Cr18Ni9Ti		430～550	540～700	40	200
铝	1070A（L2），1050A（L3）	已退火	80	75～110	25	50～80
	1200（L5）	冷作硬化	100	120～150	4	—
铝锰合金	3A21（LF21）	已退火	70～100	100～145	19	50
		半冷作硬化	100～140	155～200	13	130
铝镁合金 铝铜镁合金	5A02（LF2）	已退火	130～160	180～230	—	100
		半冷作硬化	160～200	230～280	—	210
高强度铝 铜镁合金	7A04（LC4）	已退火	170	250	—	—
		淬硬并经人工时效	350	500	—	460
镁锰合金	MB1	已退火	120～240	170～190	3～5	98
	MB8	已退火	170～190	220～230	12～14	140
		冷作硬化	190～200	240～250	8～10	160
纯铝	T1，T2，T3	软的	160	200	30	7
		硬的	240	300	3	—
硬铝（杜拉铝）	2A12（LY12）	已退火	105～150	150～215	12	
		淬硬并自然时效	280～310	400～440	15	368
		淬硬后冷作硬化	280～320	400～460	10	340
镁合金		淬硬并经人工时效	350	500	—	460

材料名称	牌　号	材料状态	抗剪强度 τ/MPa	抗拉强度 σ_b/MPa	伸长率 δ_{10}（%）	屈服强度 σ_s/MPa
黄铜	H62	软的	260	300	35	—
		半硬的	300	380	20	200
		硬的	420	420	10	—
	H68	软的	240	300	40	100
		半硬的	280	350	25	—
		硬的	400	400	15	250
铅黄铜	HPb59-1	软的	300	350	25	145
		硬的	400	450	5	420
锰黄铜	HMn58-2	软的	340	390	25	170
		半硬的	400	450	15	—
		硬的	520	600	5	—
锡磷青铜 锡锌青铜 140	QSn6.5~2.5 QSn4-3	软的	260	300	38	140
		硬的	480	550	3~5	—
		特硬的	500	600	1~2	546
铝青铜	QAl7	退火的	520	600	10	186
		不退火的	560	650	5	250
铝锰青铜	QAl9-2	软的	360	450	18	300
		硬的	480	600	5	500
硅锰青铜	QSi3-1	软的	280~300	350~380	40~45	239
		硬的	480~520	600~650	3~5	540
		特硬的	560~600	700~750	1~2	—
铍青铜	QBe2	软的	240~480	300~600	30	250~350
		硬的	520	660	2	
钛合金	TB1-1	退火的	360~480	450~600	25~30	—
	TB1-2		400~600	550~750	20~25	—
	TB5		640~680	800~850	15	
镁合金	MB1	冷态	120~140	170~190	3~5	120
	MB8		150~180	230~240	14~15	220
	MB1	预热 300℃	30~50	30~50	50~52	—
	MB8		50~70	50~70	58~62	—

附录B 常用冲压材料

名称	代号	名称	代号	名称	代号	名称	代号
普通碳素钢	Q195	不锈钢	1Cr13	铝及铝合金	1060、1050A	非金属冲压材料	皮革
	Q215		Cr17		1200		云母
	Q235		0Cr18Ni9		5A02		人造云母
	Q255		1Cr18Ni9		5A21		桦木胶合板
	Q275		0Cr18Ni9Ti		2A12		松木胶合板
电工硅钢	D11	电工铁纯	DT1		7A04		马粪纸
	D12		DT2	铜及铜合金	T1，T3		厚纸板
	D21		DT3		H62		绝缘纸板
	D31		DT4		HPb59-1		漆布
	D32	锰钢	10Mn2		QSn4-3		绝缘板
优质碳素结构钢	05F				TU2		胶版纸
	08F	碳素工具钢	T7A	钛合金	TA2		布板纸
	10F		T8A		TA3		玻璃布板纸
	15F		T9A		TA5		金属箔布板纸
	20F		T19A	8号镁合金	MB8		石棉纤维塑料
	30		T12A	白铜	B19		有机玻璃
	40	弹簧钢	65Mn	镍	N2，N6		赛璐珞
	50		60Si2Mn	银	Ag2		氯乙烯
	60		60Si2MnA	钨	W1 W2		石棉橡胶
	65Mn		65SiMnWA	钼	Mo1 Mo2		人造橡胶

附录C 钢板厚度公差（GB/T 708—2006）

（单位：mm）

钢板厚度	A	B	C	
	高级精度	较高精度	普通精度	
	冷轧优质钢板	普通和优质钢板		
		冷轧和热轧	热轧	
	宽度			
	全部	<1000	≥1000	
0.20~0.40	±0.03	±0.04	±0.06	±0.06
0.45~0.50	±0.04	±0.05	±0.07	±0.07

（续）

钢板厚度	A 高级精度 冷轧优 质钢板	B 较高精度 冷轧和热轧	C 普通精度 普通和优质钢板 热 轧	
	全 部		< 1000	≥ 1000
0.55 ~ 0.60	± 0.05	± 0.06	± 0.08	± 0.08
0.70 ~ 0.75	± 0.06	± 0.07	± 0.09	± 0.09
1.00 ~ 1.10	± 0.07	± 0.09	± 0.12	± 0.12
1.20 ~ 1.25	± 0.08	± 0.11	± 0.13	± 0.13
1.40	± 0.10	± 0.12	± 0.15	± 0.15
1.50	± 0.11	± 0.12	± 0.15	± 0.15
1.60 ~ 1.80	± 0.12	± 0.14	± 0.16	± 0.16
2.00	± 0.13	± 0.15	± 0.15 ~ 0.18	± 0.18
2.20	± 0.14	± 0.16	± 0.15 ~ 0.19	± 0.19
2.50	± 0.15	± 0.17	± 0.16 ~ 0.20	± 0.20
2.80 ~ 3.00	± 0.16	± 0.18	± 0.17 ~ 0.22	± 0.22
3.20 ~ 3.50	± 0.18	± 0.20	± 0.18 ~ 0.25	± 0.25
3.80 ~ 4.00	± 0.20	± 0.22	± 0.20 ~ 0.30	± 0.30

附录 D　普通碳素钢冷轧带钢分类

按制造精度分类		按力学性能分类		按边缘状态分类		按表面质量分类	
名称	符号	名称	符号	名称	符号	名称	符号
普通精度钢带	P	软钢带	R	切边钢带	Q	Ⅰ组钢带	Ⅰ
宽度精度较高钢带	K	半软钢带	BR				
厚度精度较高钢带	H	冷硬钢带	Y	不切边 钢带	BQ	Ⅱ组钢带	Ⅱ
宽度和厚度精度较高钢带	KH						

291

附录 E 普通碳素冷轧钢带尺寸

厚度	宽度
0.05、0.06、0.08	5~100
0.10	5~150
0.15、0.20、0.30、0.35、0.40、0.45、0.50、0.55、0.60、0.65、0.70、0.75、0.80、0.85、0.90	10~200
1.60、1.70、1.80、1.90、2.00、2.10、2.20、2.30、2.40、2.50、2.60、2.70、2.80、2.90、3.00	50~200

附录 F 轧制薄钢板的尺寸（GB/T 708—2006）

（单位：mm）

钢板厚度	钢 板 宽 度												
	500	600	710	750	800	850	900	950	1000	1100	1250	1400	1500
	冷轧钢板的长度												
0.2、0.25、0.3、0.4	120	142	1500	1500									
0.2、0.25、0.3、0.4	100	1800	1800	1800	1800	1800	1500	1500					
	150	200	2000	2000	2000	2000	1800	2000					
0.5、0.55、0.6		120	1420	1500	1500	1500							
	100	180	1800	1800	1800	1500	1500	1500					
	150	200	2000	2000	2000	2000	1800	2000					
0.7、0.75		120	1420	1500	1500	1500							
		100	1800	1800	1800	1800	1800	1500	1500				
	150	200	2000	2000	2000	2000	1800	2000					
0.8、0.9		120	1420	1500	1500	1500	1500						
	100	180	1800	1800	1800	1800	1800	1500	2000	2000			
	150	200	2000	2000	2000	2000	2000	2000	2200	2500			
1.0、1.1 1.2、1.4 1.5、1.6 1.8、2.0	100	120	1420	150	150	1500					2800	2800	
	150	180	1800	1800	1800	1800	1800			2000	2000	3000	3000
	200	200	2000	2000	2000	2000	2000	2000	2200	2500	3500	3500	

292

钢板厚度	钢 板 宽 度												
	500	600	710	750	800	850	900	950	1000	1100	1250	1400	1500
	冷轧钢板的长度												
2.2, 2.5, 2.8, 3.0 3.2, 3.5 3.8, 4.0	500	600											
	100	120	1420	1500	1500	1500							
	150	180	1800	1800	1800	1800	1800	2000					
	200	200	2000	2000	2000	2000							
	热轧钢板长度												
0.35, 0.4, 0.45, 0.5 0.55, 0.6 0.7, 0.75		120		1000									
	100	150	1000	1500	1500		1500	1500					
	150	180	1420	1800	1600	1700	1800	1900	1500				
	200	200	2000	2000	2000	2000	2000	2000	2000				
0.8, 0.9				1500	1500	1500	1500	1500					
	100	120	1420	1800	1600	1700	1800	1900	1500				
	150	142	2000	2000	2000	2000	2000	2000	2000				
1.0, 1.1, 1.2, 1.25, 1.4, 1.5, 1.6, 1.8				1000			1000						
	100	120	1000	1500	1500	1500	1500	1500					
	150	142	1420	1800	1600	1700	1800	1900	1500				
	200	200	2000	2000	2000	2000	2000	2000	2000				
2.0, 2.2, 2.5, 2.8							1000						
	500	600	1000	1500	1500	1500	1500	1500	1500	2200	2500	2800	
	100	120	1420	1800	1600	1700	1800	1900	2000	3000	3000	3000	3000
	150	150	2000	2000	2000	2000	2000	2000	3000	4000	4000	4000	4000
3.0, 3.2, 3.5, 3.8, 4.0				1000			1000						
				1500	1500	1500	1500	1500	2000	2200	2500	3000	3000
	500	600	1420	1800	1600	1700	1800	1900	3000	3000	3000	3500	3500
	100	120	1200	2000	2000	2000	2000	2000	4000	4000	4000	4000	4000

附录 G　中外常用金属材料牌号对照表

分类	中国	美国		英国	日本	德国	俄罗斯
	GB(YB)	AISI	SAE	B.S.	JIS	DIN	ГОСТ
碳素结构钢	08	1008		En2A/1	S9CK		08
	08F	1006		En2A/1	SPCH1		08КП
	10	C1012	1010	En2A	S10C	C10,CK10	10
	10F	C1010	1010	En2A	SSPH2		10КП
	15	C1015	1015	En2E		C15,CK15	15
	15F			En2B	S15C		15КП
	20	C1020	1020	En3A	S20C	C20,C22	20
	20F	C1020	1020	En2C	SPH3		20КП
	30	C1030	1030	En4	S30C		30
	45	C1045	1045	En8D	S45C	C45,CK45	40
合金结构钢	15Mn	C115	1115	En14A	SB46	14Mn4	14Г
	20Mn	C1022	1022	En3C,4S21			20Г
	30Mn	C1033	1033	En5D,En5K			30Г
	50Mn	C1052	1052	En43A,En43B,			50Г
	15Cr		5115	En43~En206	SCr21	15Cr3	15X
弹簧钢	60SiMn	9260	9260	En45A	SUP6	60SiMn6	60СГ
	65Mn	C1065	1065	En43E			65Г
	50CrVA	6150		En47	SUP10	50CrV4	50ХФА
碳素工具钢	T7A	W1-0.7C		XC65fins	SK7	C70W1	У7A
	T8A	W1-0.8C		XC85fins	SK6		У8A
	T9A	W1-0.9C			SK5	C85W1	У9A
	T10A	W1-1.0C	D1	XC95fins	SK4	C100W2	У10
	T11A	W1-1.1C			SK3	C110W2	У11A
	T12A	W1-1.2C			SK2	C115W2	У12A
	T13A	W1-1.3C			SK1	C125W2	У13A

（续）

分类	中 国	美 国		英 国	日 本	德 国	俄 罗 斯
	GB(YB)	AISI	SAE	B. S.	JIS	DIN	ГОСТ
合金工具钢	9Mn2V	02	Steelforcold	80M8			
	6SiCr		Steelforcold			6XC	
	Cr	L1				100Cr6	X
	Cr12		Type(A)2	Z200C12	SKD1	X12	
	CrWMn			80M8	SKS31		
	Cr12MoV	D3		Z200C12	SKD11	X12M	3X2в8ф
	3Cr2W8V	H21			SKD5	30WCrV9-3	5Xгм
	5CrMnMo	VIG			SKT5	40CrMnMo7	5XHм
	5CrNiMo	16			SKT4	56NiCrMoV7	4Xв2с
	4CrW2Si					35WCrV7	5Xв2с
	5CrW2Si	S1			SKS41	45WCrV7	6Xв2с
	6CrW2Si					55WCrV7	9Xc
	9SiCr					90SiCr5	9X2
	9Cr2	17				100Cr6	Xвг
	CrWMn			Sks31		105wcR6	
高速钢	W18Cr4V	T1		Z80W18	SKH2	B18(3355)	P18
	W6Mo5Cr4V2	M2			SKH9		
	W12Cr4V4Mo					EV4(3302)	P14Ф4
	W9Cr4V2	T7			SKH6		
其他	1Cr18Ni9	302,S30200		Z10CN18.09	SUS302	12X18H9	
	1Cr18Ni9Ti		302S25			12X18H10T	
	3Cr13				SUS420J2	30X13	
	GCr15	E52100	420S45		SUJ2		ЩX15

295

附录 H 常用的塑料收缩率及缩写代号

塑料种类	收缩率（%）	缩写代号	塑料种类	收缩率（%）	缩写代号
聚乙烯（低密度）	1.5～3.5	LDPE	尼龙66（30%玻璃纤维）	0.4～0.55	
聚乙烯（高密度）	1.5～3.0	HDPE	尼龙610	1.2～2.0	
聚丙烯	1.0～2.5	PP	尼龙610（30%玻璃纤维）	0.35～0.45	
聚丙烯（玻璃纤维增强）	0.4～0.8		尼龙1010	0.5～4.0	
聚氯乙烯（硬质）	0.6～1.5		醋酸纤维素	1.0～1.5	CA
聚氯乙烯（半硬质）	0.6～2.5	PVC	醋酸丁酸纤维素	0.2～0.5	CBA
聚氯乙烯（软质）	1.5～3.0		丙酸纤维素	0.2～0.5	CP
聚苯乙烯（通用）	0.6～0.8	PS	聚丙烯酸酯类塑料（通用）	0.2～0.9	PAA
聚苯乙烯（耐热）	0.2～0.8		聚丙烯酸酯类塑料（改性）	0.5～0.7	
聚苯乙烯（增韧）	0.3～0.6		聚乙烯醋酸乙烯	1.0～3.0	
丙烯腈-丁二烯-苯乙烯（抗冲）	0.3～0.8	ABS	氟塑料F-4	1.0～1.5	PCTEE、EEP、PVDF
丙烯腈-丁二烯-苯乙烯（耐热）	0.3～0.8		氟塑料F-3	1.0～2.5	
丙烯腈-丁二烯-苯乙烯（30%玻璃纤维增强）	0.3～0.6		氟塑料F-2	2	
聚甲醛	1.2～3.0	POM	氟塑料F-46	2.0～5.0	
聚碳酸酯	0.5～0.8	PC	酚醛塑料（木粉填料）	0.5～0.9	
聚砜	0.5～0.7	PSF	酚醛塑料（石棉填料）	0.2～0.7	
聚砜（玻璃纤维增强）	0.4～0.7		酚醛塑料（云母填料）	0.1～0.5	
聚苯醚	0.7～1.0	PPO	酚醛塑料（棉纤维填料）	0.3～0.7	
改性聚苯醚	0.5～0.7		酚醛塑料（玻璃纤维填料）	0.05～0.2	
氯化聚醚	0.4～0.8	CPE	脲醛塑料（纸浆填料）	0.6～1.3	UF
尼龙6	0.8～2.5	PA	脲醛塑料（木粉填料）	0.7～1.2	
尼龙6（30%玻璃纤维）	0.35～0.45		三聚氰胺甲醛（纸浆填料）	0.5～0.7	MF
尼龙9	1.5～2.5		三聚氰胺甲醛（矿物填料）	0.4～0.7	
尼龙11	1.2～1.5		聚邻苯二甲酸二丙烯酯（石棉填料）	0.28	PDAP
尼龙66	1.2～1.5		聚邻苯二甲酸二丙烯酯（玻璃纤维填料）	0.42	
			聚间苯二甲酸二丙烯酯（玻璃纤维填料）	0.3～0.4	PDAIP

附录 I 常用的热塑性塑料注射成型的工艺参数

塑料\项目	低密度聚乙烯 LDPE	高密度聚乙烯 HDPE	聚丙烯 PP	软聚氯乙烯 PVC	硬聚氯乙烯 PVC	聚苯乙烯 PS	ABS	PMMA	尼龙 PA6	PC
注射机类型	柱塞式	螺杆式	螺杆式	柱塞式	螺杆式	柱塞式	螺杆式	螺杆式	螺杆式	螺杆式
螺杆转速（r/min）	—	30~60	30~60	—	20~30	—	30~60	20~30	20~50	20~40
喷嘴 形式	直通式	直通式	直通式	直通式	直通式	直通式	直通式	直通式	直通式	直通式
喷嘴 温度/℃	150~170	150~180	170~190	140~150	150~170	160~170	180~200	200~210	230~250	240~250
料筒温度/℃ 前段	170~200	180~190	180~200	160~190	170~190	170~190	180~210	220~230	240~280	240~280
料筒温度/℃ 中段	—	180~200	200~220	—	165~180	—	190~210	230~240	260~290	260~290
料筒温度/℃ 后段	140~160	140~160	160~170	140~150	160~170	140~160	180~200	200~210	240~270	240~270
模具温度/℃	30~45	30~60	40~80	30~40	30~60	20~60	50~70	40~80	60~100	90~110
注射压力/MPa	60~100	70~100	70~120	40~80	80~130	60~100	70~90	50~120	80~110	80~130
保压压力/MPa	40~50	40~50	50~60	20~30	40~60	30~40	50~70	40~60	30~50	40~50
注射时间/s	0~5	0~5	0~5	0~8	2~5	0~3	3~5	0~5	0~4	0~5
保压时间/s	15~60	15~60	20~60	15~40	15~40	15~40	15~30	20~40	15~50	20~80
冷却时间/s	15~60	15~60	15~50	15~30	15~40	15~30	15~30	20~40	20~40	20~50
成型周期/s	40~140	40~140	40~120	40~80	40~90	40~90	40~70	50~90	40~100	50~130

参 考 文 献

[1] 张鼎承. 冲模设计手册 [M]. 北京：机械工业出版社，1999.

[2] 冯炳尧. 模具设计与制造简明手册 [M]. 上海：上海科学技术出版社，1994.

[3] 许发樾. 冲模设计应用实例 [M]. 北京：机械工业出版社，1999.

[4] 彭建声. 冷冲压技术问答 [M]. 北京：机械工业出版社，1994.

[5] 杜东福. 冷冲压工艺及模具设计 [M]. 长沙：湖南科学技术出版社，1996.

[6] 陈万林，等. 实用模具技术 [M]. 北京：机械工业出版社，2000.

[7] 陈志刚. 塑料模具设计 [M]. 北京：机械工业出版社，2002.